高等院校网络教育精品教材

高 等 数 学

李向明 杨丽华 编

 北京邮电大学出版社
www.buptpress.com

内 容 简 介

本书着眼于远程教育的特点及教学需求,以"适用""够用"并兼顾网络教育统一考试内容为原则编写。本书在内容设置上简化定理推导和证明过程,强化定理及公式的应用,同时配有大量的例题及习题。本书内容包括函数、极限、函数的连续性、导数与微分、中值定理和导数的应用、不定积分、定积分及其应用、微分方程。

本书可作为高等职业院校、高等专科学校、成人高等学校网络教育中"高等数学(B)"课程的教材,也可作为现代远程教育学校中"高等数学(B)"课程的参考教材。另外,本书还可作为本科生高等数学的入门参考书。

图书在版编目(CIP)数据

高等数学 / 李向明,杨丽华编. -- 北京:北京邮电大学出版社,2021.11

ISBN 978-7-5635-6544-3

Ⅰ.①高… Ⅱ.①李…②杨… Ⅲ.①高等数学 Ⅳ.①O13

中国版本图书馆 CIP 数据核字(2021)第 217871 号

策划编辑:彭 楠　　**责任编辑:**王小莹　　**封面设计:**七星博纳

出版发行:北京邮电大学出版社

社　　址:北京市海淀区西土城路 10 号

邮政编码:100876

发 行 部:电话:010-62282185　传真:010-62283578

E-mail: publish@bupt.edu.cn

经　　销:各地新华书店

印　　刷:保定市中画美凯印刷有限公司

开　　本:787 mm×1 092 mm　1/16

印　　张:15.75

字　　数:363 千字

版　　次:2021 年 11 月第 1 版

印　　次:2021 年 11 月第 1 次印刷

ISBN 978-7-5635-6544-3　　　　　　　　　　　　　　　　　　定价:39.00 元

前　　言

　　本书根据全国高等教育委员会制定的"高等数学(B)"考试大纲编写,并参照了工科类高等数学课程教学的基本要求。

　　以往远程教育学院所选用的高等数学教材往往是本科、专科学生所用的教材,教材内容偏多、偏难,不适合远程学习者自主学习。作者结合网络教育应用型人才的培养目标及成人高等教育的特点,本着"适用"和"够用"的原则,编写了这本适合现代远程教育学生进行远程自主学习的书。

　　本书主要内容包括函数、极限、函数的连续性、导数与微分、中值定理和导数的应用、不定积分、定积分及其应用、微分方程。

　　北京邮电大学网络教育学院李向明负责全书总体框架及写作提纲的确定。本书各章节的具体编写分工如下:李向明负责编写第1章、第2章、第3章、第8章;杨丽华负责编写第4章、第5章、第6章、第7章。

　　在北京邮电大学网络教育学院的大力支持下,本书得以顺利完成并出版,作者在此表示感谢。由于作者水平有限,书中难免有不足之处,恳请读者批评指正。

目　　录

第 1 章　函数 ……………………………………………………………… 1

1.1　函数概述 ……………………………………………………………… 2

   1.1.1　常量与变量 ……………………………………………………… 2

   1.1.2　函数的定义 ……………………………………………………… 2

   1.1.3　函数的定义域 …………………………………………………… 4

   1.1.4　函数的表示方法 ………………………………………………… 5

   练习 1.1 ……………………………………………………………… 8

1.2　函数的几种特性 ……………………………………………………… 9

   1.2.1　单调性 …………………………………………………………… 9

   1.2.2　奇偶性 …………………………………………………………… 10

   1.2.3　周期性 …………………………………………………………… 11

   1.2.4　有界性 …………………………………………………………… 11

   练习 1.2 ……………………………………………………………… 12

1.3　反函数 ………………………………………………………………… 12

   1.3.1　反函数的概念 …………………………………………………… 12

   1.3.2　反函数的求法 …………………………………………………… 13

   1.3.3　反函数的图形 …………………………………………………… 13

   1.3.4　单值单调函数的反函数 ………………………………………… 13

   练习 1.3 ……………………………………………………………… 14

1.4　初等函数 ……………………………………………………………… 14

   1.4.1　基本初等函数 …………………………………………………… 14

   1.4.2　复合函数 ………………………………………………………… 18

   1.4.3　初等函数的定义 ………………………………………………… 19

   1.4.4　双曲函数 ………………………………………………………… 19

   练习 1.4 ……………………………………………………………… 21

习题 1 ……………………………………………………………………… 21

第 2 章　极限 ··· 24

　2.1　数列的极限 ·· 25

　　2.1.1　数列 ··· 25

　　2.1.2　数列极限的概念 ·· 25

　　2.1.3　数列极限的性质 ·· 28

　　2.1.4　数列极限的运算 ·· 29

　　练习 2.1 ·· 30

　2.2　函数的极限 ·· 31

　　2.2.1　$x \to \infty$ 时,函数 $f(x)$ 的极限 ······································· 31

　　2.2.2　$x \to x_0$ 时,函数 $f(x)$ 的极限 ·· 33

　　2.2.3　函数的左、右极限 ·· 35

　　练习 2.2 ·· 36

　2.3　无穷大与无穷小 ·· 36

　　2.3.1　无穷大 ·· 36

　　2.3.2　无穷小 ·· 37

　　练习 2.3 ·· 39

　2.4　函数极限的运算法则 ·· 39

　　练习 2.4 ·· 41

　2.5　极限存在准则和两个重要极限 ·· 42

　　2.5.1　极限存在准则 ·· 42

　　2.5.2　两个重要极限 ·· 43

　　练习 2.5 ·· 46

　2.6　无穷小的比较 ··· 46

　　练习 2.6 ·· 48

　习题 2 ··· 48

第 3 章　函数的连续性 ··· 51

　3.1　函数的连续与间断 ·· 51

　　3.1.1　函数在一点处的连续 ·· 51

　　3.1.2　函数在区间上的连续 ·· 53

　　3.1.3　函数的间断点 ·· 54

　　练习 3.1 ·· 56

　3.2　函数的连续性及其应用 ··· 57

　　3.2.1　函数和、差、积、商的连续性 ··· 57

　　3.2.2　复合函数与反函数的连续性 ·· 57

　　3.2.3　初等函数的连续性 ··· 58

　　3.2.4　利用函数的连续性求函数的极限 ··· 59

练习 3.2 ·· 60

3.3　闭区间上连续函数的性质 ··· 60

练习 3.3 ·· 62

习题 3 ··· 62

第 4 章　导数与微分 ·· 66

4.1　函数的导数 ·· 67

4.1.1　导数引入实例 ··· 67

4.1.2　导数的定义 ·· 68

4.1.3　导数的几何意义 ··· 73

4.1.4　可导和连续的关系 ·· 74

练习 4.1 ·· 75

4.2　函数的求导法则 ·· 75

4.2.1　函数和、差的求导法则 ··· 76

4.2.2　函数积的求导法则 ·· 77

4.2.3　函数商的求导法则 ·· 78

练习 4.2 ·· 81

4.3　反函数和复合函数的求导法则 ·· 81

4.3.1　反函数的求导法则 ·· 81

4.3.2　复合函数的求导法则 ·· 85

练习 4.3 ·· 86

4.4　函数的高阶导数 ·· 87

练习 4.4 ·· 89

4.5　隐函数的导数以及由参数方程所确定函数的导数 ····························· 89

4.5.1　隐函数的导数 ··· 89

4.5.2　对数求导法 ·· 91

4.5.3　由参数方程所确定函数的导数 ··· 92

练习 4.5 ·· 94

4.6　函数的微分 ·· 94

4.6.1　函数微分的定义 ··· 94

4.6.2　函数微分的几何意义 ·· 96

4.6.3　函数微分的求法 ··· 97

4.6.4　微分在近似计算中的应用 ·· 99

练习 4.6 ·· 101

习题 4 ··· 102

第 5 章　中值定理和导数的应用 ·· 104

5.1　中值定理 ·· 105

    5.1.1　罗尔定理 ·· 105

    5.1.2　拉格朗日定理 ·· 106

    5.1.3　柯西定理 ·· 109

    练习 5.1 ·· 110

  5.2　洛必达法则 ·· 110

    5.2.1　$\dfrac{0}{0}$ 型未定式的极限 ························ 110

    5.2.2　$\dfrac{\infty}{\infty}$ 型未定式的极限 ················ 112

    5.2.3　其他型未定式的极限 ······························ 113

    练习 5.2 ·· 116

  5.3　函数的单调性 ·· 116

    练习 5.3 ·· 119

  5.4　函数的极值和最值 ······································ 120

    5.4.1　函数极值的定义 ······································ 120

    5.4.2　函数极值的判定及求解 ·························· 121

    5.4.3　函数最值的判定及求解 ·························· 125

    练习 5.4 ·· 128

  5.5　函数的凹凸性和拐点 ··································· 128

    5.5.1　函数凹凸性和拐点的定义 ······················ 129

    5.5.2　函数凹凸性和拐点的判定 ······················ 129

    练习 5.5 ·· 130

  习题 5 ·· 130

第 6 章　不定积分 ·· 132

  6.1　不定积分的定义和性质 ······························ 133

    6.1.1　原函数的定义 ·· 133

    6.1.2　不定积分的定义 ······································ 134

    6.1.3　不定积分的性质 ······································ 136

    练习 6.1 ·· 138

  6.2　不定积分的基本公式 ··································· 138

    6.2.1　不定积分的基本积分表 ·························· 138

    6.2.2　不定积分的直接积分法 ·························· 139

    练习 6.2 ·· 141

  6.3　换元积分法 ·· 141

    6.3.1　第一类换元法(凑微分法) ····················· 141

    6.3.2　第二类换元法 ·· 148

    练习 6.3 ·· 153

6.4　分部积分法 ·· 153

　　练习 6.4 ·· 157

6.5　特殊类型函数的积分方法 ······································ 157

　　6.5.1　有理函数的积分方法 ····································· 157

　　6.5.2　三角函数有理式的积分方法 ··························· 159

　　6.5.3　无理函数的积分方法 ····································· 161

　　练习 6.5 ·· 162

习题 6 ··· 162

第 7 章　定积分及其应用 ·· 164

7.1　定积分的概念及性质 ·· 165

　　7.1.1　定积分的定义 ·· 165

　　7.1.2　定积分的几何意义 ··· 167

　　7.1.3　定积分的性质 ·· 169

　　练习 7.1 ·· 174

7.2　微积分基本公式 ·· 174

　　7.2.1　积分上限函数及其导数 ··································· 174

　　7.2.2　牛顿-莱布尼茨公式 ·· 177

　　练习 7.2 ·· 178

7.3　定积分的积分方法 ··· 179

　　7.3.1　定积分的换元积分法 ······································ 179

　　7.3.2　定积分的分部积分法 ······································ 183

　　练习 7.3 ·· 185

7.4　定积分的应用 ·· 186

　　7.4.1　定积分的元素法 ·· 186

　　7.4.2　定积分在几何中的应用 ··································· 187

　　7.4.3　定积分在物理中的应用 ··································· 190

　　练习 7.4 ·· 193

7.5　广义积分 ·· 193

　　7.5.1　积分区间为无穷区间的广义积分 ····················· 193

　　7.5.2　被积函数有无穷断点的广义积分 ····················· 195

　　7.5.3　Γ 函数 ·· 197

　　练习 7.5 ·· 198

习题 7 ··· 198

第 8 章　微分方程 ··· 201

8.1　微分方程的基本概念 ·· 202

　　8.1.1　微分方程的定义 ·· 202

    8.1.2 微分方程的阶 ……………………………………………… 203

    8.1.3 微分方程的解 ……………………………………………… 203

    练习 8.1 ………………………………………………………… 204

8.2 一阶微分方程 …………………………………………………… 205

    8.2.1 可分离变量的微分方程 ……………………………………… 205

    8.2.2 一阶线性微分方程 …………………………………………… 207

    练习 8.2 ………………………………………………………… 211

8.3 可降阶的高阶微分方程 …………………………………………… 212

    8.3.1 $y^{(n)}=f(x)(n \geqslant 2)$ 型的微分方程 ……………………… 212

    8.3.2 $y''=f(x,y')$ 型的微分方程 ………………………………… 213

    8.3.3 $y''=f(y,y')$ 型的微分方程 ………………………………… 214

    练习 8.3 ………………………………………………………… 215

8.4 线性微分方程解的结构 …………………………………………… 215

    8.4.1 二阶齐次线性微分方程解的结构 …………………………… 216

    8.4.2 二阶非齐次线性微分方程解的结构 ………………………… 217

    练习 8.4 ………………………………………………………… 217

8.5 二阶常系数齐次线性微分方程的解法 …………………………… 218

    练习 8.5 ………………………………………………………… 220

8.6 二阶常系数非齐次线性微分方程的解法 ………………………… 220

    练习 8.6 ………………………………………………………… 224

习题 8 ………………………………………………………………… 224

参考文献 ……………………………………………………………… 227

附录 练习和习题的答案 …………………………………………… 228

第1章 函 数

本章导读

　　函数是微积分研究的对象,是微积分最重要的概念之一。本章介绍函数的概念和性质,包括反函数、初等函数等的概念。

　　本章学习的基本要求:

　　(1) 理解函数的概念;

　　(2) 了解函数的基本特性;

　　(3) 熟悉基本初等函数的性质与图形;

　　(4) 了解复合函数的概念,会分析复合函数的复合过程。

思维导图

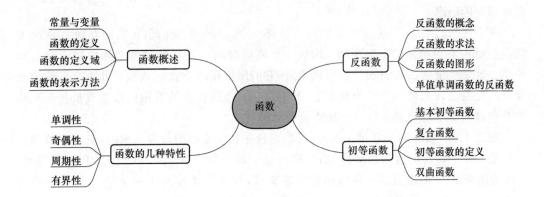

常量与变量
函数的定义
函数的定义域
函数的表示方法
函数概述

反函数的概念
反函数的求法
反函数的图形
单值单调函数的反函数
反函数

函数

单调性
奇偶性
周期性
有界性
函数的几种特性

基本初等函数
复合函数
初等函数的定义
双曲函数
初等函数

1.1 函 数 概 述

1.1.1 常量与变量

在同一自然现象或社会现象中,常常会遇到各种不同的量。有些量在所考虑的问题中不发生变化,保持某一固定的值,这种量叫作**常量**;有些量会发生变化,可以取不同的值,这种量叫作**变量**。例如,将一个密闭容器内的气体加热时,气体的体积和分子数是常量,温度和压强则是变量。

一个量是常量还是变量,并不是固定不变的,与所分析的问题密切相关。例如,在密闭容器中考虑气体的温度、压强和体积之间的关系时,如果考虑压强和体积之间的关系,则把温度看作常量,而如果考虑温度和压强的关系,则把体积看作常量。

1.1.2 函数的定义

在一个问题中的几个变量往往不是相互独立的,而是相互联系的。变量间的这种相互依赖、相互联系的关系在数学上称为函数关系。

例如:圆的面积 A 与半径 r 之间的相互关系由公式 $A=\pi r^2$ 给定,当半径取定某一正的数值时,面积 A 也有一个确定的数值;从时刻 $t=0$ 开始下落的自由落体的下落的距离为 $s=\dfrac{1}{2}gt^2$,下落的距离 s 随时间 t 的变化而变化;寄送快递的费用取决于所寄物品的重量和邮寄的距离。

在上述问题中,一个变量的值取决于另外一个或几个变量的值。圆的面积 A 取决于圆的半径 r;自由落体的下落距离 s 取决于下降的时间 t;寄送快递的费用取决于重量和距离。这里变量 A、s 和费用等称为因变量,它们所依赖的变量 r、t、重量和距离等称为自变量。变量 A、s 只依赖于一个自变量,分别为 r、t,寄送快递的费用依赖于重量和距离两个自变量。本章只研究含有一个自变量的情形。

定义 1.1 设有两个变量 x 与 y,若当变量 x 在某范围内每取一值时,变量 y 按确定的规则有唯一确定的值与之对应,那么称 y 是 x 的函数,记作 $y=f(x)$。x 称为**自变量**,y 称为**因变量**,x 的取值范围称为函数的**定义域**,对于定义域内任一 x_0,$y_0=f(x_0)$ 称为函数 $f(x)$ 在点 x_0 的**函数值**,所有函数值的全体称为函数的**值域**。

函数记号 $y=f(x)$ 中的字母"f"表示了 y 与 x 之间的对应关系,这个字母可以是任意一个字母,如"φ""F"等,也可以是与因变量同名,如 $y=y(x)$。例如,在圆的面积公式 $A=\pi r^2$ 中,面积 A 是半径 r 的函数,可以记作 $A=A(r)$,当半径 $r=3$ 时,面积为 $A(3)=3^2\pi=9\pi$。

在同一问题中,如果同时考虑几个不同的函数,为了避免混淆,要用不同的字母表示不同的函数。

在上述函数定义中有两个要素：一个是自变量的取值范围，即函数的**定义域**；另一个是两变量之间的**对应规则**。两个函数是否相同，需要从这两方面考虑，只有它们完全相同，两个函数才是相同的函数。

例 1-1 分析下列各组函数是否相同：

(1) $y=x^2$ 与 $s=t^2$；　　　　　　　　(2) $y=|x|$ 与 $y=\sqrt{x^2}$；

(3) $y=\dfrac{x^2-1}{x-1}$ 与 $y=x+1$。

解：(1) 两个函数虽然使用的字母不同，但定义域相同，都是全体实数，对应法则也相同，因变量都是自变量的平方，所以两者表示相同的函数。

(2) 两个函数的定义域相同，都是全体实数，对应法则也相同。

$$y=|x|=\begin{cases} -x, & x<0 \\ x, & x\geqslant 0 \end{cases}$$

$$y=\sqrt{x^2}=\begin{cases} -x, & x<0 \\ x, & x\geqslant 0 \end{cases}$$

因此，它们是相同的函数。

(3) 函数 $y=\dfrac{x^2-1}{x-1}$ 的自变量取值不能为 1，而 $y=x+1$ 的定义域为全体实数，两者定义域不同，所以它们是不同的函数。

例 1-2 设 $f(x)=\dfrac{1}{x+1}$，求 $f(1),f(0),f(-2),f\left(\dfrac{1}{x}\right)$。

解：
$$f(1)=\frac{1}{1+1}=\frac{1}{2}$$

$$f(0)=\frac{1}{0+1}=1$$

$$f(-2)=\frac{1}{-2+1}=-1$$

$$f\left(\frac{1}{x}\right)=\frac{1}{\dfrac{1}{x}+1}=\frac{x}{x+1}$$

例 1-3 已知 $f(x-1)=x^2-3x+2$，求 $f(x+1)$。

解：先求 $f(x)$。设 $x-1=u$，则 $x=u+1$，
$$f(u)=f(x-1)=(u+1)^2-3(u+1)+2=u^2-u$$

所以，
$$f(x)=x^2-x$$
$$f(x+1)=(x+1)^2-(x+1)=x^2+x。$$

1.1.3 函数的定义域

1. 区间

设 a,b 为两实数,且 $a<b$,则

开区间 (a,b):满足不等式 $a<x<b$ 的一切实数 x 的全体。

闭区间 $[a,b]$:满足不等式 $a\leqslant x\leqslant b$ 的一切实数 x 的全体。

半开区间 $[a,b)$:满足不等式 $a\leqslant x<b$ 的一切实数 x 的全体。

半开区间 $(a,b]$:满足不等式 $a<x\leqslant b$ 的一切实数 x 的全体。

上述区间在 x 轴上的表示见图 1-1。

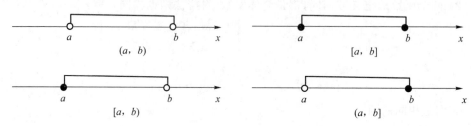

图 1-1

以上区间为**有限区间**,还有**无限区间**。

$(a,+\infty)$:满足 $a<x$ 的一切实数 x 的全体。

$[a,+\infty)$:满足 $a\leqslant x$ 的一切实数 x 的全体。

$(-\infty,b)$:满足 $x<b$ 的一切实数 x 的全体。

$(-\infty,b]$:满足 $x\leqslant b$ 的一切实数 x 的全体。

$(-\infty,+\infty)$:全体实数,也可写作 $-\infty<x<+\infty$。

上述无限区间在 x 轴上的表示见图 1-2。

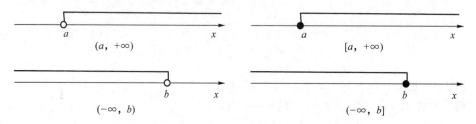

图 1-2

邻域:包含点 x_0 的开区间 $(x_0-\delta,x_0+\delta)(\delta>0)$ 称为 x_0 的 δ 邻域,简称**邻域**。

左邻域:$(x_0-\delta,x_0)(\delta>0)$。

右邻域:$(x_0,x_0+\delta)(\delta>0)$。

去心邻域:$(x_0-\delta,x_0)\bigcup(x_0,x_0+\delta)(\delta>0)$。

2. 函数的定义域

函数的定义域要根据函数的数学表达式和实际意义来求。例如,$y=ax^2$ 作为数学表

达式对于任意的实数都有意义,定义域为全体实数,而在圆的面积公式 $A=\pi r^2$ 中,r 要大于 0。

对于用数学表达式表示的函数,其定义域由表达式本身确定,这样的定义域称为自然定义域。

求函数的自然定义域,一般要从这样几方面考虑:

(1) 分母不能为零;

(2) 偶次根号内不能小于零;

(3) 在对数函数中,真数要大于零;

(4) 在反三角函数 $\arcsin x$、$\arccos x$ 中,x 的绝对值不能大于 1。

另外,如果函数是由有限项的和组成,要分别求出各部分的定义域,再取公共部分。

函数的定义域一般用不等式或区间表示。

例 1-4 求下列函数的定义域:

(1) $y=x^2+\sin x$;

(2) $y=\dfrac{1}{3x+4}$;

(3) $y=\dfrac{x}{x-1}+\sqrt{3x+6}$;

(4) $y=\arcsin\dfrac{x-1}{2}+\lg(x-2)$;

(5) $y=\sqrt{\cos x-1}$。

解:(1) 因为不论 x 取何值,y 都有确定的值与之对应,所以函数的定义域为 $(-\infty,+\infty)$。

(2) 由题意可知 $3x+4\neq 0$,即 $x\neq -\dfrac{4}{3}$,所以函数的定义域为 $(-\infty,-\dfrac{4}{3})\cup(-\dfrac{4}{3},+\infty)$。

(3) 由题意可知 $\begin{cases}x-1\neq 0\\3x+6\geqslant 0\end{cases}$,即 $\begin{cases}x\neq 1\\x\geqslant -2\end{cases}$,所以函数的定义域为 $[-2,1)\cup(1,+\infty)$。

(4) 由题意可知 $\begin{cases}\left|\dfrac{x-1}{2}\right|\leqslant 1\\x-2>0\end{cases}$,解得 $\begin{cases}-1\leqslant x\leqslant 3\\x>2\end{cases}$,所以函数的定义域为 $(2,3]$。

(5) 由题意可知 $\cos x-1\geqslant 0$,即 $\cos x\geqslant 1$,因为 $\cos x$ 的值不可能大于 1,所以 $\cos x=1$,即 $x=2k\pi(k=0,\pm 1,\pm 2,\pm 3,\cdots)$,所以函数的定义域为 $\{x|x\in\mathbf{R}\ \text{且}\ x=2k\pi,k=0,\pm 1,\pm 2,\pm 3,\cdots\}$。

1.1.4 函数的表示方法

函数的表示方法一般有**公式法**、**表格法**和**图示法**。

1. 公式法

用数学式子表示自变量与因变量之间的关系,如 $y=x^2+x-1$,$y=\sin(x+1)$ 等。

用公式法表示函数关系的优点是准确,便于理论分析和运算,缺点是不够直观。

在用公式法表示函数时,经常会遇到在定义域的不同区间用不同式子表示的函数,这类函数叫**分段函数**。例如,

$$y=f(x)=\begin{cases} x^2, & x\leqslant 0 \\ x+1, & x>0 \end{cases}$$

当 $x\leqslant 0$ 时,$y=x^2$,当 $x>0$ 时,$y=x+1$,其函数曲线见图 1-3. 因为 $-2<0$,所以 $f(-2)=(-2)^2=4$;因为 $1>0$,所以 $f(1)=1+1=2$。

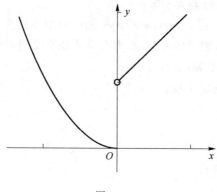

图 1-3

注意:分段函数是一个函数,不是两个或多个函数,只是在不同区间内的表达式不同。

绝对值函数是分段函数。

例 1-5 作出函数 $y=|x-1|$ 的图形。

解:先去掉函数表达式中的绝对值。

当 $x-1\geqslant 0$,即 $x\geqslant 1$ 时,$y=|x-1|=x-1$,当 $x-1<0$,即 $x<1$ 时,$y=|x-1|=-(x-1)=1-x$,用分段函数表示为

$$y=\begin{cases} x-1, & x\geqslant 1 \\ 1-x, & x<1 \end{cases}$$

函数图形见图 1-4。

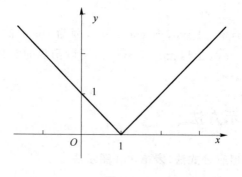

图 1-4

2. 表格法

表格法是将自变量的值与对应的函数值用表格对应起来,如银行的存款利率(见表1-1)。

表 1-1

存期	一年期	二年期	三年期	五年期
利率	1.50%	2.10%	2.75%	3.00%

表1-1中的存期是自变量,利率是函数。

表格法的优点是可以直接查阅,缺点是表中所列数据往往不够完全,也不易用于理论分析。

3. 图示法

用平面直角坐标系中的曲线表示函数的方法叫图示法。例如,气温自动记录仪描绘出了某一天的气温变化曲线,并给出了时间 t 与气温 T 的对应关系,见图1-5。

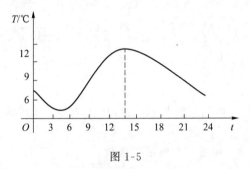

图 1-5

图示法的优点是直观,一目了然,缺点是不够精确,不便于理论分析。

一般地,设函数 $y=f(x)$,在平面直角坐标系 xOy 中,以自变量 x 为横坐标,因变量 y 为纵坐标的点 (x,y) 描出的曲线就是函数 $y=f(x)$ 的图形。例如,函数 $y=x^2$ 的图形就是坐标满足 $y=x^2$ 的点 (x,y) 的集合,见图1-6。

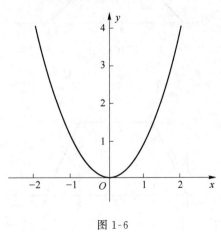

图 1-6

讨论函数时,一般用公式表示,再辅之以图形。

练习 1. 1

1. 判断下列各对函数是否是同一函数：

(1) $f(x)=\sqrt{(x-1)^2}$，$g(x)=x-1$；

(2) $f(x)=\sqrt[3]{(x-1)^3}$，$g(x)=x-1$；

(3) $f(x)=\log_2(x+1)^2$，$g(x)=2\log_2(x+1)$；

(4) $f(x)=\dfrac{\lg x}{2}$，$g(x)=\lg\sqrt{x}$；

(5) $f(x)=\sin^2 x+\cos^2 x$，$g(x)=1$。

2. 求下列函数定义域：

(1) $y=x^2-x+1$；

(2) $y=\dfrac{2x}{x^2-3x+2}$；

(3) $y=\sqrt{4-x^2}$；

(4) $y=\dfrac{1}{1-\ln x}$；

(5) $y=\sqrt[3]{x+2}+\lg\dfrac{1}{1+x}$；

(6) $y=\sqrt{3-x}+\arcsin\dfrac{3-2x}{5}$。

3. 设 $f(x)=\begin{cases}-x^2, & x<0 \\ 1, & 0\leqslant x<2 \\ x, & x\geqslant 2\end{cases}$，求 $f(-1),f(0),f(1),f(3)$ 的值，并作出 $f(x)$ 的图形。

4. 用公式表示图 1-7 和图 1-8 所示的函数。

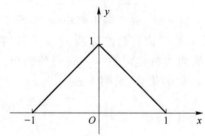

图 1-7

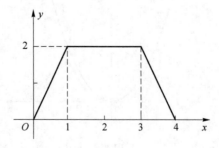

图 1-8

1.2　函数的几种特性

有些函数具有某种特殊的性质,了解这些性质对我们研究这类函数有很大的帮助。

1.2.1　单调性

设 $y=f(x)$ 在区间 (a,b) 内有定义,对于任意 $x_1,x_2 \in (a,b)$ 且 $x_1 < x_2$,如果有 $f(x_1) < f(x_2)$,则称 $f(x)$ 在区间 (a,b) **内单调增加**;如果有 $f(x_1) > f(x_2)$,则称 $f(x)$ 在区间 (a,b) 内**单调减少**。

单调增加的函数图像是沿 x 轴正向上升的曲线,见图 1-9;单调减少的函数图像是沿 x 轴正向下降的曲线,见图 1-10。

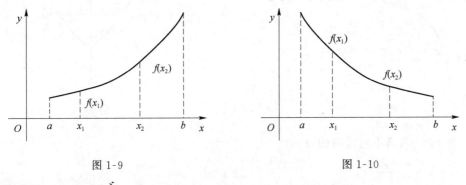

图 1-9　　　　　　　　　　　　　　　图 1-10

函数的单调增加或单调减少是函数在某个区间的性态,是相对于某个区间而言的,一个函数可能在这个区间是单调增加的,而在另一区间是单调减少的。例如,$y=x^2$ 在区间 $(-\infty,0)$ 内单调减少,在区间 $(0,+\infty)$ 内单调增加,见图 1-11。

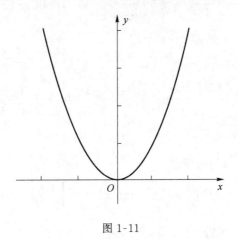

图 1-11

如果函数在它的整个定义域内是单调增加的,则称函数为**增函数**;如果函数在它的整个定义域内是单调减少的,则称函数为**减函数**。增函数和减函数统称**单调函数**。

例如,$y=e^x$,$y=-\ln x$ 都是单调函数。

1.2.2 奇偶性

如果函数 $y=f(x)$ 对定义域内的任意 x 都满足 $f(-x)=-f(x)$,则称 $f(x)$ 为**奇函数**;如果函数 $y=f(x)$ 对定义域内的任意 x 都满足 $f(-x)=f(x)$,则称 $f(x)$ 为**偶函数**。

奇函数的图形关于原点对称,见图 1-12,偶函数的图形关于 y 轴对称,见图 1-13。

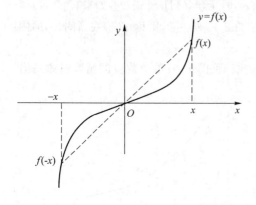

图 1-12

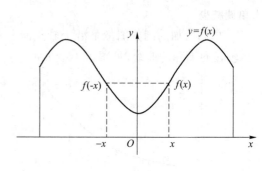

图 1-13

例 1-6 判断下列函数的奇偶性:

(1) $y=\dfrac{e^2+e^{-x}}{2}$;   (2) $y=\ln(x+\sqrt{x^2+1})$;

(3) $f(x)=\tan x\ln\dfrac{1+x}{1-x}$。

解:(1) $f(-x)=\dfrac{e^{-x}+e^{-(-x)}}{2}=\dfrac{e^x+e^{-x}}{2}=f(x)$,所以 $y=\dfrac{e^x+e^{-x}}{2}$ 为偶函数。

(2) $f(-x)=\ln(-x+\sqrt{(-x)^2+1})$

$\qquad\quad =\ln(\sqrt{x+1}-x)$

$\qquad\quad =\ln\dfrac{(\sqrt{x^2+1}-x)(\sqrt{x^2+1}+x)}{\sqrt{x^2+1}+x}=\ln\dfrac{1}{\sqrt{x^2+1}+x}$

$\qquad\quad =-\ln(\sqrt{x^2+1}+x)=-f(x)$

所以,$y=\ln(x+\sqrt{x^2+1})$ 为奇函数。

(3) $f(-x)=\tan(-x)\ln\dfrac{1-x}{1+x}=-\tan x\left(-\ln\dfrac{1+x}{1-x}\right)=\tan x\ln\dfrac{1+x}{1-x}=f(x)$,所以 $f(x)=\tan x\ln\dfrac{1+x}{1-x}$ 为偶函数。

注意:不是任何函数都具有奇偶性,如函数 $y=x^2+x$ 既不是奇函数也不是偶函数。

1.2.3　周期性

对于函数 $f(x)$，如果存在正数 T，使得对定义域内的任意 x，恒有
$$f(x+T)=f(x)$$
则称函数 $f(x)$ 为**周期函数**。使上式成立的最小正数称为函数 $f(x)$ 的**最小正周期**。例如，$y=\sin x$ 的周期为 2π，$y=\tan x$ 的周期为 π。

如果函数 $f(x)$ 是周期为 T 的函数，则函数 $f(ax+b)(a\neq 0)$ 也是周期函数，其周期为 $\dfrac{T}{|a|}$。例如，$\sin x$ 的周期为 2π，$\sin 2x$ 的周期为 π，$\sin \dfrac{1}{2}x$ 的周期为 4π。

周期函数图形的特点是，自变量每经过一个周期其图形重复一次。周期函数的图形可由一个周期内的图形平移得到，见图 1-14。

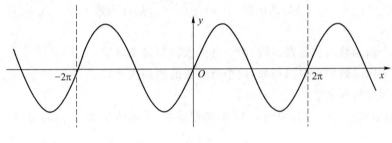

图 1-14

1.2.4　有界性

设函数 $f(x)$ 在区间 (a,b) 内有定义，如果存在正数 M，对于一切 $x\in(a,b)$，都有 $|f(x)|\leqslant M$ 成立，则称 $f(x)$ 在区间 (a,b) 内**有界**，否则称 $f(x)$ 在 (a,b) 内**无界**。

函数 $y=\dfrac{1}{x}$ 在开区间 $(0,1)$ 内无界，因为不存这样的正数 M，使 $\left|\dfrac{1}{x}\right|\leqslant M$ 对开区间 $(0,1)$ 内的一切 x 都成立，但 $y=\dfrac{1}{x}$ 在开区间 $(2,+\infty)$ 内有界，如可取 $M=1$，使 $\left|\dfrac{1}{x}\right|\leqslant 1$ 对开区间 $(2,+\infty)$ 内的一切 x 都成立。

如果 $f(x)$ 在它的整个定义域内有界，则称 $f(x)$ 为**有界函数**。

例如，$y=\sin x$ 对定义域 $(-\infty,\infty)$ 内任意 x，都有 $|\sin x|\leqslant 1$，所以 $y=\sin x$ 为有界函数，见图 1-15。

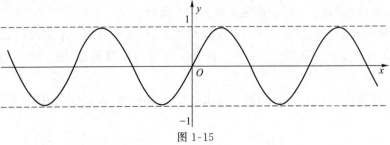

图 1-15

$y = \tan x$ 在区间 $\left(-\dfrac{\pi}{2}, \dfrac{\pi}{2} \right)$ 内无界。

练习 1.2

1. 判断下列函数的奇偶性:

(1) $f(x) = x \sin x$;

(2) $f(x) = x + \sin x$;

(3) $f(x) = x^3 + 1$;

(4) $f(x) = \dfrac{x}{x^2 + 1}$;

(5) $f(x) = \dfrac{e^x - e^{-x}}{2}$;

(6) $f(x) = \dfrac{e^x + e^{-x}}{2}$。

2. 证明 $f(x) + f(-x)$ 是偶函数, $f(x) - f(-x)$ 是奇函数。

3. 证明:

(1) 两个偶函数的和是偶函数;两个奇函数的和是奇函数。

(2) 两个偶函数的积是偶函数;两个奇函数的积是偶函数。

(3) 奇函数与偶函数的积是奇函数。

4. 已知函数 $y = f(x)$ 是周期为 10 的周期函数,求函数 $f(2x+1)$ 的周期。

1.3 反 函 数

1.3.1 反函数的概念

研究两个变量的函数关系时,根据研究的问题可以选定一个变量为自变量,另一个变量为因变量或函数。例如,在研究自由落体运动中,我们可以选择时间 t 为自变量,物体下落的距离 s 是时间 t 的函数: $s = s(t) = \dfrac{1}{2} g t^2$。如果问题是用物体下落的距离来确定所需要的时间,则选择物体下落的距离 s 为自变量,时间 t 是距离 s 的函数: $t = t(s) = \sqrt{\dfrac{2s}{g}}$,这时我们称函数 $t = t(s)$ 是函数 $s = s(t)$ 的反函数,而 $s = s(t)$ 叫作直接函数。

定义 1.2 设函数 $y = f(x)$ 的定义域为 D_f,值域为 Z_f,如果对于 Z_f 内的任一值 y,都有 D_f 内唯一确定且满足 $y = f(x)$ 的 x 值与之对应,则可得到一个定义在 Z_f 上的以 y 为自变量, x 为因变量的函数 $x = \varphi(y)$,称为 $y = f(x)$ 的**反函数**,而 $y = f(x)$ 称为**直接函数**。

习惯上自变量用字母 x 表示,因变量用字母 y 表示,所以 $y = f(x)$ 的反函数写为 $y = \varphi(x)$ 或 $y = f^{-1}(x)$。

1.3.2 反函数的求法

求函数 $y=f(x)$ 的反函数的方法:

(1) 从方程 $y=f(x)$ 解出 $x=\varphi(y)$;

(2) 交换自变量和因变量的位置,得 $y=\varphi(x)$。

例 1-7 求函数 $y=x^3+1$ 的反函数。

解:由 $y=x^3+1$,解出 $x=\sqrt[3]{y-1}$,交换 x 与 y 的位置,得 $y=\sqrt[3]{x-1}$。

例 1-8 求函数 $y=2x+3$ 的反函数,并在同一坐标系中作出它们的图形。

解:由 $y=3x+2$,解出 $x=\dfrac{y-2}{3}$,交换 x 与 y 的位置,得 $y=\dfrac{x-2}{3}$。

它们的图形都是直线,且关于直线 $y=x$ 对称,见图 1-16。

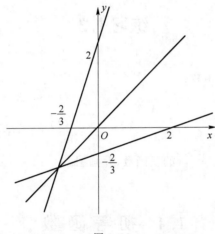

图 1-16

1.3.3 反函数的图形

图形特点:$y=f(x)$ 的图形与其反函数 $y=\varphi(x)$ 的图形关于直线 $y=x$ 对称,见图 1-17。

1.3.4 单值单调函数的反函数

在求反函数的过程中,需要从方程 $y=f(x)$ 解出 $x=\varphi(y)$,但解出的解不能保证唯一性,例如,由 $y=x^2$,解出 $x=\pm\sqrt{y}$,而反函数的定义是唯一确定,那么在什么条件下能保证唯一性呢? 这需要分区间来讨论。例如,对于函数 $y=x^2$,不能笼统地去求反函数,而应该分别在区间 $(-\infty,0)$ 和区间 $(0,+\infty)$ 内求反函数。在区间 $(-\infty,0)$ 内其反函数为 $y=-\sqrt{x}$,在区间 $(0,+\infty)$ 内其反函数为 $y=\sqrt{x}$。一般地有如下结论。

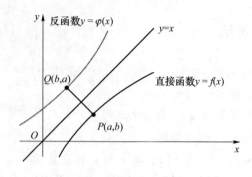

图 1-17

定理 1.1 单值单调函数的函数存在反函数,并且其反函数也是单值单调函数(同为单调增加或单调减少函数)。

练习 1.3

1. 写出下列函数的反函数:

(1) $y=2x+1$;

(2) $y=3^x-1$;

(3) $y=\ln(x+1)-2$;

(4) $y=\dfrac{1-x}{1+x}$。

2. 写出函数 $y=\begin{cases} x, & x<0 \\ x^2, & x\geqslant 0 \end{cases}$ 的反函数,并画图。

1.4 初 等 函 数

1.4.1 基本初等函数

基本初等函数指下列五类函数:幂函数、指数函数、对数函数、三角函数和反三角函数。它们是微积分的基础,大家一定要熟练掌握它们的概念、性质。

1. 幂函数

函数 $y=x^a$(a 为实数)称为幂函数,其定义域随 a 的不同而不同,但对 $x>0$,都有定义。其性质在 $a>0$ 和 $a<0$ 时完全不同。

要记住最常见的 4 个幂函数 $y=x,y=x^2,y=\sqrt{x},y=\dfrac{1}{x}$ 的定义域及图形。其函数图形见图 1-18。

2. 指数函数

指数函数 $y=a^x$($a>0,a\neq1$)的定义域为 $(-\infty,+\infty)$,值域为 $(0,+\infty)$,其图形过

$(0,1)$点,$a>1$时,函数单调增加,$0<a<1$时,函数单调减少,其函数图形见图 1-19。在以后的学习过程中函数 $y=\mathrm{e}^x$ 用得较多。

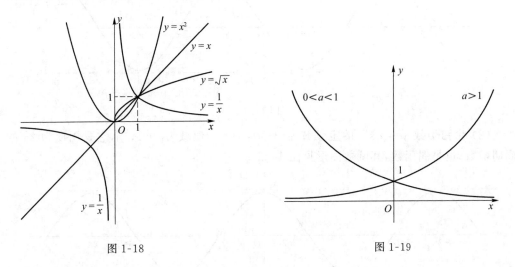

图 1-18　　　　　　　　　　　　　　　图 1-19

3. 对数函数

对数函数 $y=\log_a x(a>0,a\neq1)$ 的定义域为 $(0,+\infty)$,值域为 $(-\infty,+\infty)$。对数函数与指数函数互为反函数,图形过 $(1,0)$ 点。$a>1$ 时,函数单调增加;$0<a<1$ 时,函数单调减少。其函数图形见图 1-20。

在高等数学中常用以 e 为底的对数,称为自然对数,记作 $\log_e x$,即 $\ln x$。

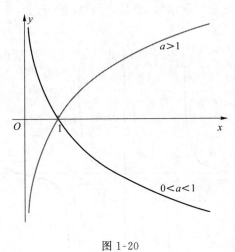

图 1-20

4. 三角函数

(1) **正弦函数** $y=\sin x$ 的定义域为 $(-\infty,+\infty)$,值域为 $[-1,1]$,它是周期为 2π 的周期函数,也是奇函数,其函数图形见图 1-21。

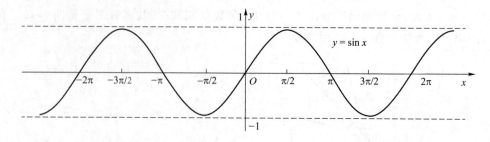

图 1-21

（2）**余弦函数** $y = \cos x$ 的定义域为 $(-\infty, +\infty)$，值域为 $[-1, 1]$，它是周期为 2π 的周期函数，也是偶函数，其函数图形见图 1-22。

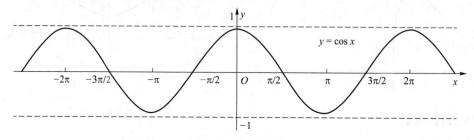

图 1-22

（3）**正切函数** $y = \tan x$ 的定义域为 $\{x \mid x \in \mathbf{R} \ \text{且} \ x \neq k\pi + \dfrac{\pi}{2}, k = 0, \pm 1, \pm 2, \cdots\}$，值域为 $(-\infty, +\infty)$，它是周期为 π 的周期函数，也是奇函数，在 $\left(-\dfrac{\pi}{2}, \dfrac{\pi}{2}\right)$ 内单调增加，其函数图形见图 1-23。

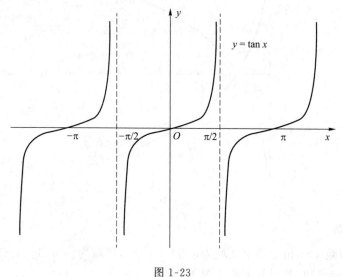

图 1-23

（4）**余切函数** $y = \cot x$ 的定义域为 $\{x \mid x \in \mathbf{R} \ \text{且} \ x \neq k\pi, k = 0, \pm 1, \pm 2, \cdots\}$，值域为 $(-\infty, +\infty)$，它是周期为 π 的周期函数，也是奇函数，在 $(0, \pi)$ 内单调减少，其函数图形

见图 1-24。

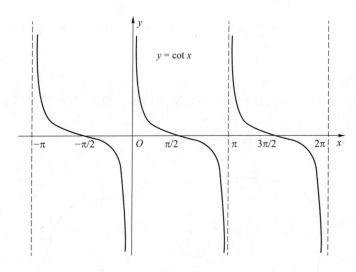

图 1-24

此外,还有**正割函数** $y = \sec x = \dfrac{1}{\cos x}$,以及**余割函数** $y = \csc x = \dfrac{1}{\sin x}$。

5. 反三角函数

顾名思义,反三角函数就是三角函数的反函数,但是三角函数都是周期函数,不满足单值单调的条件,如果我们限定函数的定义域就能够保证单值单调的条件,定义域的限定范围就是反函数的值域。

三角函数 $y = \sin x, y = \cos x, y = \tan x, y = \cot x$ 的反函数分别如下。

(1) **反正弦函数** $y = \arcsin x$

其定义域为 $[-1, 1]$,值域为 $\left[-\dfrac{\pi}{2}, \dfrac{\pi}{2}\right]$,是单调增加函数,也是奇函数,其函数图形见图 1-25。

(2) **反余弦函数** $y = \arccos x$

其定义域为 $[-1, 1]$,值域为 $[0, \pi]$,是单调减少函数,其函数图形见图 1-26。

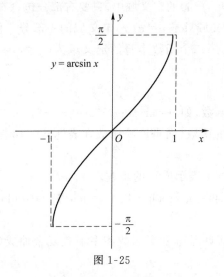

图 1-25

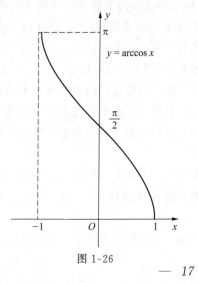

图 1-26

（3）**反正切函数** $y=\arctan x$

其定义域为 $(-\infty,+\infty)$，值域为 $\left(-\dfrac{\pi}{2},\dfrac{\pi}{2}\right)$，是单调增加函数，也是奇函数，其函数图形见图 1-27。

（4）**反余切函数** $y=\operatorname{arccot} x$

其定义域为 $(-\infty,+\infty)$，值域为 $(0,\pi)$，是单调减少函数，其函数图形见图 1-28。

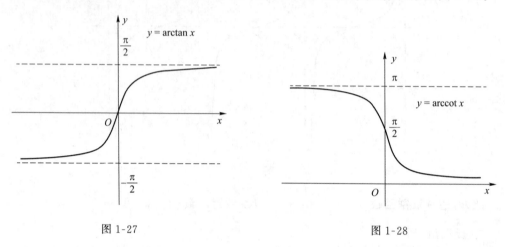

图 1-27　　　　　　　　　　　　　　　图 1-28

1.4.2　复合函数

定义 1.3　设函数 $y=f(u)$，$u=\varphi(x)$，如果 $u=\varphi(x)$ 的值域包含在 $y=f(u)$ 的定义域中，则变量 y 通过变量 u 构成变量 x 的函数 $y=f[\varphi(x)]$，称为 x 的**复合函数**，u 叫作**中间变量**。

例如，$y=f(u)=\ln u$ 和 $u=\varphi(x)=x^2+1$ 可复合成 $y=f[\varphi(x)]=\ln(x^2+1)$。

关于复合函数需要注意以下几个问题。

（1）$u=\varphi(x)$ 的值域可以不完全包含在 $y=f(u)$ 的定义域中，只要有部分包含在 $y=f(u)$ 的定义域中即可，这时 $y=f[\varphi(x)]$ 的定义域只是 $u=\varphi(x)$ 定义域的一部分。例如，对于函数 $y=f(u)=\ln u$ 和 $u=\varphi(x)=x-1$，第二个函数本身的定义域为 $(-\infty,\infty)$，但复合函数 $y=f[\varphi(x)]=\ln(x-1)$ 的定义域为 $(1,\infty)$。

（2）复合函数可以由多个函数复合而成。

（3）不是任何两个函数都可以构成复合函数，如 $y=\arcsin u$ 和 $u=x^2+2$。

（4）我们所说的复合函数并不是一类新的函数，而是反映函数在表达式方面有着某种特点。

例 1-9　已知 $y=u^2$，$u=\cos v$，$v=\ln x$，将 y 表示成 x 的函数。

解：将 $v=\ln x$ 代入 $u=\cot v$，得 $u=\cot \ln x$，再将 $u=\cot \ln x$ 代入 $y=u^2$，得 $y=(\cot \ln x)^2=\cot^2 \ln x$。

能够迅速、正确地判断一个复合函数由哪些基本初等函数和多项式复合而成（即会分解复合函数），对今后熟练掌握函数的微分法和积分法至关重要。

例 1-10　指出下列复合函数由哪些简单函数复合而成：

（1）$y = \sin x^2$；

（2）$y = \arctan(x+1)^2$；

（3）$y = \tan \dfrac{1}{\sqrt{x^2+1}}$；

（4）$y = \ln(1 + \sqrt{1+x^2})$

解：（1）$y = \sin x^2$ 由 $y = \sin u$ 和 $u = x^2$ 复合而成。

（2）$y = \arctan(x+1)^2$ 由 $y = \arctan u$、$u = v^2$ 和 $v = x+1$ 复合而成。

（3）$y = \tan \dfrac{1}{\sqrt{x^2+1}}$ 由 $y = \tan u$、$u = v^{-\frac{1}{2}}$、$v = x^2+1$ 复合而成。

（4）$y = \ln(1+\sqrt{1+x^2})$ 由 $y = \ln u$、$u = 1+v$、$v = w^{\frac{1}{2}}$、$w = 1+x^2$ 复合而成。

在分解复合函数时遇到负幂指数时要特别注意。例如，在 $y = \tan \dfrac{1}{\sqrt{x^2+1}}$ 中，$u = v^{-\frac{1}{2}}$ 不要写成 $u = \dfrac{1}{\sqrt{v}}$ 或 $u = \dfrac{1}{v^{\frac{1}{2}}}$，因为分解复合函数本身不是目的，目的是为后续分析做准备。另外，$u = v^{-\frac{1}{2}}$ 也不必写成 $u = v^{-1}$、$v = w^{\frac{1}{2}}$ 两个幂函数复合，$u = v^{-\frac{1}{2}}$ 本身就是一个幂函数。

1.4.3　初等函数的定义

由基本初等函数和常数经过有限次的四则运算及有限次的函数复合步骤所构成的能用一个解析式表达的函数叫**初等函数**。今后我们遇到的函数大多是初等函数，如 $y = \ln(x+\sqrt{x^2+1})$，$y = \arcsin \dfrac{x-1}{2} + \log_2(x-2)$ 等。

说明：大多数分段函数不是初等函数，但能用一个解析式表达的分段函数仍为初等函数。

1.4.4　双曲函数

（1）**双曲正弦函数** $\sinh x = \dfrac{e^x - e^{-x}}{2}$

其定义域为 $(-\infty, +\infty)$，值域为 $(-\infty, +\infty)$，是单调增加的奇函数，如图 1-29 所示。

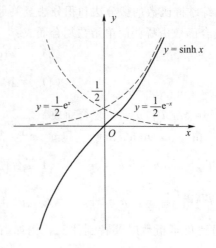

图 1-29

（2）**双曲余弦函数** $\cosh x = \dfrac{e^x + e^{-x}}{2}$

其定义域为$(-\infty, +\infty)$，值域为$(1, +\infty)$，在区间$(-\infty, 0)$内单调减少，在区间$(0, +\infty)$内单调增加，是偶函数，如图 1-30 所示。

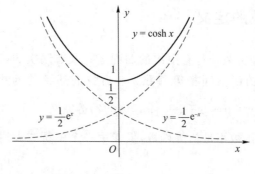

图 1-30

（3）**双曲正切函数** $\tanh x = \dfrac{e^x - e^{-x}}{e^x + e^{-x}}$

其定义域为$(-\infty, +\infty)$，值域为$(-1, 1)$，是单调增加的奇函数，如图 1-31 所示。

双曲函数具有与三角函数类似的公式：

$$\cosh^2 x - \sinh^2 x = 1$$
$$\sinh(x \pm y) = \sinh x \cosh y \pm \cosh x \sinh y$$
$$\cosh(x \pm y) = \cosh x \cosh y \pm \sinh x \sinh y$$
$$\sinh 2x = 2\sinh x \cosh x$$
$$\cosh 2x = \cosh^2 x + \sinh^2 x$$

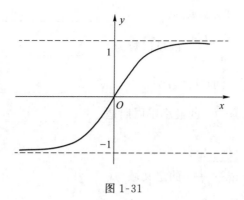

图 1-31

练习 1.4

指出下列复合函数是由哪些基本初等函数(或多项式)复合而成的:

(1) $y = \sin(x^2 + 1)$;

(2) $y = e^{\cos x}$;

(3) $y = \lg(1 + 2x)$;

(4) $y = 2^{(2x+1)^2}$;

(5) $y = \sqrt[3]{(1 + x^2)^2}$;

(6) $y = \sin \dfrac{1}{\sqrt{1 + x^2}}$;

(7) $y = \sin[\ln \tan(x^2 - 1)]$。

习　题　1

1. 填空题

(1) 函数 $f(x) = \dfrac{1}{\sqrt{16 - x^2}} + \arcsin \dfrac{2}{x - 1}$ 的定义域为 _____。

(2) 函数 $f(x) = \arcsin\left(\lg \dfrac{x}{10}\right)$ 的定义域为 _____。

(3) 函数 $y = \ln \dfrac{1 + x}{1 - x}$ 的定义域是 _____。

(4) 若 $f(x) = \sqrt[n]{a - x^n}\ (x > 0)$,则 $f[f(x)] = $ _____。

(5) 若 $f(x) = \dfrac{1}{1 - x}$,则 $f\left[f\left(\dfrac{1}{x}\right)\right] = $ _____。

(6) 若 $f(x) = \dfrac{x - 1}{x + 1}$,则 $f[f(x)] = $ _____。

(7) 函数 $y=2^x+2$ 的反函数为 _____。

(8) 函数 $y=\begin{cases} x^2, & 0\leqslant x\leqslant 1 \\ \sqrt{x}, & x>1 \end{cases}$ 的反函数为 _____。

(9) 函数 $y=-\sqrt{x-1}$ 的反函数为 _____。

(10) 函数 $y=1+\cos\dfrac{\pi}{2}x$ 的最小正周期是 _____。

2. 单项选择题

(1) 函数 $f(x)=\sqrt{\lg\dfrac{5x-x^2}{4}}$ 的定义域为（　　）。

A. $(1,4)$ 　　　　 B. $[-4,-1]$ 　　　 C. $(-4,-1)$ 　　　 D. $[1,4]$

(2) 函数 $f(x)=\sqrt{\ln(2x+7)}$ 的定义域为（　　）。

A. $(0,+\infty)$ 　　　 B. $\left[-\dfrac{7}{2},+\infty\right)$ 　 C. $\left(-\dfrac{7}{2},+\infty\right)$ 　 D. $[-3,+\infty)$

(3) 设 $f(x)$ 的定义域为 $(-\infty,0)$ 则函数 $f(\ln x)$ 的定义域是（　　）。

A. $(0,+\infty)$ 　　　 B. $(0,1]$ 　　　 C. $(1,+\infty)$ 　　　 D. $(0,1)$

(4) 函数 $f(x)=\ln x^2$ 与 $g(x)=2\ln(-x)$ 相同的定义域是（　　）。

A. $(-\infty,0)$ 　　 B. $(0,+\infty)$ 　　 C. $(-\infty,+\infty)$ 　　 D. $(-1,1)$

(5) 在下列四组函数中，$f(x)$ 与 $g(x)$ 表示同一函数的是（　　）。

A. $f(x)=x,\ g(x)=(\sqrt{x})^2$ 　　　　　 B. $f(x)=1,\ g(x)=\dfrac{x}{x}$

C. $f(x)=x,\ g(x)=\sqrt[3]{x^3}$ 　　　　　 D. $f(x)=1,\ g(x)=x^0$

(6) 若 $f(x)=x^2,\ \varphi(x)=2^{-x}$，则 $f[\varphi(3)]=$（　　）。

A. 64 　　　　　 B. 16 　　　　　 C. $\dfrac{1}{64}$ 　　　　　 D. $\dfrac{1}{16}$

(7) 设 $f(x)=\dfrac{x}{1-x},\ g(x)=\dfrac{1}{x}$，则 $f[g(x)]$（　　）。

A. $x-1$ 　　　　 B. $1-x$ 　　　 C. $\dfrac{1}{x-1}$ 　　　 D. $\dfrac{1}{1-x}$

(8) 下列函数中（　　）是偶函数。

A. $y=\dfrac{e^x-e^{-x}}{2}$ 　　　　　　 B. $y=x\ln\dfrac{1-x}{1+x}$

C. $y=\ln(x+\sqrt{1+x^2})$ 　　　　　 D. $y=\sin x+\cos x$

(9) 下列函数中（　　）是奇函数。

A. $y=x\ln\dfrac{1-x}{1+x}$ 　　　　　　 B. $y=\sin x+\cos x$

C. $y=\dfrac{e^x+e^{-x}}{2}$ 　　　　　　 D. $y=\ln(x+\sqrt{1+x^2})$

(10) 函数 $y=\dfrac{1-x}{1+x}$ 的反函数 $y=$（　　）。

A. $\dfrac{1+x}{1-x}$　　　　B. $-\dfrac{1-x}{1+x}$　　　　C. $\dfrac{1-x}{1+x}$　　　　D. $-\dfrac{1+x}{1-x}$

(11) 函数 $y=\dfrac{2^x}{2^x+1}$ 的反函数 $y=$（　　）。

A. $\log_2 \dfrac{x}{1-x}$　　　B. $\log_2 \dfrac{x}{1+x}$　　　C. $\log_2 \dfrac{1+x}{1-x}$　　　D. $\log_2 \dfrac{1-x}{x}$

(12) 函数 $y=\sin \dfrac{1}{\sqrt{1+x^2}}$ 是由哪些简单函数复合而成的？（　　）

A. $y=\sin \dfrac{1}{u}, u=\sqrt{1+x^2}$　　　　　　B. $y=\sin u, u=\dfrac{1}{\sqrt{1+x^2}}$

C. $y=\sin u, u=\dfrac{1}{v}, v=\sqrt{w}, w=1+x^2$　　　D. $y=\sin u, u=v^{-\frac{1}{2}}, v=1+x^2$

3. 解答题

(1) 求函数 $f(x)=\dfrac{x+3}{\sqrt{x^2-9}}+\arccos \sqrt{x-4}$ 的定义域。

(2) 求函数 $y=\begin{cases} x, & x<1 \\ x^2, & 1\leqslant x\leqslant 4 \\ 2^x, & x>4 \end{cases}$ 的反函数及反函数的定义域。

(3) 求函数 $y=\ln(x+\sqrt{1+x^2})$ 的反函数。

第2章 极　　限

本章导读

　　极限是微积分中最重要的基本概念之一,微积分中的很多概念都是由极限定义和表达的。本章介绍极限、无穷小、无穷大等概念,极限的计算方法等。

　　本章学习的基本要求:

　　(1) 理解数列与函数极限的概念;

　　(2) 理解无穷小与无穷大的概念;

　　(3) 熟练掌握极限的四则运算法则;

　　(4) 知道极限存在的两个准则;

　　(5) 掌握两个重要极限,会用两个重要极限求极限。

思维导图

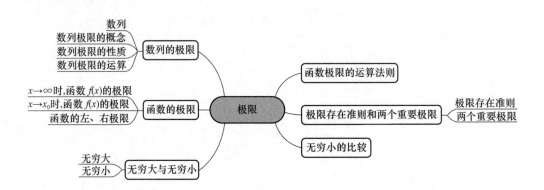

2.1　数列的极限

2.1.1　数列

按一定规则排列的无穷多个数 $x_1,x_2,x_3,\cdots,x_n,\cdots$ 称为**数列**,简记为 $\{x_n\}$。其中:x_1 叫第一项;x_2 叫第二项;$\cdots$;x_n 叫第 n 项,也叫数列 $\{x_n\}$ 的**一般项**。例如,

$$1,\frac{1}{2},\frac{1}{3},\cdots,\frac{1}{n},\cdots$$

$$0,\frac{3}{2},\frac{2}{3},\frac{5}{4},\cdots,\frac{n+(-1)^n}{n},\cdots$$

$$2,4,8,\cdots,2^n,\cdots$$

$$1,-1,1,\cdots,(-1)^{n-1},\cdots$$

都是数列,它们的一般项分别为 $\frac{1}{n},\frac{n+(-1)^n}{n},2^n$ 和 $(-1)^{n-1}$。

如果数列 $\{x_n\}$ 满足 $x_1\leqslant x_2\leqslant x_3\leqslant\cdots\leqslant x_n\leqslant\cdots$,则称数列 $\{x_n\}$ 是**单调增加的**;如果数列 $\{x_n\}$ 满足 $x_1\geqslant x_2\geqslant x_3\geqslant\cdots\geqslant x_n\geqslant\cdots$,则称数列 $\{x_n\}$ 是**单调减少的**。单调增加数列和单调减少数列统称**单调数列**。例如,数列 $\{2^n\}$ 是单调增加的数列,数列 $\left\{\frac{1}{n}\right\}$ 是单调减少的数列。

对于数列 $\{x_n\}$,如果存在一个常数 $M>0$,使得对于任意的 n 都有 $|x_n|\leqslant M$,则称数列 $\{x_n\}$ **有界**,数列 $\{x_n\}$ 也叫**有界数列**,否则数列 $\{x_n\}$ **无界**。例如:数列 $\left\{\frac{1}{n}\right\}$,$\{(-1)^{n-1}\}$ 和 $\left\{\frac{n+(-1)^n}{n}\right\}$ 都是有界数列,它们的一般项都小于 2;$\{2^n\}$ 是无界数列。

2.1.2　数列极限的概念

一个数列有无穷多项,我们通常研究随着 n 的无限增大(记作 $n\to+\infty$,也可简记作 $n\to\infty$),x_n 的变化趋势。

例如:

数列 $1,\frac{1}{2},\frac{1}{3},\cdots,\frac{1}{n},\cdots$ 的一般项为 $\frac{1}{n}$,$\frac{1}{n}$ 随 n 的增大而减小,当 $n\to\infty$ 时,$\frac{1}{n}$ 无限地接近 0(见图 2-1)。

数列 $0,\frac{3}{2},\frac{2}{3},\frac{5}{4},\cdots,\frac{n+(-1)^n}{n},\cdots$ 的一般项为 $\frac{n+(-1)^n}{n}$,当 n 无限增大时,$\frac{n+(-1)^n}{n}$ 无限地接近 1(见图 2-2)。

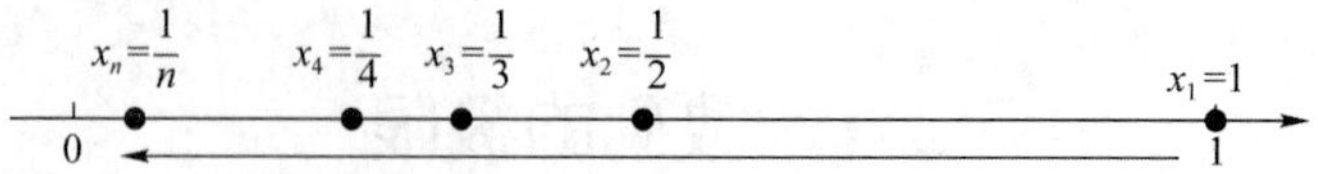

图 2-1

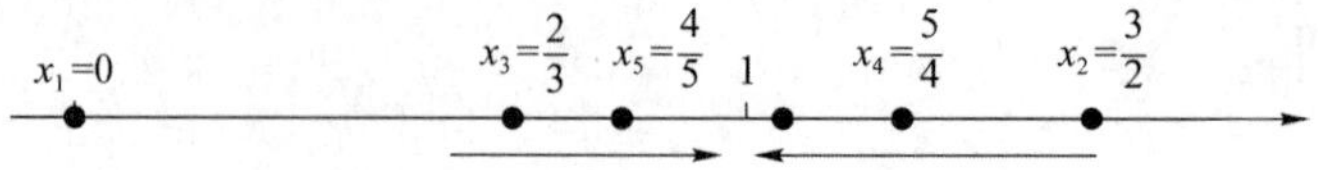

图 2-2

数列 $2,4,8,\cdots,2^n,\cdots$ 的一般项为 2^n，当 n 无限增大时，2^n 随着 n 的增大而无限增大，不接近一个固定的数。

数列 $1,-1,1,\cdots,(-1)^{n-1},\cdots$ 的一般项为 $(-1)^{n-1}$，当 n 无限增大时，x_n 总在 1 和 -1 两个数上跳跃，不接近一个固定数。

一般地，当 n 无限增大时，如果 x_n 无限地接近一个固定常数 A，则称当 n 趋于无穷时，数列 $\{x_n\}$ 以 A 为**极限**。例如，当 n 无限增大时，$\dfrac{n+(-1)^n}{n}$ 无限地接近于 1，我们可以说当 n 趋于无穷时，数列 $\left\{\dfrac{n+(-1)^n}{n}\right\}$ 以 1 为极限。

但是，怎样精确地表达"n 无限增大"和"$\dfrac{n+(-1)^n}{n}$ 无限地接近 1"呢？

$x_n=\dfrac{n+(-1)^n}{n}$ 无限接近 1，要求 x_n 与 1 之间的距离 $|x_n-1|$ 可以无限小，可以小于任意给定的正数 ε。例如，给定正数 $\varepsilon=0.1$，$|x_n-1|$ 可以比 0.1 小；给定正数 $\varepsilon=0.01$，$|x_n-1|$ 可以比 0.01 小；给定正数 $\varepsilon=0.001$，$|x_n-1|$ 可以比 0.001 小；给定正数 $\varepsilon=0.0001$，$|x_n-1|$ 可以比 0.000 1 小；…… 这样 x_n 与 1 之间的距离可以无限小，$x_n=\dfrac{n+(-1)^n}{n}$ 也就无限接近 1。

怎样反映当 n 无限增大时，$\dfrac{n+(-1)^n}{n}$ 无限接近 1 呢？对于 $\left|\dfrac{n+(-1)^n}{n}-1\right|=\dfrac{1}{n}$，给定正数 $\varepsilon=0.01$，要使 $\left|\dfrac{n+(-1)^n}{n}-1\right|=\dfrac{1}{n}<0.01$，只要 n 大于 100，也就是从第 101 项开始就能有 $\left|\dfrac{n+(-1)^n}{n}-1\right|=\dfrac{1}{n}<0.01$；给定 $\varepsilon=0.001$，要使 $\left|\dfrac{n+(-1)^n}{n}-1\right|=\dfrac{1}{n}<0.001$，只要 n 大于 1 000，也就是从第 1 001 项开始就能有 $\left|\dfrac{n+(-1)^n}{n}-1\right|=\dfrac{1}{n}<0.001$；给定正数 $\varepsilon=0.000 1$，要使 $\left|\dfrac{n+(-1)^n}{n}-1\right|=\dfrac{1}{n}<0.000 1$，只要 n 大于 10 000，也就是从第 10 001 项开始就能有 $\left|\dfrac{n+(-1)^n}{n}-1\right|=\dfrac{1}{n}<0.000 1$。这样，不论给定的正数 ε 多么小，总能找到一个正整数 N（可以是任一大于 $\dfrac{1}{\varepsilon}$ 的整数），只要 $n>N$，就有

$\left|\dfrac{n+(-1)^n}{n}-1\right|<\varepsilon$ 成立。这就精确地表达了当 n 无限增大时 $\dfrac{n+(-1)^n}{n}$ 无限接近 1,当 n 趋于无穷时数列 $\left\{\dfrac{n+(-1)^n}{n}\right\}$ 的极限为 1。

一般地,有如下数列极限的"$\varepsilon-N$"定义。

定义 2.1 如果数列 $\{x_n\}$ 与常数 A 有关系,对于任意给定的正数 ε(无论多小),总存在正整数 N,使得当 $n>N$ 时,恒有 $|x_n-A|<\varepsilon$ 成立,那么常数 A 称为数列 $\{x_n\}$ 当 n 趋于无穷大时的**极限**,或称数列 $\{x_n\}$ **收敛于** A,记作 $\lim\limits_{n\to\infty}x_n=A$ 或 $x_n\to A(n\to\infty)$。如果数列 $\{x_n\}$ 极限的极限不存在,则称数列 $\{x_n\}$ **发散**。

在上面极限的定义中,正数 ε 的任意性非常重要,正是由于 ε 的任意性,不等式 $|x_n-A|<\varepsilon$ 才能表达出 x_n 无限趋于 A。另外,正整数 N 刻画了 n 充分大的程度,与预先给定的 ε 有关,一般 ε 越小,N 越大。

数列极限的几何解释:

不等式 $|x_n-A|<\varepsilon$ 可以写成 $A-\varepsilon<x_n<A+\varepsilon$,在数轴上就是 x_n 落在开区间 $(A-\varepsilon,A+\varepsilon)$ 内,所以,当 $n>N$ 时,$|x_n-A|<\varepsilon$ 成立,就是当 $n>N$ 时,无穷多个 x_n 都落在开区间 $(A-\varepsilon,A+\varepsilon)$ 内,而只有有限个(最多 N 个)x_n 落在这个区间外(见图 2-3)。

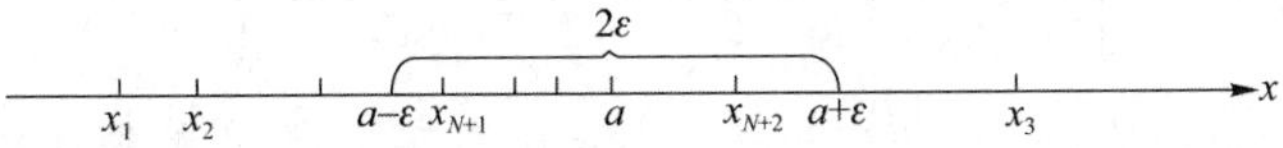

图 2-3

例 2-1 证明数列

$$1,-\frac{1}{2},\frac{1}{3},\cdots,\frac{(-1)^{n+1}}{n},\cdots$$

的极限为 0。

分析:对于任意给定的 $\varepsilon>0$,是否能够找到正整数 N,使得当 $n>N$ 时,恒有 $\left|\dfrac{(-1)^{n+1}}{n}-0\right|<\varepsilon$ 成立。

要使 $\left|\dfrac{(-1)^{n+1}}{n}-0\right|=\dfrac{1}{n}<\varepsilon$ 成立,只需 $n>\dfrac{1}{\varepsilon}$ 即可。

证明:对于任意给定的 $\varepsilon>0$,取正整数 $N\geqslant\dfrac{1}{\varepsilon}$,当 $n>N$ 时,恒有

$$\left|\frac{(-1)^{n+1}}{n}-0\right|<\varepsilon$$

所以,$\lim\limits_{n\to\infty}\dfrac{(-1)^{n+1}}{n}=0$。

一般可以证明 $\lim\limits_{n\to\infty}\dfrac{1}{n^k}=0$($k$ 是正整数)。

例 2-2 证明数列

$$\frac{1}{2},\frac{1}{4},\frac{1}{8},\cdots,\frac{1}{2^n},\cdots$$

的极限为 0。

分析：对于任意给定的 $\varepsilon > 0$，是否能够找到正整数 N，使得当 $n > N$ 时，恒有 $\left| \dfrac{1}{2^n} - 0 \right| < \varepsilon$ 成立。

要使 $\left| \dfrac{1}{2^n} - 0 \right| = \dfrac{1}{2^n} < \varepsilon$ 成立，只需 $2^n > \dfrac{1}{\varepsilon}$（不妨设 $\varepsilon < 1$），即 $n > \log_2 \dfrac{1}{\varepsilon}$ 即可。

证明：对于任意给定的 $\varepsilon > 0$，取正整数 $N \geqslant \log_2 \dfrac{1}{\varepsilon}$，当 $n > N$ 时，恒有

$$\left| \frac{1}{2^n} - 0 \right| < \varepsilon$$

所以，$\lim\limits_{n \to \infty} \dfrac{1}{2^n} = 0$。

注：在数列极限证明过程中，N 的取值不是唯一的，只要有一个 N_0 满足要求，则任意大于 N_0 的正数 N 也一定满足要求。

例 2-3 证明 $\lim\limits_{n \to \infty} \dfrac{n^2 + 1}{2n^2 + 3n + 1} = \dfrac{1}{2}$。

证明：

$$\left| \frac{n^2 + 1}{2n^2 + 3n + 1} - \frac{1}{2} \right| = \left| \frac{3n - 1}{2(2n + 1)(n + 1)} \right| \tag{2-1}$$

对于任意给定的 $\varepsilon > 0$，从 $\left| \dfrac{3n - 1}{2(2n + 1)(n + 1)} \right| < \varepsilon$ 中直接确定 N 的值比较困难，可以将式 (2-1) 右端适当地放大：

$$\left| \frac{n^2 + 1}{2n^2 + 3n + 1} - \frac{1}{2} \right| = \left| \frac{3n - 1}{2(2n + 1)(n + 1)} \right| < \left| \frac{3n + 3}{2(2n + 1)(n + 1)} \right| = \frac{3}{4n + 2} < \frac{3}{4n}$$

所以，只要取正整数 $N \geqslant \dfrac{3}{4\varepsilon}$，当 $n > N$ 时，就有

$$\left| \frac{n^2 + 1}{2n^2 + 3n + 1} - \frac{1}{2} \right| < \varepsilon$$

所以，$\lim\limits_{n \to \infty} \dfrac{n^2 + 1}{2n^2 + 3n + 1} = \dfrac{1}{2}$。

2.1.3　数列极限的性质

收敛数列有如下两个性质。

性质 2.1(唯一性)　收敛数列的极限是唯一的。

证明：设数列 $\{x_n\}$ 有两个极限 $A \neq B$，不妨设 $A < B$，取 $\varepsilon = \dfrac{B - A}{2}$，因为 $\lim\limits_{n \to \infty} x_n = A$，所以存在正整数 N_1，使得当 $n > N_1$ 时，就有 $|x_n - A| < \varepsilon$，可得 $x_n < A + \varepsilon = \dfrac{B + A}{2}$，又因为 $\lim\limits_{n \to \infty} x_n = B$，所以存在正整数 N_2，使得当 $n > N_2$ 时，就有 $|x_n - B| < \varepsilon$，可得 $x_n > B - \varepsilon = \dfrac{B + A}{2}$，取 $N = \max\{N_1, N_2\}$，则当 $n > N$ 时，有 $x_n < A + \varepsilon = \dfrac{B + A}{2}$，$x_n > B - \varepsilon = \dfrac{B + A}{2}$，矛

盾,因此收敛数列的极限是唯一的。

性质 2.2(有界性)　收敛数列一定有界。

证明:设数列 $\{x_n\}$ 有极限 A ,取 $\varepsilon=1$,因为 $\lim\limits_{n\to\infty}x_n=A$,所以存在正整数 N ,使得当 $n>N$ 时,就有 $|x_n-A|<1$,即 $A-1<x_n<A+1$,取 $M=\max\{|x_1|,|x_2|,\cdots,|x_N|,|A-1|,|A+1|\}$,则对于所有的 n ,有 $|x_n|\leqslant M$,因此收敛数列一定有界。

2.1.4　数列极限的运算

定理 2.1　如果 $\lim\limits_{n\to\infty}x_n=A,\lim\limits_{n\to\infty}y_n=B$,则

(1) $\lim\limits_{n\to\infty}(x_n\pm y_n)=\lim\limits_{n\to\infty}x_n\pm\lim\limits_{n\to\infty}y_n=A\pm B$;

(2) $\lim\limits_{n\to\infty}(x_ny_n)=\lim\limits_{n\to\infty}x_n\lim\limits_{n\to\infty}y_n=A\cdot B$;

(3) $\lim\limits_{n\to\infty}\dfrac{x_n}{y_n}=\dfrac{\lim\limits_{n\to\infty}x_n}{\lim\limits_{n\to\infty}y_n}=\dfrac{A}{B}(B\neq0)$ 。

证明:这里我们只证明(2),(1)、(3)的证明类似。

因为数列 $\{y_n\}$ 收敛,所以该数列有界,即存在常数 $M>0$,使得 $|y_n|\leqslant M(n=1,2,\cdots)$,对于任意给定的 $\varepsilon>0$,因 $\lim\limits_{n\to\infty}x_n=A$,所以存在正整数 N_1 ,使得当 $n>N_1$ 时,有 $|x_n-A|<\dfrac{\varepsilon}{2M}$,又因为 $\lim\limits_{n\to\infty}y_n=B$,所以存在正整数 N_2 ,使得当 $n>N_2$ 时,有 $|y_n-B|<\dfrac{\varepsilon}{2|A|}$ (不妨设 $|A|\neq0$),取 $N=\max\{N_1,N_2\}$,则当 $n>N$ 时,不等式

$$|x_n-A|<\frac{\varepsilon}{2M}$$

$$|y_n-B|<\frac{\varepsilon}{2|A|}$$

同时成立,所以

$$|x_ny_n-AB|=|x_ny_n-Ay_n+Ay_n-AB|\leqslant|x_ny_n-Ay_n|+|Ay_n-AB|$$

$$=|x_n-A||y_n|+|A||y_n-B|<\frac{\varepsilon}{2M}M+|A|\frac{\varepsilon}{2|A|}=\varepsilon$$

如果 $|A|=0$,则

$$|x_ny_n-AB|=|x_ny_n|\leqslant|x_n|M<\frac{\varepsilon}{2M}M<\varepsilon$$

所以

$$\lim\limits_{n\to\infty}(x_n\cdot y_n)=A\cdot B$$

将定理 2.1 中的(1)和(2)推广到任意有限项,即

$$\lim\limits_{n\to\infty}(x_n\pm y_n\pm\cdots\pm z_n)=\lim\limits_{n\to\infty}x_n\pm\lim\limits_{n\to\infty}y_n\pm\cdots\pm\lim\limits_{n\to\infty}z_n$$

$$\lim\limits_{n\to\infty}(x_ny_n\cdots z_n)=\lim\limits_{n\to\infty}x_n\lim\limits_{n\to\infty}y_n\cdots\lim\limits_{n\to\infty}z_n$$

由定理 2.1 中的(2)易得

$$\lim\limits_{n\to\infty}(Cx_n)=C\lim\limits_{n\to\infty}x_n(C\text{ 为常数})$$

$$\lim_{n\to\infty}(x_n)^m=(\lim_{n\to\infty}x_n)^m=A^m\,(m\text{ 为正整数})$$

例 2-4　求 $\lim\limits_{n\to\infty}\dfrac{n^2+1}{2n^2+3n+1}$。

解：$\lim\limits_{n\to\infty}\dfrac{n^2+1}{2n^2+3n+1}=\lim\limits_{n\to\infty}\dfrac{1+\dfrac{1}{n^2}}{2+\dfrac{3}{n}+\dfrac{1}{n^2}}=\dfrac{\lim\limits_{n\to\infty}\left(1+\dfrac{1}{n^2}\right)}{\lim\limits_{n\to\infty}\left(2+\dfrac{3}{n}+\dfrac{1}{n^2}\right)}=\dfrac{\lim\limits_{n\to\infty}1+\lim\limits_{n\to\infty}\dfrac{1}{n^2}}{\lim\limits_{n\to\infty}2+\lim\limits_{n\to\infty}\dfrac{3}{n}+\lim\limits_{n\to\infty}\dfrac{1}{n^2}}=\dfrac{1}{2}$

例 2-5　求 $\lim\limits_{n\to\infty}\left(\dfrac{1}{n^2}+\dfrac{2}{n^2}+\cdots+\dfrac{n}{n^2}\right)$。

解：$n\to\infty$ 时，$\dfrac{1}{n^2}+\dfrac{2}{n^2}+\cdots+\dfrac{n}{n^2}$ 有无穷多项，不能直接运用极限运算法则，可以先求和，再求极限：

$$\lim_{n\to\infty}\left(\dfrac{1}{n^2}+\dfrac{2}{n^2}+\cdots+\dfrac{n}{n^2}\right)=\lim_{n\to\infty}\dfrac{1}{n^2}(1+2+\cdots+n)=\lim_{n\to\infty}\dfrac{n(n+1)}{2n^2}=\lim_{n\to\infty}\left(\dfrac{1}{2}+\dfrac{1}{n}\right)=\dfrac{1}{2}$$

练习 2.1

1. 观察下列数列的变化趋势，如有极限，写出它的极限。

(1) $\{x_n\}=\left\{\dfrac{2n-1}{n+1}\right\}$；　(2) $\{x_n\}=\left\{\dfrac{1+(-1)^n}{n}\right\}$；

(3) $\{x_n\}=\left\{\dfrac{n+(-1)^n}{n}\right\}$；　(4) $\{x_n\}=\left\{\dfrac{n+(-1)^n n}{n}\right\}$；

(5) $\{x_n\}=\left\{\dfrac{n^2-2n+1}{n+1}\right\}$。

2. 用数列极限的"$\varepsilon-N$"定义证明下列极限：

(1) $\lim\limits_{n\to\infty}\dfrac{1}{\sqrt{n}}=0$；　(2) $\lim\limits_{n\to\infty}\dfrac{3n-2}{2n+1}=\dfrac{3}{2}$；

(3) $\lim\limits_{n\to\infty}\dfrac{4n^2+n+3}{2n^3+1}=0$；　(4) $\lim\limits_{n\to\infty}(\sqrt{n+1}-\sqrt{n})=0$。

3. 计算下列极限：

(1) $\lim\limits_{n\to+\infty}\left(\dfrac{1}{n^2}+\dfrac{2}{n^2}+\cdots+\dfrac{n}{n^2}\right)$；　(2) $\lim\limits_{n\to+\infty}\left(\dfrac{1+2+3+\cdots+n}{n+2}-\dfrac{n}{2}\right)$；

(3) $\lim\limits_{n\to+\infty}\left(\dfrac{1}{1\cdot 2}+\dfrac{1}{2\cdot 3}+\cdots+\dfrac{1}{n(n+1)}\right)\left(\text{提示：}\dfrac{1}{n(n+1)}=\dfrac{1}{n}-\dfrac{1}{n+1}\right)$；

(4) $\lim\limits_{n\to+\infty}\dfrac{1+\dfrac{1}{2}+\dfrac{1}{4}+\cdots+\dfrac{1}{2^n}}{1+\dfrac{1}{3}+\dfrac{1}{9}+\cdots+\dfrac{1}{3^n}}$。

2.2　函数的极限

前面我们讨论了数列的极限,数列 $\{x_n\}$ 可以看作自变量为正整数 n 的函数 $x_n = f(n)$,所以数列的极限可以看作函数极限的一种类型,既自变量取正整数 n 且无限增大时函数 $x_n = f(n)$ 的极限。下面我们讨论一般函数的极限,即随自变量变化的函数变化。自变量的变化可分为两种情况:一种是自变量的绝对值无限增大(记为 $x \to \infty$);另一种是自变量无限接近于定值 x_0(记为 $x \to x_0$)。

2.2.1　$x \to \infty$ 时,函数 $f(x)$ 的极限

先看一个例子。

考虑 $x \to \infty$ 时,函数 $f(x) = \dfrac{1}{x}$ 的变化趋势,见图 2-4。

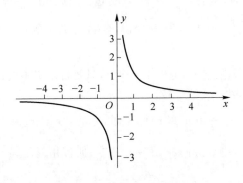

图 2-4

从图中可以看出,当 x 的绝对值无限增大时,函数 $f(x)$ 的值无限接近 0。即 $x \to \infty$ 时,$f(x) \to 0$。这时我们说函数 $f(x)$ 当 $x \to \infty$ 时极限为零。

与数列极限类似,我们给出自变量趋于无穷时函数极限的 $\varepsilon - X$ 定义。

定义 2.2　设函数 $y = f(x)$ 在 $|x| \geqslant a$(a 是一正数)上有定义,如果任意给定的 $\varepsilon > 0$(无论多小),总存在正数 X,使得当 $|x| > X$ 时,恒有 $|f(x) - A| < \varepsilon$ 成立,那么常数 A 称**为函数 $f(x)$ 当 x 趋于无穷时的极限**,记作 $\lim\limits_{x \to \infty} f(x) = A$ 或 $f(x) \to A (x \to \infty)$。

几何解释:不等式 $|f(x) - A| < \varepsilon$ 相当于 $A - \varepsilon < f(x) < A + \varepsilon$,所以对于任意给定的正数 ε,总存在正数 X,使得当 $x < -X$ 或 $x > X$ 时,函数 $y = f(x)$ 的图形全部位于两平行直线 $y = A - \varepsilon$ 和 $y = A + \varepsilon$ 之间(见图 2-5)。

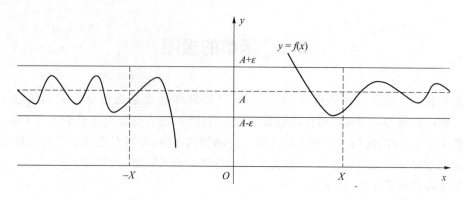

图 2-5

例 2-6 证明 $\lim\limits_{x\to\infty}\dfrac{1}{x}=0$。

证明：对于任意给定的 $\varepsilon>0$，要使 $\left|\dfrac{1}{x}-0\right|=\dfrac{1}{|x|}<\varepsilon$ 成立，只要 $|x|>\dfrac{1}{\varepsilon}$ 即可，所以可取 $X=\dfrac{1}{\varepsilon}$，当 $|x|>X$ 时，就有 $\left|\dfrac{1}{x}-0\right|<\varepsilon$ 成立。因此 $\lim\limits_{x\to\infty}\dfrac{1}{x}=0$。

如果 $x>0$ 且无限增大，记作 $x\to+\infty$，只要将定义中的 $|x|>X$ 改为 $x>X$，就得到 $\lim\limits_{x\to+\infty}f(x)=A$ 的定义。

如果 $x<0$ 且绝对值无限增大，记作 $x\to-\infty$，只要将定义中的 $|x|>X$ 改为 $x<-X$，就得到 $\lim\limits_{x\to-\infty}f(x)=A$ 的定义。

注意：只有当 $\lim\limits_{x\to+\infty}f(x)=\lim\limits_{x\to-\infty}f(x)=A$ 时，才有 $\lim\limits_{x\to\infty}f(x)=A$，否则 $\lim\limits_{x\to\infty}f(x)$ 不存在。例如，由于 $\lim\limits_{x\to+\infty}\arctan x=\dfrac{\pi}{2}$，$\lim\limits_{x\to-\infty}\arctan x=-\dfrac{\pi}{2}$，所以 $\lim\limits_{x\to\infty}\arctan x$ 不存在（见图 2-6）。

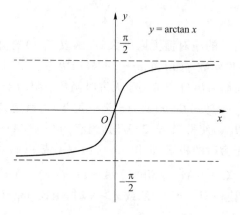

图 2-6

2.2.2 $x \to x_0$ 时, 函数 $f(x)$ 的极限

下面讨论函数 $f(x) = \dfrac{x^2-1}{2(x-1)}$ 当 $x \to 1$ 时的变化趋势。由于当 $x \neq 1$ 时, $f(x) = \dfrac{x^2-1}{2(x-1)} = \dfrac{x+1}{2}$, 因此当 $x \to 1$ 时, $f(x)$ 与 1 无限接近。因为 $|f(x)-1| = \left| \dfrac{x+1}{2} - 1 \right| = \dfrac{1}{2}|x-1|$, 要使 $|f(x)-1| < \varepsilon$, 其中 ε 是任意给定的正数, 只要 $|x-1| < 2\varepsilon$ 就可以了。也就是说, 对于任意给定的 $\varepsilon > 0$, 取 $\delta = 2\varepsilon$, 只要 $0 < |x-1| < \delta$, 就有 $|f(x)-1| < \varepsilon$ 成立 (见图 2-7)。

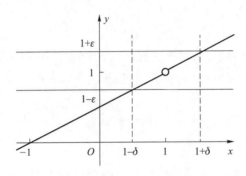

图 2-7

一般地, 在 $x \to x_0$ 时, 函数极限的 "$\varepsilon - \delta$" 定义如下。

定义 2.3 设函数 $f(x)$ 在点 x_0 的某一去心邻域内有定义, 如果对于任意给定的 $\varepsilon > 0$, 总存在正数 δ, 使得当 $0 < |x-x_0| < \delta$ 时, 恒有 $|f(x)-A| < \varepsilon$ 成立, 那么常数 A 称为**函数 $f(x)$ 当 x 趋于 x_0 时的极限**, 记作 $\lim\limits_{x \to x_0} f(x) = A$ 或 $f(x) \to A (x \to x_0)$, 亦称当 $x \to x_0$ 时, 函数 $f(x)$ **收敛于** A。

注意: 函数 $f(x)$ 在点 x_0 是否有极限与 $f(x)$ 在点 x_0 处是否有定义无关。例如, $f(x) = \dfrac{x^2-1}{2(x-1)}$ 在 $x=1$ 处没有定义, 但 $\lim\limits_{x \to 1} \dfrac{x^2-1}{2(x-1)} = \lim\limits_{x \to 1} \dfrac{x+1}{2} = 1$。

几何解释: 不等式 $|f(x)-A| < \varepsilon$ 相当于 $A - \varepsilon < f(x) < A + \varepsilon$, 所以对于任给的正数 ε, 总存在 x_0 的一个 δ 邻域 $(x_0 - \delta, x_0 + \delta)$, 在此邻域内 (点 x_0 处可以除外), 函数 $y = f(x)$ 的图形全部位于两平行直线 $y = A - \varepsilon$ 和 $y = A + \varepsilon$ 之间 (见图 2-8)。这里 δ 是随 ε 取定的, 一般 ε 越小, δ 也越小。

例 2-7 证明 $\lim\limits_{x \to x_0} C = C$ (C 为常数)。

证明: 对于任意给定的 $\varepsilon > 0$, 可取任意正数 δ, 当 $0 < |x-x_0| < \delta$ 时, 总有
$$|f(x)-C| = |C-C| = 0 < \varepsilon$$
成立, 所以
$$\lim\limits_{x \to x_0} C = C$$

例 2-8 证明 $\lim\limits_{x \to x_0} x = x_0$。

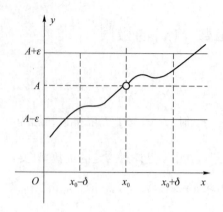

图 2-8

证明: 对于任意给定的 $\varepsilon > 0$, 可取正数 $\delta = \varepsilon$, 当 $0 < |x - x_0| < \delta$ 时, 总有

$$|f(x) - x_0| = |x - x_0| < \delta = \varepsilon$$

成立, 所以

$$\lim_{x \to x_0} x = x_0$$

例 2-9 证明 $\lim_{x \to 2}(2x - 2) = 2$。

证明: 对于任意给定的 $\varepsilon > 0$, 要使 $|f(x) - 2| = |(2x - 2) - 2| = 2|x - 2| < \varepsilon$, 可取正数 $\delta = \dfrac{\varepsilon}{2}$, 当 $0 < |x - 2| < \delta$ 时, 恒有

$$|(2x - 2) - 2| < \varepsilon$$

成立, 所以

$$\lim_{x \to 2}(2x - 2) = 2$$

利用函数极限的定义, 容易得到定理 2.2 和定理 2.3。

定理 2.2 如果 $\lim\limits_{x \to x_0} f(x) = A$, 并且 $A > 0$(或 $A < 0$), 那么就存在点 x_0 的某一领域, 当 x 在该邻域内, 但 $x \neq x_0$ 时, $f(x) > 0$(或 $f(x) < 0$)。

证明: 因为 $\lim\limits_{x \to x_0} f(x) = A$, 且 $A > 0$, 取正数 $\varepsilon = \dfrac{A}{2}$, 由极限定义知必存在 $\delta > 0$, 当 $0 < |x - x_0| < \delta$ 时, $|f(x) - A| < \varepsilon = \dfrac{A}{2}$, 即 $A - \dfrac{A}{2} < f(x) < A + \dfrac{A}{2}$, 所以, $f(x) > A - \dfrac{A}{2} = \dfrac{A}{2} > 0$。

类似可以证明 $A < 0$ 时的情形。

定理 2.3 如果 $f(x) \geqslant 0$(或 $f(x) \leqslant 0$), 且 $\lim\limits_{x \to x_0} f(x) = A$, 那么 $A \geqslant 0$(或 $A \leqslant 0$)。

证明: 设 $f(x) \geqslant 0$, 如果结论不成立, 即 $A < 0$, 由定理 2.2 可知此时存在 x_0 的某一领域, 在该邻域内, $f(x) < 0$, 这与 $f(x) \geqslant 0$ 的假设矛盾, 所以 $A \geqslant 0$。

类似可以证明 $f(x) \leqslant 0$ 时的情形。

2.2.3 函数的左、右极限

在极限 $\lim\limits_{x\to x_0}f(x)=A$ 的定义中，$x\to x_0$ 的方式是任意的，不论 x 以何种方式趋于 x_0，函数 $f(x)$ 的值都要无限接近 A。但有时所讨论的 x 值只是从一侧趋于 x_0，这时当 $x\to x_0$ 时函数 $f(x)$ 的极限称为单侧极限。当 x 从左侧趋于 x_0 时记作 $x\to x_0^-$，称为左极限；当 x 从右侧趋于 x_0 时记作 $x\to x_0^+$，称为右极限。

左极限：设函数 $f(x)$ 在点 x_0 的左邻域内有定义，如果对于任意给定的 $\varepsilon>0$，总存在正数 δ，使得当 $0<x_0-x<\delta$ 时，恒有 $|f(x)-A|<\varepsilon$ 成立，那么常数 A 称为函数 $f(x)$ 当 **x 趋于 x_0 时的左极限**，记作

$$\lim_{x\to x_0^-}f(x)=A \quad \text{或} \quad \lim_{x\to x_0-0}f(x)=A$$

函数的左极限也可记作 $\lim\limits_{x\to x_0^-}f(x)=f(x_0-0)$。

右极限：设函数 $f(x)$ 在点 x_0 的右邻域内有定义，如果对于任意给定的 $\varepsilon>0$，总存在正数 δ，使得当 $0<x-x_0<\delta$ 时，恒有 $|f(x)-A|<\varepsilon$ 成立，那么常数 A 称为函数 $f(x)$ 当 **x 趋于 x_0 时的右极限**，记作

$$\lim_{x\to x_0^+}f(x)=A \quad \text{或} \quad \lim_{x\to x_0+0}f(x)=A$$

函数的右极限也可记作 $\lim\limits_{x\to x_0^+}f(x)=f(x_0+0)$。

例 2-10 设函数 $f(x)=\begin{cases} x, & x\leqslant 0 \\ x^2+1, & x>0 \end{cases}$，求 $\lim\limits_{x\to 0^-}f(x)$ 和 $\lim\limits_{x\to 0^+}f(x)$。

解：函数的图形见图 2-9，则

$$\lim_{x\to 0^-}f(x)=\lim_{x\to 0^-}x=0,$$
$$\lim_{x\to 0^+}f(x)=\lim_{x\to 0^+}(x^2+1)=1$$

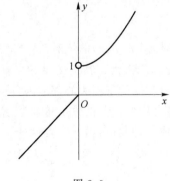

图 2-9

函数 $f(x)$ 在点 x_0 的左、右极限与 $x\to x_0$ 的极限关系如下。

定理 2.4 当 $x\to x_0$ 时，函数 $f(x)$ 极限存在的充分必要条件是函数 $f(x)$ 的左、右极

限存在且相等。即若 $\lim\limits_{x\to x_0}f(x)=A$，则 $\lim\limits_{x\to x_0^-}f(x)=\lim\limits_{x\to x_0^+}f(x)=A$；反之，若 $\lim\limits_{x\to x_0^-}f(x)=\lim\limits_{x\to x_0^+}f(x)=A$ 则 $\lim\limits_{x\to x_0}f(x)=A$。

因为 $\lim\limits_{x\to 0^-}f(x)=\lim\limits_{x\to 0^-}x=0\neq\lim\limits_{x\to 0^+}f(x)=\lim\limits_{x\to 0^+}(x^2+1)=1$，所以，当 $x\to 0$ 时，$f(x)$ 的极限不存在。

练习 2.2

1. 画出函数

$$f(x)=\begin{cases}x+1, & x<0\\ 0, & x=0\\ x^2-2, & x>0\end{cases}$$

的图形，并判断 $\lim\limits_{x\to 0}f(x)$ 是否存在。

2. 用函数极限的定义证明下列极限：

(1) $\lim\limits_{x\to\infty}\dfrac{1}{x^2}=0$；

(2) $\lim\limits_{x\to+\infty}\dfrac{\sin x}{\sqrt{x}}=0$；

(3) $\lim\limits_{x\to-1}(5x+2)=-3$；

(4) $\lim\limits_{x\to 4}\sqrt{x}=2$。

3. 证明函数 $f(x)=\dfrac{x}{|x|}$ 当 $x\to\infty$ 时极限不存在。

2.3 无穷大与无穷小

2.3.1 无穷大

如果当 $x\to x_0$（或 $x\to\infty$）时，函数 $f(x)$ 的绝对值 $|f(x)|$ 无限增大，则称当 $x\to x_0$（或 $x\to\infty$）时，$f(x)$ 为无穷大量，简称无穷大。其定义如下。

定义 2.4 设函数 $f(x)$ 在点 x_0 的某一去心邻域内（或在 $|x|$ 充分大）有定义，如果对于任意给定的 $M>0$（不论它多大），总存在正数 δ（或正数 X），使得当 $0<|x-x_0|<\delta$（或 $|x|>X$）时，恒有 $|f(x)|>M$ 成立，则称函数 $f(x)$ 当 $x\to x_0$（或 $x\to\infty$）时为无穷大，记作

$$\lim\limits_{x\to x_0}f(x)=\infty \quad \text{或} \quad \lim\limits_{x\to\infty}f(x)=\infty$$

例如，$\lim\limits_{x\to 0}\dfrac{1}{x}=\infty$，$\lim\limits_{x\to\frac{\pi}{2}}\tan x=\infty$，见图 2-10。

在变化过程中，如果 $f(x)>0$（或 $f(x)<0$），则记作 $\lim\limits_{x\to x_0}f(x)=+\infty$（或 $\lim\limits_{x\to x_0}f(x)=-\infty$）。定义中的 $|f(x)|>M$ 改为 $f(x)>M$（或 $f(x)<-M$）就可以了。

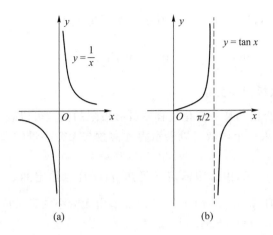

图 2-10

例如，$\lim\limits_{x\to\frac{\pi}{2}^-}\tan x=+\infty$，$\lim\limits_{x\to\frac{\pi}{2}^+}\tan x=-\infty$。

注意：(1) $\lim\limits_{x\to x_0}f(x)=\infty$ 只是一种记号，并不意味函数有极限，只表示在 $x\to x_0$ 过程中函数的绝对值无限增大的状态。极限必须是确定的常数。

(2) 不要将无穷大量和无界函数混为一谈，无界函数不一定是无穷大量。例如，当 $x\to\infty$ 时函数 $x\sin x$ 是无界的，因为对于任意给定的 $M>0$，总能找到 x，如 $x=2n\pi+\dfrac{\pi}{2}$（可取 $n>M$），使 $|x\sin x|=\left|\left(2n\pi+\dfrac{\pi}{2}\right)\sin\left(2n\pi+\dfrac{\pi}{2}\right)\right|=\left(2n\pi+\dfrac{\pi}{2}\right)>M$，所以当 $x\to\infty$ 时函数 $x\sin x$ 是无界的，但是无论 n 多大，总有 $2n\pi\sin(2n\pi)=0$，所以 $x\to\infty$ 时函数 $x\sin x$ 不是无穷大。

2.3.2　无穷小

1. 无穷小的定义

如果当 $x\to x_0$（或 $x\to\infty$）时，函数 $f(x)$ 的极限为零，则称当 $x\to x_0$（或 $x\to\infty$）时，$f(x)$ 为无穷小量，简称无穷小。

定义 2.5　设函数 $f(x)$ 在点 x_0 的某一去心邻域内（或在 $|x|$ 充分大处）有定义，如果对于任意给定的 $\varepsilon>0$，总存在正数 δ（或正数 X），使得当 $0<|x-x_0|<\delta$（或 $|x|>X$）时，恒有 $|f(x)|<\varepsilon$ 成立，则称当 $x\to x_0$（或 $x\to\infty$）时，$f(x)$ 为无穷小量，简称无穷小。

例如：因为 $\lim\limits_{x\to\infty}\dfrac{1}{x^2}=0$，所以 $\dfrac{1}{x^2}$ 是当 $x\to\infty$ 时的无穷小；因为 $\lim\limits_{x\to1}(x-1)=0$，所以 $x-1$ 是当 $x\to1$ 时的无穷小。

注意：0 是无穷小，除 0 以外，任意常数都不是无穷小。

2. 无穷小与无穷大的关系

定理 2.5　在自变量的某一变化过程中，如果 $f(x)$ 为无穷大，则 $\dfrac{1}{f(x)}$ 为无穷小；反之,如果 $f(x)$ 为无穷小,且 $f(x) \neq 0$,则 $\dfrac{1}{f(x)}$ 为无穷大。

例如,$\lim\limits_{x \to \frac{\pi}{2}} \tan x = \infty$,$\lim\limits_{x \to \frac{\pi}{2}} \dfrac{1}{\tan x} = 0$,$\lim\limits_{x \to 0} x^2 = 0$,$\lim\limits_{x \to 0} \dfrac{1}{x^2} = \infty$。

3. 无穷小与函数极限的关系

定理 2.6 在自变量的某一变化过程中具有极限的函数可以表示为其极限值与一无穷小量之和,反之,如果一个函数可以表示为一常数与无穷小量的和,则该常数就是这个函数的极限。

证明:设 $\lim\limits_{x \to x_0} f(x) = A$,由极限的定义可知,对于任意给定的 $\varepsilon > 0$,总存在正数 δ,使得当 $0 < |x - x_0| < \delta$ 时,恒有 $|f(x) - A| < \varepsilon$ 成立,由无穷小的定义可知,$\alpha(x) = f(x) - A$ 是 $x \to x_0$ 的无穷小,$f(x) = A + \alpha(x)$。

反之,设 $f(x) = A + \alpha(x)$,其中 A 是常数,$\lim\limits_{x \to x_0} \alpha(x) = 0$,由无穷小的定义可知,对于任意给定的 $\varepsilon > 0$,总存在正数 δ,使得当 $0 < |x - x_0| < \delta$ 时,恒有 $|f(x) - A| = |\alpha(x)| < \varepsilon$ 成立,根据极限定义可知,$\lim\limits_{x \to x_0} f(x) = A$。

4. 无穷小的运算性质

定理 2.7 有限个无穷小的代数和还是无穷小。

下面以两个无穷小为例进行证明。

证明:设 $\lim\limits_{x \to x_0} \alpha(x) = 0$,$\lim\limits_{x \to x_0} \beta(x) = 0$,由无穷小的定义可知,对于任意给定的 $\varepsilon > 0$,总存在正数 δ_1,使得当 $0 < |x - x_0| < \delta_1$ 时,有 $|\alpha(x)| < \dfrac{\varepsilon}{2}$ 成立;总存在正数 δ_2,使得当 $0 < |x - x_0| < \delta_2$ 时,有 $|\beta(x)| < \dfrac{\varepsilon}{2}$ 成立。取 $\delta = \min\{\delta_1, \delta_2\}$,则当 $0 < |x - x_0| < \delta$ 时,有

$$|\alpha(x) \pm \beta(x)| \leqslant |\alpha(x)| + |\beta(x)| < \frac{\varepsilon}{2} + \frac{\varepsilon}{2} = \varepsilon$$

成立,所以 $\alpha(x) \pm \beta(x)$ 也是无穷小。

定理 2.8 有界函数与无穷小的乘积还是无穷小。

证明:设函数 $f(x)$ 在点 x_0 的某一邻域内有界,即存在 $M > 0$,使得 $|f(x)| < M$,$\lim\limits_{x \to x_0} \alpha(x) = 0$,由无穷小的定义可知,对于任意给定的 $\varepsilon > 0$,总存在正数 δ,使得当 $0 < |x - x_0| < \delta$ 时,有 $|\alpha(x)| < \dfrac{\varepsilon}{M}$ 成立,因此有

$$|\alpha(x) f(x)| = |\alpha(x)| \, |f(x)| < \frac{\varepsilon}{M} M = \varepsilon$$

成立,所以 $\alpha(x) f(x)$ 也是无穷小。

推论 2.1 常数与无穷小的乘积还是无穷小。

推论 2.2 有限个无穷小的乘积还是无穷小。

例如,$\lim\limits_{x \to 0} x \sin \dfrac{1}{x} = 0$,因为 $x \to 0$ 时,x 是无穷小量,$|\sin \dfrac{1}{x}| \leqslant 1$ 有界,所以 $x \to 0$ 时,$x \sin \dfrac{1}{x}$ 为无穷小。

练习 2.3

判断下列函数的变化趋势,并用定义证明:

(1) $f(x)=\dfrac{x-3}{x}$, $x\to 3$;　　　　(2) $f(x)=x\sin\dfrac{1}{x}$, $x\to 0$;

(3) $f(x)=\dfrac{1+2x}{x}$, $x\to 0$;　　　　(4) $f(x)=\dfrac{\sin x}{x}$, $x\to\infty$。

2.4　函数极限的运算法则

函数极限与数列极限有相同的运算法则。

定理 2.9　设 $\lim f(x)=A$, $\lim g(x)=B$,则

(1) $\lim[f(x)\pm g(x)]=A\pm B$;

(2) $\lim[f(x)\cdot g(x)]=A\cdot B$, $\lim Cf(x)=CA$(C 为常数), $\lim[f(x)]^n=A^n$(n 为正整数);

(3) $\lim\dfrac{f(x)}{g(x)}=\dfrac{A}{B}$($B\neq 0$)。

在定理 2.9 中记号 $\lim$ 可以是任一极限过程($x\to x_0$, $x\to x_0^+$, $x\to x_0^-$, $x\to +\infty$, $x\to -\infty$),但在同一式子中必须是同一个极限过程。

证明：以 $\lim\limits_{x\to x_0}\dfrac{f(x)}{g(x)}=\dfrac{A}{B}$($B\neq 0$)为例。

因为 $\lim\limits_{x\to x_0}f(x)=A$, $\lim\limits_{x\to x_0}g(x)=B$,由定理 2.6 有

$$f(x)=A+\alpha(x)$$

其中 $\lim\limits_{x\to x_0}\alpha(x)=0$。

$$g(x)=B+\beta(x)$$

其中 $\lim\limits_{x\to x_0}\beta(x)=0$。所以

$$\dfrac{f(x)}{g(x)}-\dfrac{A}{B}=\dfrac{A+\alpha(x)}{B+\beta(x)}-\dfrac{A}{B}=\dfrac{\alpha(x)B-\beta(x)A}{B[B+\beta(x)]} \tag{2-2}$$

式(2-2)右端的分子是无穷小,由 $\lim\limits_{x\to x_0}\beta(x)=0$, $B\neq 0$ 可知,存在 $\delta>0$,当 $0<|x-x_0|<\delta$ 时,有 $|\beta(x)|<\dfrac{|B|}{2}$ 成立,于是

$$|B+\beta(x)|\geqslant|B|-|\beta(x)|>\dfrac{|B|}{2}$$

从而

$$|B[B+\beta(x)]|>\dfrac{|B|^2}{2}$$

所以

$$\frac{1}{|B[B+\beta(x)]|}<\frac{2}{|B|^2}$$

即 $\frac{1}{|B[B+\beta(x)]|}$ 有界,由定理 2.8 可知,$x \to x_0$ 时,$\frac{\alpha(x)B-\beta(x)A}{B[B+\beta(x)]}=\gamma(x)$ 是无穷小量,

所以,$\frac{f(x)}{g(x)}=\frac{A}{B}+\gamma(x)$,由定理 2.6 可知,

$$\lim_{x \to x_0}\frac{f(x)}{g(x)}=\frac{A}{B}(B \neq 0)$$

类似可证其他情形。

例 2-11 计算 $\lim\limits_{x \to 2}(x^2+3x-1)$。

解: $\lim\limits_{x \to 2}(x^2+3x-1)=\lim\limits_{x \to 2}x^2+\lim\limits_{x \to 2}3x-\lim\limits_{x \to 2}1=2^2+3 \times 2-1=9$。

例 2-12 计算 $\lim\limits_{x \to 2}\dfrac{x^3-1}{x^2-5x+3}$。

解: $\lim\limits_{x \to 2}\dfrac{x^3-1}{x^2-5x+3}=\dfrac{\lim\limits_{x \to 2}(x^3-1)}{\lim\limits_{x \to 2}(x^2-5x+3)}=\dfrac{\lim\limits_{x \to 2}x^3-\lim\limits_{x \to 2}1}{\lim\limits_{x \to 2}x^2-\lim\limits_{x \to 2}5x+\lim\limits_{x \to 2}3}=\dfrac{2^3-1}{4-10+3}=-\dfrac{7}{3}$

例 2-13 计算 $\lim\limits_{x \to 2}\dfrac{x^2-x-2}{x^2-4}$。

解: $\lim\limits_{x \to 2}(x^2-4)=0$,此处不能直接应用极限运算法则,但是 $\lim\limits_{x \to 2}(x^2-x-2)$ 也等于零,所以可以先将分子分母的零因子 $x-2$ 约去以后再进行计算,

$$\lim_{x \to 2}\frac{x^2-x-2}{x^2-4}=\lim_{x \to 2}\frac{(x-2)(x+1)}{(x-2)(x+2)}=\lim_{x \to 2}\frac{x+1}{x+2}=\frac{3}{4}$$

例 2-14 计算 $\lim\limits_{x \to 2}\dfrac{x^2+2}{x^2-4}$。

解: $\lim\limits_{x \to 2}(x^2-4)=0$,而 $\lim\limits_{x \to 2}(x^2+2)=6 \neq 0$,可以考虑函数的倒数,有

$$\lim_{x \to 2}\frac{x^2-4}{x^2+2}=\lim_{x \to 2}\frac{0}{6}=0$$

所以

$$\lim_{x \to 2}\frac{x^2+2}{x^2-4}=\infty$$

例 2-15 计算 $\lim\limits_{x \to -1}\left(\dfrac{1}{x+1}-\dfrac{3}{x^3+1}\right)$。

解: 当 $x \to -1$ 时,$\dfrac{1}{x+1}$ 和 $\dfrac{3}{x^3+1}$ 都没有极限,不能应用和的极限运算法则,将 $\dfrac{1}{x+1}-\dfrac{3}{x^3+1}$ 通分化简,有

$$\lim_{x \to -1}\left(\frac{1}{x+1}-\frac{3}{x^3+1}\right)=\lim_{x \to -1}\frac{x^2-x+1-3}{(x+1)(x^2-x+1)}$$
$$=\lim_{x \to -1}\frac{x^2-x-2}{(x+1)(x^2-x+1)}$$

$$= \lim_{x \to -1} \frac{(x+1)(x-2)}{(x+1)(x^2-x+1)}$$

$$= \lim_{x \to -1} \frac{x-2}{x^2-x+1} = -1$$

例 2-16　计算 $\lim\limits_{x \to 0} \dfrac{\sqrt{1+x^2}-1}{x}$。

解：当 $x \to 0$ 时,分母极限为零,不能应用极限运算法则,但可以将分子有理化,得

$$\lim_{x \to 0} \frac{\sqrt{1+x^2}-1}{x} = \lim_{x \to 0} \frac{(\sqrt{1+x^2}-1)(\sqrt{1+x^2}+1)}{x(\sqrt{1+x^2}+1)}$$

$$= \lim_{x \to 0} \frac{x}{\sqrt{1+x^2}} = 0$$

例 2-17　计算 $\lim\limits_{x \to \infty} \dfrac{2x^2-2x+3}{3x^2+1}$。

解：当 $x \to \infty$ 时,分子、分母都是无穷大,不能应用极限运算法则,但可以将分子、分母除 x^2,得

$$\lim_{x \to \infty} \frac{2x^2-2x+3}{3x^2+1} = \lim_{x \to \infty} \frac{2-\dfrac{2}{x}+\dfrac{3}{x^2}}{3+\dfrac{1}{x^2}} = \frac{2}{3}$$

一般地,有如下结论:

$$\lim_{x \to \infty} \frac{a_m x^m + a_{m-1} x^{m-1} + \cdots + a_1 x + a_0}{b_n x^n + b_{n-1} x^{n-1} + \cdots + b_1 x + b_0} = \begin{cases} 0, & \text{当 } n > m \\ \dfrac{a_m}{b_n}, & \text{当 } n = m \\ \infty, & \text{当 } n < m \end{cases}$$

例如,

$$\lim_{x \to \infty} \frac{(x+1)^3+3}{3x^2+1} = \infty$$

练习 2.4

求下列极限:

(1) $\lim\limits_{x \to 2}(x^2-2x+1)$;

(2) $\lim\limits_{x \to -2} \dfrac{x^2+2x+3}{x^2+1}$;

(3) $\lim\limits_{x \to \sqrt{5}} \dfrac{x^2-5}{x^2+1}$;

(4) $\lim\limits_{x \to 3} \dfrac{x+3}{x-3}$;

(5) $\lim\limits_{x \to -2} \dfrac{x^2-3x-10}{x^2-4}$;

(6) $\lim\limits_{h \to 0} \dfrac{(x+h)^3-x^3}{h}$;

(7) $\lim\limits_{x \to 2}\left(\dfrac{1}{x-2}-\dfrac{4}{x^2-4}\right)$;

(8) $\lim\limits_{x \to 1}\left(\dfrac{1}{x-1}-\dfrac{2}{x^2-1}\right)$;

(9) $\lim\limits_{x\to\infty}\left(2-\dfrac{1}{x}+\dfrac{1}{x^2}\right)$;

(10) $\lim\limits_{x\to\infty}\left(1+\dfrac{1}{x}\right)\left(2-\dfrac{1}{x^2}\right)$;

(11) $\lim\limits_{x\to\infty}\dfrac{3x^2-3x+1}{2x^2-4}$;

(12) $\lim\limits_{n\to+\infty}\dfrac{(n+1)(2n-3)(n+4)}{3n^2-4n^3}$;

(13) $\lim\limits_{x\to1}\dfrac{\sqrt{3-x}-\sqrt{1+x}}{x^2-1}$;

(14) $\lim\limits_{x\to-8}\dfrac{\sqrt{1-x}-3}{2+\sqrt[3]{x}}$;

(15) $\lim\limits_{x\to+\infty}\sqrt{x}(\sqrt{x+a}-\sqrt{x})$;

(16) $\lim\limits_{x\to\infty}\dfrac{(x+1)^{10}+(x+2)^{10}+\cdots+(x+10)^{10}}{(x^2+x+1)^5}$。

2.5 极限存在准则和两个重要极限

2.5.1 极限存在准则

准则 2.1(夹逼准则) 如果

(1) 在 $0<|x-x_0|<\delta_0$ 内,$g(x)\leqslant f(x)\leqslant h(x)$;

(2) $\lim\limits_{x\to x_0}g(x)=\lim\limits_{x\to x_0}h(x)=A$;

则必有 $\lim\limits_{x\to x_0}f(x)=A$。

证明: 由 $\lim\limits_{x\to x_0}g(x)=\lim\limits_{x\to x_0}h(x)=A$ 可知,对于任意给定的 $\varepsilon>0$,总存在正数 δ_1、δ_2,使得当 $0<|x-x_0|<\delta_1$ 时,有 $|g(x)-A|<\varepsilon$,即 $A-\varepsilon<g(x)<A+\varepsilon$ 成立,当 $0<|x-x_0|<\delta_2$ 时,有 $|h(x)-A|<\varepsilon$,即 $A-\varepsilon<h(x)<A+\varepsilon$ 成立。取 $\delta=\min\{\delta_0,\delta_1,\delta_2\}$,则当 $0<|x-x_0|<\delta$ 时,有

$$A-\varepsilon<g(x)\leqslant f(x)\leqslant h(x)<A+\varepsilon$$

即

$$|f(x)-A|<\varepsilon$$

成立,所以

$$\lim\limits_{x\to x_0}f(x)=A$$

例 2-18 证明 $\lim\limits_{x\to0}\cos x=1$。

证明: 因为 $0\leqslant1-\cos x=2\sin^2\dfrac{x}{2}\leqslant2\left(\dfrac{x}{2}\right)^2=\dfrac{x^2}{2}$($x$ 大于 0 时,$\sin x<x$),并且 $\lim\limits_{x\to0}\dfrac{x^2}{2}=0$,所以 $\lim\limits_{x\to0}(1-\cos x)=0$,即 $\lim\limits_{x\to0}\cos x=1$。

准则 2.2(单调有界准则) 单调有界数列必有极限。

准则 2.2 的证明超出了本书的要求,不过从几何直观上可以看出它是正确的,见图 2-11。从数轴上看,单调数列各项所对应的点随 n 的增加向一个方向移动。如果数列是

单调增加的就向右移动;如果数列是单调减少的就向左移动。所以,单调有界数列只有两种可能情形:第一种情形是沿数轴移向无穷远;第二种情形是无限趋于一个定点 A,而不能超过。因为数列有界,不可能是第一种情形,只能是第二种情形,也就是数列趋于一个极限 A。

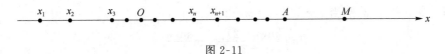

图 2-11

2.5.2　两个重要极限

（1）$\lim\limits_{x \to 0} \dfrac{\sin x}{x} = 1$

证明：因为函数 $\dfrac{\sin x}{x}$ 除在 $x = 0$ 处以外都有定义,并且是偶函数,所以,只要证明 $\lim\limits_{x \to 0^+} \dfrac{\sin x}{x} = 1$ 即可。作单位圆,如图 2-12 所示,设圆心角 $\angle AOB = x$（因为 $x \to 0^+$,所以可取 $0 < x < \dfrac{\pi}{2}$）,过 A 点作圆 O 的切线交 OB 延长线于 D,又 $BC \perp OA$,则

$$\sin x = BC,\ \tan x = AD,\ x = \overset{\frown}{AB}$$

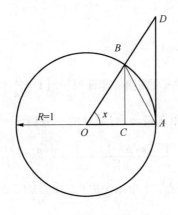

图 2-12

因为,$\triangle AOB$ 的面积 $<$ 扇形 AOB 的面积 $< \triangle AOD$ 的面积,所以

$$\frac{1}{2} \sin x < \frac{1}{2} x < \frac{1}{2} \tan x$$

不等式同除 $\dfrac{1}{2} \sin x$,得 $1 < \dfrac{x}{\sin x} < \dfrac{1}{\cos x}$ 或 $\cos x < \dfrac{\sin x}{x} < 1$。因为 $\lim\limits_{x \to 0} \cos x = 1$,$\lim\limits_{x \to 0} 1 = 1$,所以由准则 2.1 可得 $\lim\limits_{x \to 0^+} \dfrac{\sin x}{x} = 1$,所以 $\lim\limits_{x \to 0} \dfrac{\sin x}{x} = 1$。

例 2-19　求 $\lim\limits_{x \to 0} \dfrac{\sin 2x}{x}$。

解：令 $u=2x$，则当 $x\to 0$ 时，$u=2x\to 0$，

$$\lim_{x\to 0}\frac{\sin 2x}{x}=\lim_{u\to 0}\frac{2\sin u}{u}=2\lim_{u\to 0}\frac{\sin u}{u}=2$$

例 2-20 求 $\lim\limits_{x\to 2}\dfrac{\sin(x-2)}{x-2}$。

解：令 $u=x-2$，则当 $x\to 2$ 时，$u=x-2\to 0$，

$$\lim_{x\to 2}\frac{\sin(x-2)}{x-2}=\lim_{u\to 0}\frac{\sin u}{u}=1$$

在计算熟练后可以不必引入变量替换，直接变成公式的形式即可：

$$\lim\frac{\sin a(x)}{a(x)}=1,\ a(x)\to 0$$

例 2-21 求 $\lim\limits_{x\to\infty}x\sin\dfrac{1}{x}$。

解：$\lim\limits_{x\to\infty}x\sin\dfrac{1}{x}=\lim\limits_{x\to\infty}\dfrac{\sin\dfrac{1}{x}}{\dfrac{1}{x}}=1$。

例 2-22 求 $\lim\limits_{x\to 0}\dfrac{1-\cos x}{x^2}$。

解：$\lim\limits_{x\to 0}\dfrac{1-\cos x}{x^2}=\lim\limits_{x\to 0}\dfrac{2\sin^2\dfrac{x}{2}}{x^2}=\lim\limits_{x\to 0}\dfrac{\sin^2\dfrac{x}{2}}{2\left(\dfrac{x}{2}\right)^2}=\dfrac{1}{2}\lim\limits_{x\to 0}\left(\dfrac{\sin\dfrac{x}{2}}{\dfrac{x}{2}}\right)^2=\dfrac{1}{2}$。

(2) $\lim\limits_{x\to\infty}\left(1+\dfrac{1}{x}\right)^x=\mathrm{e}$ 或 $\lim\limits_{x\to 0}(1+x)^{\frac{1}{x}}=\mathrm{e}$

证明：先考虑 x 取正整数 n 的情形，即证明 $\lim\limits_{n\to\infty}\left(1+\dfrac{1}{n}\right)^n$ 的极限存在。

先证明数列 $\left\{\left(1+\dfrac{1}{n}\right)^n\right\}$ 单调增加，对数列的一般项 $x_n=\left(1+\dfrac{1}{n}\right)^n$ 作二项式展开：

$$x_n=\left(1+\frac{1}{n}\right)^n=1+\frac{n}{1!}\cdot\frac{1}{n}+\frac{n(n-1)}{2!}\cdot\frac{1}{n^2}+\frac{n(n-1)(n-2)}{3!}\cdot\frac{1}{n^3}+\cdots+$$

$$\frac{n(n-1)\cdots(n-k+1)}{k!}\cdot\frac{1}{n^k}+\cdots+\frac{n(n-1)\cdots(n-n+1)}{n!}\cdot\frac{1}{n^n}$$

$$=1+1+\frac{1}{2!}\left(1-\frac{1}{n}\right)+\frac{1}{3!}\left(1-\frac{1}{n}\right)\left(1-\frac{2}{n}\right)+\cdots+\frac{1}{k!}\left(1-\frac{1}{n}\right)\left(1-\frac{2}{n}\right)\cdots$$

$$\left(1-\frac{k-1}{n}\right)+\cdots+\frac{1}{n!}\left(1-\frac{1}{n}\right)\left(1-\frac{2}{n}\right)\cdots\left(1-\frac{n-1}{n}\right)\tag{2-3}$$

将式(2-3)中的 n 换成 $n+1$，得

$$x_{n+1}=1+1+\frac{1}{2!}\left(1-\frac{1}{n+1}\right)+\frac{1}{3!}\left(1-\frac{1}{n+1}\right)\left(1-\frac{2}{n+1}\right)+\cdots+$$

$$\frac{1}{k!}\left(1-\frac{1}{n+1}\right)\left(1-\frac{2}{n+1}\right)\cdots\left(1-\frac{k-1}{n+1}\right)+\cdots+\frac{1}{n!}\left(1-\frac{1}{n+1}\right)\left(1-\frac{2}{n+1}\right)\cdots$$

$$\left(1-\frac{n-1}{n+1}\right)+\frac{1}{(n+1)!}\left(1-\frac{1}{n+1}\right)\left(1-\frac{2}{n+1}\right)\cdots\left(1-\frac{n}{n+1}\right)$$

比较 x_n 和 x_{n+1} 的展开式,可以看出,除前面两项外,x_n 的每一项都小于 x_{n+1} 的对应项,并且 x_{n+1} 还比 x_n 多了最后一项(大于零),所以 $x_n < x_{n+1}$,即数列 $x_n = \left(1+\dfrac{1}{n}\right)^n$ 是单调增加的。

另外,由于 x_n 的展开式中各项括号内的数都小于 1,且

$$x_n < 1+1+\frac{1}{2!}+\frac{1}{3!}+\cdots+\frac{1}{k!}+\cdots+\frac{1}{n!} < 1+1+\frac{1}{2}+\frac{1}{2^2}+\cdots+\frac{1}{2^{n-1}}$$

$$= 1+\frac{1-\dfrac{1}{2^n}}{1-\dfrac{1}{2}} = 3-\frac{1}{2^{n-1}} < 3$$

所以数列 $\{x_n\}$ 有界。

由单调有界法则可知,数列 $\{x_n\}$ 的极限存在,即

$$\lim_{n\to\infty}\left(1+\frac{1}{n}\right)^n = \mathrm{e}$$

其中 e 是介于 2 与 3 之间的无理数,$\mathrm{e} = 2.718\ 281\ 828\ 459\ 045\ 235\cdots$。

可以证明当 x 取实数并趋向 $+\infty$ 或 $-\infty$ 时,也有

$$\lim_{x\to\infty}\left(1+\frac{1}{x}\right)^x = \mathrm{e}$$

令 $y = \dfrac{1}{x}$,则有

$$\lim_{x\to 0}(1+x)^{\frac{1}{x}} = \lim_{y\to\infty}\left(1+\frac{1}{y}\right)^y = \mathrm{e}$$

例 2-23 求 $\lim\limits_{x\to\infty}\left(1+\dfrac{1}{2x}\right)^x$。

解: 令 $u = 2x$,则当 $x\to\infty$ 时,$u = 2x\to\infty$,

$$\lim_{x\to\infty}\left(1+\frac{1}{2x}\right)^x = \lim_{u\to\infty}\left(1+\frac{1}{u}\right)^{\frac{u}{2}} = \left[\lim_{u\to\infty}\left(1+\frac{1}{u}\right)^u\right]^{\frac{1}{2}} = \mathrm{e}^{\frac{1}{2}}$$

例 2-24 求 $\lim\limits_{x\to 0}(1-x)^{\frac{1}{x}}$。

解: 令 $u = -x$,则当 $x\to 0$ 时,$u\to 0$,

$$\lim_{x\to 0}(1-x)^{\frac{1}{x}} = \lim_{u\to 0}(1+u)^{-\frac{1}{u}} = \left[\lim_{u\to 0}(1+u)^{\frac{1}{u}}\right]^{-1} = \mathrm{e}^{-1}$$

在计算熟练后可以不必引入变量替换,直接变成公式的形式即可:

$$\lim[1+a(x)]^{\frac{1}{a(x)}} = \mathrm{e}, \quad a(x)\to 0$$

例 2-25 求 $\lim\limits_{x\to\infty}\left(\dfrac{x}{1+x}\right)^x$。

解: $\lim\limits_{x\to\infty}\left(\dfrac{x}{1+x}\right)^x = \lim\limits_{x\to\infty}\left(\dfrac{1+x-1}{1+x}\right)^x$

$$= \lim_{x\to\infty}\left(1+\frac{-1}{1+x}\right)^{1+x-1}$$

$$= \lim_{x\to\infty}\left\{\left[\left(1+\frac{1}{-(1+x)}\right)^{-(1+x)}\right]^{-1}\left(1+\frac{-1}{1+x}\right)^{-1}\right\}$$

$$= \lim_{x\to\infty}\left[\left(1+\frac{1}{-(1+x)}\right)^{-(1+x)}\right]^{-1}\lim_{x\to\infty}\left(1+\frac{-1}{1+x}\right)^{-1} = \mathrm{e}^{-1}$$

练习 2.5

1. 计算下列极限：

(1) $\lim\limits_{x \to 0} \dfrac{\tan 2x}{x}$；

(2) $\lim\limits_{x \to -2} \dfrac{\sin(x+2)}{5(x+2)}$；

(3) $\lim\limits_{x \to 0} \dfrac{\sin 5x}{\sin 3x}$；

(4) $\lim\limits_{x \to \pi} \dfrac{x - \pi}{\sin x}$；

(5) $\lim\limits_{n \to +\infty} 2^n \sin \dfrac{1}{2^n}$；

(6) $\lim\limits_{x \to \infty} \left(1 - \dfrac{1}{x}\right)^x$；

(7) $\lim\limits_{x \to a} \dfrac{\sin x - \sin a}{x - a}$；

(8) $\lim\limits_{x \to 0} \dfrac{\arcsin x}{x}$；

(9) $\lim\limits_{x \to 0} \dfrac{\sqrt{1 + x \sin x} - \cos x}{\sin^2 \dfrac{x}{2}}$。

2. 计算下列极限：

(1) $\lim\limits_{n \to \infty} \left(1 + \dfrac{1}{n+1}\right)^n$；

(2) $\lim\limits_{x \to \infty} \left(1 - \dfrac{1}{x}\right)^x$；

(3) $\lim\limits_{x \to \infty} \left(\dfrac{x+2}{x}\right)^{x+3}$；

(4) $\lim\limits_{x \to \infty} \left(\dfrac{x+2}{x+3}\right)^x$；

(5) $\lim\limits_{x \to 0} (1 - 3x)^{\frac{1}{x}}$；

(6) $\lim\limits_{x \to 0} (1 + \tan x)^{\cot x}$。

2.6 无穷小的比较

由无穷小的性质可知，两个无穷小的和、差、积还是无穷小，那两个无穷小的商会怎样呢？先看几个例子。

当 $x \to 0$ 时，$x, x^2, x \sin \dfrac{1}{x}$ 都是无穷小，但 $\lim\limits_{x \to 0} \dfrac{x^2}{x} = \lim\limits_{x \to 0} x = 0$，$\lim\limits_{x \to 0} \dfrac{x}{x^2} = \lim\limits_{x \to 0} \dfrac{1}{x} = \infty$，

$\lim\limits_{x \to 0} \dfrac{x \sin \dfrac{1}{x}}{x} = \lim\limits_{x \to 0} \sin \dfrac{1}{x}$ 无极限。由此可见，两个无穷小的商是比较复杂的。这是因为不同的无穷小趋于零的"快慢"程度及方式是不同的。

定义 2.6 设 $\alpha(x), \beta(x)$ 是同一变化过程中的无穷小量，且 $\alpha(x) \neq 0$，

(1) 若 $\lim \dfrac{\beta(x)}{\alpha(x)} = 0$，则称 $\beta(x)$ 是比 $\alpha(x)$ **高阶的无穷小**，记为 $\beta(x) = o(\alpha(x))$；

(2) 若 $\lim \dfrac{\beta(x)}{\alpha(x)} = \infty$，则称 $\beta(x)$ 是比 $\alpha(x)$ **低阶的无穷小**；

(3) 若 $\lim \dfrac{\beta(x)}{\alpha(x)} = C$（$C$ 是不等于 0 的常数），则称 $\beta(x)$ 与 $\alpha(x)$ 是**同阶无穷小**。

特别地,如果 $C=1$,则称 $\beta(x)$ 与 $\alpha(x)$ 是**等价无穷小**,记作 $\alpha(x)\sim\beta(x)$。

还可以更精确地,如果 $\lim\dfrac{\beta(x)}{[\alpha(x)]^k}=C\neq 0,k>0$,则就说 $\beta(x)$ 是关于 $\alpha(x)$ 的 k 阶无穷小。

例如:

因为 $\lim\limits_{x\to 0}\dfrac{x^2}{x}=0$,所以 $x\to 0$ 时,x^2 是比 x 高阶的无穷小;

因为 $\lim\limits_{x\to 0}\dfrac{1-\cos x}{x^2}=\dfrac{1}{2}$,所以 $x\to 0$ 时,$1-\cos x$ 与 x^2 是同阶无穷小;

因为 $\lim\limits_{x\to 0}\dfrac{\sin x}{x}=1$,所以 $x\to 0$ 时,$\sin x$ 是 x 的等价无穷小,即 $\sin x\sim x$。

注意:若 $\lim\dfrac{\beta(x)}{\alpha(x)}$ 不存在(也不为 ∞),则 $\beta(x)$ 与 $\alpha(x)$ 不能作比较。例如,因此

$$\lim\limits_{x\to 0}\dfrac{x\sin\dfrac{1}{x}}{x}=\lim\limits_{x\to 0}\sin\dfrac{1}{x}$$ 无极限,所以 $x\to 0$ 时,$x\sin\dfrac{1}{x}$ 与 x 不能作比较。

关于等价无穷小有下面重要性质。

定理 2.10　设 $\alpha(x),\beta(x),\alpha'(x),\beta'(x)$ 是同一变化过程中的无穷小量,$\alpha(x)\sim\alpha'(x)$,$\beta(x)\sim\beta'(x)$,且 $\lim\dfrac{\beta'(x)}{\alpha'(x)}$ 存在,则 $\lim\dfrac{\beta(x)}{\alpha(x)}=\lim\dfrac{\beta'(x)}{\alpha'(x)}$,即在两个无穷小的比中,如果能用等价无穷小替代它们(或其中之一),则所得极限值不变。

例 2-26　求 $\lim\limits_{x\to 0}\dfrac{\tan 2x}{\sin 3x}$。

解:因为 $x\to 0$ 时,$\sin 3x\sim 3x$,$\tan 2x\sim 2x$,所以 $\lim\limits_{x\to 0}\dfrac{\tan 2x}{\sin 3x}=\lim\limits_{x\to 0}\dfrac{2x}{3x}=\dfrac{2}{3}$。

例 2-27　求 $\lim\limits_{x\to 0}\dfrac{\sin 3x}{x^2+3x}$。

解:因为 $x\to 0$ 时,$\sin 3x\sim 3x$,所以 $\lim\limits_{x\to 0}\dfrac{\sin 3x}{x^2+3x}=\lim\limits_{x\to 0}\dfrac{3x}{x^2+3x}=\lim\limits_{x\to 0}\dfrac{3}{x+3}=1$。

需要注意的是,用等价无穷小的替换时,只能替换整个分子或分母或一个因子,而不能替换分子或分母中的一部分,也就是乘除可替换,加减不能替换。

例 2-28　求 $\lim\limits_{x\to 0}\dfrac{\tan x-\sin x}{x^3}$。

解:因为 $x\to 0$ 时,$\tan x\sim x$,$1-\cos x\sim\dfrac{1}{2}x^2$,所以

$$\lim\limits_{x\to 0}\dfrac{\tan x-\sin x}{x^3}=\lim\limits_{x\to 0}\dfrac{\tan x(1-\cos x)}{x^3}=\lim\limits_{x\to 0}\dfrac{x\cdot\dfrac{1}{2}x^2}{x^3}=\dfrac{1}{2}$$

而不能

$$\lim\limits_{x\to 0}\dfrac{\tan x-\sin x}{x^3}=\lim\limits_{x\to 0}\dfrac{x-x}{x^3}=0$$

练习 2.6

1. 当 $x \to 1$ 时,比较下列各对无穷小:

(1) $\dfrac{1-x}{1+x}$ 与 $1-\sqrt{x}$;

(2) $1-x$ 与 $1-\sqrt[3]{x}$。

2. 证明:当 $x \to 0$ 时下列各对无穷小等价。

(1) $\arctan x \sim x$;

(2) $1-\cos x \sim \dfrac{x^2}{2}$。

3. 利用等价无穷小求下列极限:

(1) $\lim\limits_{x \to 0} \dfrac{\sin 2x + x^2}{\tan x}$;

(2) $\lim\limits_{x \to 0} \dfrac{\tan x - \sin x}{x^3}$。

习 题 2

1. 填空题

(1) 若 $\lim\limits_{x \to 0} \dfrac{\sin kx}{5x} = \dfrac{1}{2}$,则 $k = $ _____。

(2) $\ln\left(1+\dfrac{1}{x}\right)$ 与 $\dfrac{1}{x}$ 是当 _____ 时的等价无穷小。

(3) 当 $x \to 0$ 时,$1-\cos x \sim kx^2$,则 $k = $ _____。

(4) $f(x) = e^{-x}$ 是当 $x \to$ _____ 时的无穷大。

(5) 当 $x \to$ _____ 时,$x \sin \dfrac{1}{x} \to 1$。

(6) $\lim\limits_{x \to 2}(4-x^2)\left(3+\sin\dfrac{1}{x^2-4}\right) = $ _____。

(7) $\lim\limits_{x \to 1} \dfrac{\sqrt{x}-1}{x-1} = $ _____。

2. 单项选择题

(1) 下列函数在 $x \to 0$ 时极限存在的是( )。

A. $f(x) = \begin{cases} \dfrac{|x|}{x}, & x \neq 0 \\ 1, & x = 0 \end{cases}$

B. $f(x) = \begin{cases} \cos x + 1, & x > 0 \\ \sin x + 1, & x < 0 \end{cases}$

C. $f(x) = \begin{cases} x\sin\dfrac{1}{x}, & x > 0 \\ x, & x < 0 \end{cases}$

D. $f(x) = \begin{cases} 3^x, & x > 0 \\ 0, & x = 0 \\ -1+x^2, & x < 0 \end{cases}$

(2) $\lim\limits_{x \to 1}(1-x^2)\left(2+\sin\dfrac{1}{x^2-1}\right) = ($)。

A. -1　　　　B. 0　　　　C. 1　　　　D. 2

(3) $\lim\limits_{x\to 1}\dfrac{\sqrt{x}-1}{x-1}=($ 　　$)$。

A. -1　　　　B. 0　　　　C. $\dfrac{1}{2}$　　　　D. ∞

(4) 下列各式正确的是(　　)。

A. $\lim\limits_{x\to 0}\dfrac{x}{\cos x}=0$　　　　B. $\lim\limits_{x\to 0}\dfrac{\cos x}{x}=1$

C. $\lim\limits_{x\to \infty}\dfrac{x}{\cos x}=0$　　　　D. $\lim\limits_{x\to \infty}\dfrac{\cos x}{x}=1$

(5) $\lim\limits_{x\to 0}\left(x\sin\dfrac{1}{x}+\dfrac{1}{x}\sin x\right)=($ 　　$)$。

A. 0　　　　B. 1　　　　C. 2　　　　D. 不存在

(6) $f(x)=\dfrac{1}{x^2-1}$ 是当 $x\to($ 　　$)$时的无穷小。

A. ∞　　　　B. 1　　　　C. 0　　　　D. -1

(7) $f(x)=\dfrac{1-x^2}{1-x}$ 是当 $x\to($ 　　$)$时的无穷小。

A. $-\infty$　　　　B. $+\infty$　　　　C. -1　　　　D. 1

(8) 下列等式中正确的是(　　)。

A. $\lim\limits_{x\to 0}\left(1+\dfrac{1}{x}\right)^x=\mathrm{e}$　　　　B. $\lim\limits_{x\to \infty}(1+x)^{\frac{1}{x}}=\mathrm{e}$

C. $\lim\limits_{x\to +\infty}\left(1+\dfrac{1}{x}\right)^x=\mathrm{e}$　　　　D. $\lim\limits_{x\to -\infty}\left(1-\dfrac{1}{x}\right)^x=\mathrm{e}$

(9) 下列等式中正确的是(　　)。

A. $\lim\limits_{x\to 0}\left(x\sin\dfrac{1}{x}-\dfrac{1}{x}\sin x\right)=1$　　　　B. $\lim\limits_{x\to 0}\left(x\sin\dfrac{1}{x}-\dfrac{1}{x}\sin x\right)=0$

C. $\lim\limits_{x\to \infty}\left(x\sin\dfrac{1}{x}-\dfrac{1}{x}\sin x\right)=1$　　　　D. $\lim\limits_{x\to \infty}\left(x\sin\dfrac{1}{x}-\dfrac{1}{x}\sin x\right)=0$

(10) $\lim\limits_{x\to +\infty}x[\ln(x+2)-\ln x]=($ 　　$)$。

A. $-\infty$　　　　B. -2　　　　C. 0　　　　D. 2

3. 计算下列极限：

(1) $\lim\limits_{x\to +\infty}\sqrt{x}(\sqrt{x+1}-\sqrt{x})$；

(2) $\lim\limits_{x\to +\infty}(\sqrt{x^2+x+1}-\sqrt{x^2-x+1})$；

(3) $\lim\limits_{x\to 0}\dfrac{\sqrt{x+1}-1}{x}$；

(4) $\lim\limits_{x\to 4}\dfrac{\sqrt{2x+1}-3}{\sqrt{x}-2}$；

(5) $\lim\limits_{x\to 0}\dfrac{\sqrt{1+\sin x}-\sqrt{1-\sin x}}{x}$；

(6) $\lim\limits_{x\to \infty}\dfrac{2x^2+3x+5}{x^3+x-3}$；

(7) $\lim\limits_{x\to \infty}\dfrac{(2x-3)^{20}(3x+2)^{30}}{(2x+1)^{50}}$；

(8) $\lim\limits_{x\to +\infty}\dfrac{x+\sqrt{x-1}}{\sqrt{2x^2-1}}$；

(9) $\lim\limits_{x \to 0} \dfrac{x^2 \sin \dfrac{1}{x}}{\sin x}$;

(10) $\lim\limits_{x \to 0} \dfrac{\cos x - 1}{x^2}$;

(11) $\lim\limits_{x \to 0} \dfrac{\sin 2x}{\tan 3x}$;

(12) $\lim\limits_{x \to 0} \dfrac{\ln(1+3x)}{x}$;

(13) $\lim\limits_{x \to +\infty} x \ln \dfrac{2x}{2x+1}$;

(14) $\lim\limits_{x \to 0} \dfrac{e^x - 1}{x}$。

第3章　函数的连续性

本章导读

　　自然界中很多量的变化都是连续的,如行星运动的轨迹、气温随时间的变化。当时间变化很微小时,这些量的改变量也非常小,反映在数学上就是函数的连续性。连续函数是我们所讨论函数的主要类型,本章介绍函数连续的概念、连续函数的性质及初等函数的连续性。

　　本章学习的基本要求:

　　(1)理解函数连续的概念;

　　(2)掌握初等函数的连续性;

　　(3)掌握利用函数的连续性求极限的方法;

　　(4)了解闭区间上连续函数的性质。

思维导图

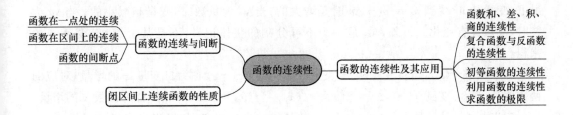

3.1 函数的连续与间断

3.1.1 函数在一点处的连续

直观上,连续表现为当自变量的变化很微小时,函数的改变也很微小,当自变量的增量趋于零时,函数的增量也趋于零;或表现为函数曲线没有间断,见图 3-1。否则,函数曲线是不连续的,见图 3-2。

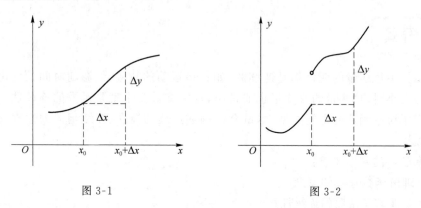

图 3-1   图 3-2

那么怎样给出函数 $y = f(x)$ 在点 x_0 连续的定义呢?我们先引入一个今后常用的概念与记号。

设变量 u 从它的一个初始值 u_1 改变到终值 u_2,终值与初始值的差为 $u_2 - u_1$,称为**变量 u 的增量**(或**改变量**),记作 $\Delta u = u_2 - u_1$。

增量 Δu 可以是正数,也可以是负数或零,不要认为增量一定是正数。在 Δu 为正数情况下,变量从 u_1 变到 $u_2 = u_1 + \Delta u$ 时是增大的;当 Δu 为负数时,变量是减小的;当 Δu 为零时,变量没有变化。另外,Δu 是一个不可分割的整体记号,不是某个量 Δ 与变量 u 的乘积。

对于函数 $f(x)$,当自变量从 x_0 变到 x 时,$\Delta x = x - x_0$ 称为自变量 x 的增量,对应的函数值从 $f(x_0)$ 变到 $f(x)$,$\Delta y = f(x) - f(x_0) = f(x_0 + \Delta x) - f(x_0)$ 称为函数 y 的增量。

定义 3.1 设函数 $y = f(x)$ 在点 x_0 的某邻域内有定义,如果当自变量的增量 $\Delta x = x - x_0$ 趋于零时,函数的增量 $\Delta y = f(x_0 + \Delta x) - f(x_0)$ 也趋于零,即

$$\lim_{\Delta x \to 0} [f(x_0 + \Delta x) - f(x_0)] = 0 \quad \text{或} \quad \lim_{\Delta x \to 0} \Delta y = 0$$

则称函数 $y = f(x)$ 在点 x_0 处是连续的。

由于 $x = x_0 + \Delta x$,$\Delta y = f(x) - f(x_0)$,并且当 $\Delta x \to 0$ 时,$x = x_0 + \Delta x \to x_0$,由 $\lim_{\Delta x \to 0} \Delta y = 0$ 可得 $\lim_{x \to x_0} [f(x) - f(x_0)] = 0$,即 $\lim_{x \to x_0} f(x) = f(x_0)$,所以,连续还可定义为如下内容。

定义 3.1′ 设函数 $y=f(x)$ 在点 x_0 的某邻域内有定义,如果 $\lim\limits_{x \to x_0} f(x)=f(x_0)$,则称函数 $y=f(x)$ 在点 x_0 处是连续的,即函数若在 x_0 点处的极限值等于在 x_0 处点的函数值,则是连续的。

由函数极限的定义,上述函数连续的定义可用"$\varepsilon-\delta$"表述。

定义 3.1″ 设函数 $y=f(x)$ 在点 x_0 的某邻域内有定义,如果对于任意给定的 $\varepsilon>0$,总存在 $\delta>0$,使得当 $|x-x_0|<\delta$ 时,恒有 $|f(x)-f(x_0)|<\varepsilon$ 成立,则称函数 $y=f(x)$ 在点 x_0 处是连续的。

这里函数连续的"$\varepsilon-\delta$"定义与极限的"$\varepsilon-\delta$"定义稍有不同,在极限定义中 x_0 可除外,即 $0<|x-x_0|<\delta$,而在连续的定义中,$|x-x_0|<\delta$,这是因为函数 $y=f(x)$ 在点 x_0 处连续,首先在这点要有定义,即 $f(x_0)$ 存在。

函数连续的上述 3 种定义方式虽然不同,但实质是一样的,今后都会用到(根据具体情况,用那种方式方便就用那种),大家都要熟悉。

由连续的定义可知,函数 $y=f(x)$ 要在点 x_0 处连续,必须满足下列 3 个条件:

(1) $f(x_0)$ 存在,即 $y=f(x)$ 在点 x_0 处有定义;

(2) $\lim\limits_{x \to x_0} f(x)$ 存在;

(3) $\lim\limits_{x \to x_0} f(x)=f(x_0)$。

左连续:如果函数 $y=f(x)$ 在点 x_0 的左极限等于函数值,即 $\lim\limits_{x \to x_0^-} f(x)=f(x_0)$,则称函数 $y=f(x)$ 在点 x_0 处左连续。

右连续:如果函数 $y=f(x)$ 在点 x_0 的右极限等于函数值,即 $\lim\limits_{x \to x_0^+} f(x)=f(x_0)$,则称函数 $y=f(x)$ 在点 x_0 处右连续。

显然,函数 $f(x)$ 在点 x_0 处连续的充分必要条件是 $f(x)$ 在点 x_0 处既左连续又右连续。

例 3-1 讨论当 a,b 取何值时,函数 $f(x)=\begin{cases} ax^2+1, & x<2 \\ 5, & x=2 \\ bx-1, & x>2 \end{cases}$ 在 $x=2$ 处连续。

解:

$$\lim_{x \to 2^-} f(x)=\lim_{x \to 2^-}(ax^2+1)=4a+1$$
$$\lim_{x \to 2^+} f(x)=\lim_{x \to 2^+}(bx-1)=2b-1$$
$$f(2)=5$$

要使函数在 $x=2$ 处连续,必须有

$$\lim_{x \to 2^-} f(x)=\lim_{x \to 2^+} f(x)=f(2)$$

即 $4a+1=2b-1=5$。解得 $a=1$,$b=3$。所以,当 $a=1$,$b=3$ 时函数在 $x=2$ 处连续。

3.1.2 函数在区间上的连续

定义 3.2 如果函数 $y=f(x)$ 在区间 (a,b) 内每一点都连续,则称函数 $y=f(x)$ 在区间(a,b)内连续。

定义 3.3 如果函数 $y=f(x)$ 在区间 (a,b) 内连续,且在 a 点处右连续,在 b 点处左连续,则称函数 $y=f(x)$ 在区间 $[a,b]$ 上连续。

例 3-2 证明函数 $y=\sin x$ 在区间 $(-\infty,+\infty)$ 内是连续的。

证明:设 x 为区间 $(-\infty,+\infty)$ 内任意一点,当 x 有增量 Δx 时,对应函数的增量为

$$\Delta y = \sin(x+\Delta x) - \sin x$$

由于 $\sin(x+\Delta x) - \sin x = 2\sin\dfrac{\Delta x}{2}\cos\left(x+\dfrac{\Delta x}{2}\right)$,$\left|\cos\left(x+\dfrac{\Delta x}{2}\right)\right| \leqslant 1$,$\left|\sin\dfrac{\Delta x}{2}\right| \leqslant \left|\dfrac{\Delta x}{2}\right|$(对于任意 x,恒有 $|\sin x| \leqslant |x|$),所以

$$|\Delta y| = |\sin(x+\Delta x) - \sin x| = \left|2\sin\dfrac{\Delta x}{2}\cos\left(x+\dfrac{\Delta x}{2}\right)\right| \leqslant |\Delta x|$$

因此,当 $\Delta x \to 0$ 时,$\Delta y \to 0$,这就证明了 $y=\sin x$ 在区间 $(-\infty,+\infty)$ 内任意一点连续。

类似地,可以证明函数 $y=\cos x$ 在区间 $(-\infty,+\infty)$ 内连续。

3.1.3 函数的间断点

如果函数 $y=f(x)$ 在点 x_0 处不连续,则称函数在点 x_0 处是**间断的**或**不连续的**,点 x_0 称为函数 $f(x)$ 的**间断点**或**不连续点**。

根据函数 $y=f(x)$ 在点 x_0 处连续的 3 个条件可知,若函数 $f(x)$ 在点 x_0 处有下列 3 种情形之一:

(1) 在点 $x=x_0$ 没有定义;

(2) 在点 $x=x_0$ 有定义,但 $\lim\limits_{x \to x_0} f(x)$ 不存在;

(3) 在点 $x=x_0$ 有定义,且 $\lim\limits_{x \to x_0} f(x)$ 存在,但 $\lim\limits_{x \to x_0} f(x) \neq f(x_0)$,

则函数 $f(x)$ 在点 x_0 处就不连续,点 x_0 为函数的间断点。

在函数的间断点处,由于不满足函数连续的情况各不相同,所以产生了不同类型的间断点。

(1) **跳跃间断点**。若函数 $f(x)$ 在点 x_0 的左、右极限存在但不相等,则称点 x_0 为跳跃间断点。在这种间断点处,当自变量 x 经过点 x_0 时,函数从一个有限值跳跃到另一个有限值。

例 3-3 函数 $f(x) = \begin{cases} x^2, & x \leqslant 0 \\ x+1, & x > 0 \end{cases}$ 在点 $x=0$ 有定义,$\lim\limits_{x \to 0^-} f(x) = \lim\limits_{x \to 0^-} x^2 = 0$,$\lim\limits_{x \to 0^+} f(x) = \lim\limits_{x \to 0^+} (x+1) = 1$,因为 $\lim\limits_{x \to 0^-} f(x) \neq \lim\limits_{x \to 0^+} f(x)$,所以,$\lim\limits_{x \to 0} f(x)$ 不存在,函数在 $x=0$ 处不连续,是跳跃间断点,见图 3-3。

(2) **可去间断点**。若函数 $f(x)$ 在点 x_0 有极限 A,但不等于 $f(x_0)$(或 $f(x)$ 在点 x_0 处无定义),则称点 x_0 为可去间断点。这时只要补充或修改 $f(x)$ 在 x_0 的定义,使 $f(x_0)=A$,那么所得函数 $F(x) = \begin{cases} f(x), & x \neq x_0 \\ A, & x = x_0 \end{cases}$ 在点 x_0 处连续。

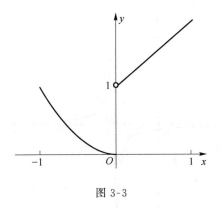

图 3-3

例 3-4　因为函数 $f(x)=\dfrac{\sin x}{x}$ 在点 $x=0$ 处无定义,所以函数在点 $x=0$ 处不连续,但

$\lim\limits_{x\to 0}\dfrac{\sin x}{x}=1$,点 $x=0$ 是可去间断点,可补充定义使 $f(0)=1$,则函数 $F(x)=\begin{cases}\dfrac{\sin x}{x}, & x\neq 0\\[2mm] 1, & x=0\end{cases}$

在点 $x=0$ 处连续,见图 3-4。

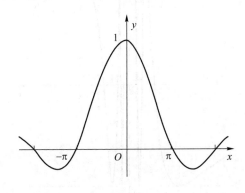

图 3-4

（3）**无穷间断点**。若当 $x\to x_0$,或 $x\to x_0^-$,或 $x\to x_0^+$ 时,$f(x)\to\infty$,则称 x_0 为无穷间断点。

例 3-5　因为函数 $f(x)=\dfrac{1}{x-1}$ 在 $x=1$ 处没有定义,且 $\lim\limits_{x\to 1}\dfrac{1}{x-1}=\infty$,所以,$f(x)=\dfrac{1}{x-1}$ 在 $x=1$ 处不连续,$x=1$ 是函数的无穷间断点,见图 3-5。

（4）**振荡间断点**。当 $x\to x_0$ 时,$f(x)$ 无休止地振荡,没有极限。

例 3-6　因为函数 $y=\sin\dfrac{1}{x}$ 在点 $x=0$ 处无定义,所以函数在 $x=0$ 处不连续,当 $x\to 0$ 时,函数在 -1 与 1 之间无限次振荡,$\lim\limits_{x\to 0}\sin\dfrac{1}{x}$ 不存在,$x=0$ 是函数 $y=\sin\dfrac{1}{x}$ 的振荡间断点,见图 3-6。

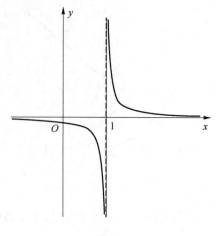

图 3-5

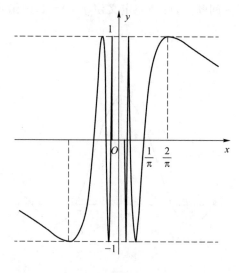

图 3-6

跳跃间断点和可去间断点统称为为**第一类间断点**,其他间断点统称为称为**第二类间断点**。

练习 3.1

1. 画出下列函数的图形并研究函数的连续性:

(1) $f(x)=\begin{cases} x^2, & 0\leqslant x\leqslant 1 \\ 2-x, & 1<x\leqslant 2 \end{cases}$;

(2) $f(x)=\begin{cases} x-1, & 0<x<1 \\ 1, & x=1 \\ x+2, & 1<x<2 \end{cases}$。

2．若函数 $f(x) = \begin{cases} ax^2-3, & x<2 \\ 5, & x=2 \\ bx+1, & x>2 \end{cases}$ 在 $x=2$ 处连续性，求 a,b 的值。

3．求下列函数的间断点，并确定其类型，如果是可去间断点，则补充定义，使函数在该点处连续。

(1) $f(x) = \dfrac{1-\cos x}{x^2}$；　　　　　　　　(2) $f(x) = \dfrac{x^2-1}{x^2-3x+2}$；

(3) $f(x) = \begin{cases} 3+x^2, & x<0 \\ \dfrac{\sin 3x}{x}, & x>0 \end{cases}$；　　　　(4) $f(x) = \dfrac{x-2}{|x-2|}$；

(5) $f(x) = \arctan \dfrac{1}{x}$；　　　　　　(6) $f(x) = \cos^2 \dfrac{1}{x}$。

3.2　函数的连续性及其应用

3.2.1　函数和、差、积、商的连续性

由极限的运算法则和函数连续的定义可得：

定理 3.1　设函数 $f(x)$，$g(x)$ 均在点 x_0 处连续，则 $f(x) \pm g(x)$，$f(x) \cdot g(x)$，$\dfrac{f(x)}{g(x)}$ $(g(x_0) \neq 0)$ 也都在点 x_0 处连续，即

(1) $\lim\limits_{x \to x_0} [f(x) \pm g(x)] = f(x_0) \pm g(x_0)$；

(2) $\lim\limits_{x \to x_0} [f(x) \cdot g(x)] = f(x_0) \cdot g(x_0)$；

(3) $\lim\limits_{x \to x_0} \dfrac{f(x)}{g(x)} = \dfrac{f(x_0)}{g(x_0)}$ $(g(x_0) \neq 0)$。

对于(1)、(2)，可推广到"有限个"情形。

由于 $\sin x$、$\cos x$ 都在 $(-\infty, +\infty)$ 内连续，所以 $\tan x = \dfrac{\sin x}{\cos x}$，$\cot x = \dfrac{\cos x}{\sin x}$，$\sec x = \dfrac{1}{\cos x}$，$\csc x = \dfrac{1}{\sin x}$ 都在定义区间内连续。

3.2.2　复合函数与反函数的连续性

定理 3.2　设函数 $u = \varphi(x)$ 在点 x_0 处连续，函数 $y = f(u)$ 在点 u_0 处连续，且 $u_0 = \varphi(x_0)$，则复合函数 $y = f[\varphi(x)]$ 也在点 x_0 处连续。

证明：　由于函数 $y = f(u)$ 在点 $u = u_0$ 处连续，因此，对于任意给定的 $\varepsilon > 0$，存在 $\eta > 0$ 使当 $|u - u_0| < \eta$ 时，$|f(u) - f(u_0)| < \varepsilon$。又由于 $u = \varphi(x)$ 在点 x_0 处连续，因此对于这一 η，

存在 $\delta>0$，使得当 $|x-x_0|<\delta$ 时，$|u-u_0|=|\varphi(x)-\varphi(x_0)|<\eta$ 成立，从而当 $|x-x_0|<\delta$ 时，不等式

$$|f[\varphi(x)]-f[\varphi(x_0)]|=|f(u)-f(u_0)|<\varepsilon$$

恒成立，所以，函数 $y=f[\varphi(x)]$ 在点 x_0 处连续。

由复合函数的连续性可知，因为 $\lim\limits_{x\to x_0}\varphi(x)=\varphi(x_0)$，所以

$$\lim_{x\to x_0}f[\varphi(x)]=f[\varphi(x_0)]=f[\lim_{x\to x_0}\varphi(x)]$$

即在满足定理 4.2 的条件下，求复合函数极限时，函数符号"f"和极限符号"$\lim$"可以交换次序。

在求极限时，上述条件 $\lim\limits_{x\to x_0}\varphi(x)=\varphi(x_0)$ 可以放宽为 $u=\varphi(x)$ 在点 x_0 处极限存在即可，即 $\lim\limits_{x\to x_0}\varphi(x)=a$（$a$ 不一定等于 $\varphi(x_0)$）。

例 3-7　证明 $\lim\limits_{x\to 0}\dfrac{\ln(1+x)}{x}=1$。

证明：$\lim\limits_{x\to 0}\dfrac{\ln(1+x)}{x}=\lim\limits_{x\to 0}[\dfrac{1}{x}\ln(1+x)]=\lim\limits_{x\to 0}\ln(1+x)^{\frac{1}{x}}=\ln\lim\limits_{x\to 0}(1+x)^{\frac{1}{x}}=\ln e=1$

这里用到了 $\ln x$ 在点 e 处连续，对数函数的连续性将在下面说明。

定理 3.3　如果函数 $y=f(x)$ 在区间 I 内连续且单调，那么它的反函数 $y=\varphi(x)$ 在对应的区间内也是连续且单调的。

证明从略，从图 3-7 来看，定理是明显正确的。

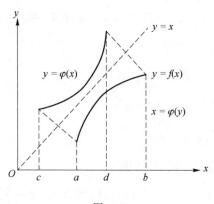

图 3-7

由三角函数的连续性和反函数的连续性可得，反三角函数 $\arcsin x$，$\arccos x$，$\arctan x$，$\mathrm{arccot}\, x$ 在它们的定义区间内都是连续的。

3.2.3　初等函数的连续性

前面我们已经讨论了三角函数和反三角函数都在它们的定义区间内连续。

可以证明指数函数 $y=a^x$（$a>0$，$a\neq 1$）在其定义区间内是连续的。指数函数的反函数——对数函数 $y=\log_a x$（$a>0$，$a\neq 1$）也在其定义区间内是连续的。

幂函数 $y=x^a$ 的定义域随 a 的值而异,但无论 a 取何值,幂函数在区间 $(0,+\infty)$ 内都有定义。而在区间 $(0,+\infty)$ 内 $y=x^a=a^{a\log_a x}(a>0,a\neq 1)$ 由指数函数 $y=a^u$ 和对数函数 $u=a\log_a x$ 复合而成,所以,幂函数 $y=x^a$ 在区间 $(0,+\infty)$ 内连续。

初等函数是由基本初等函数进行有限次的四则运算和有限次的复合而成的。

定理 3.4　所有初等函数都在其定义区间内连续。

定义区间是指除孤立点以外的区间,如函数 $y=\sqrt{\dfrac{(x+2)^2}{x}}$ 的定义域为 $x>0$ 和 $x=-2$,这里 $x=-2$ 是孤立点,$(0,+\infty)$ 是定义区间。根据函数连续的定义,在孤立点函数无所谓连续。所以函数 $y=\sqrt{\dfrac{(x+2)^2}{x}}$ 在定义区间 $(0,+\infty)$ 内连续。

3.2.4　利用函数的连续性求函数的极限

根据函数 $f(x)$ 在点 x_0 处连续的定义,如果函数 $f(x)$ 在点 x_0 处连续,则函数在点 x_0 处的极限值等于函数在点 x_0 处的函数值,即 $\lim\limits_{x\to x_0}f(x)=f(x_0)$,因此,如果函数 $f(x)$ 在点 x_0 处连续,则求函数 $f(x)$ 在 $x\to x_0$ 的极限时,只要求 $f(x)$ 在 x_0 处的函数值即可。

由于初等函数在其定义区间内连续,所以,如果 $f(x)$ 是初等函数,且 x_0 是 $f(x)$ 定义区间内的点,则

$$\lim_{x\to x_0}f(x)=f(x_0)$$

例 3-8　求 $\lim\limits_{x\to 1}\dfrac{x^2+2x-1}{x+1}$。

解:
$$\lim_{x\to 1}\frac{x^2+2x-1}{x+1}=\frac{1^2+2\times 1-1}{1+1}=1$$

例 3-9　求 $\lim\limits_{x\to 0}[e^x+\ln(1+x)+4x+1]$。

解:　$\lim\limits_{x\to 0}[e^x+\ln(1+x)+4x+1]=[e^0+\ln(1+0)+4\times 0+1]=2$

有些函数虽然是初等函数,但不能直接应用连续函数求极限的方法,可以先进行恒等变换后再求极限。

例 3-10　求 $\lim\limits_{x\to 4}\dfrac{\sqrt{x}-2}{x-4}$(通常称为 $\dfrac{0}{0}$ 型的不定式)。

解:　$\lim\limits_{x\to 4}\dfrac{\sqrt{x}-2}{x-4}=\lim\limits_{x\to 4}\dfrac{(\sqrt{x}-2)(\sqrt{x}+2)}{(x-4)(\sqrt{x}+2)}=\lim\limits_{x\to 4}\dfrac{x-4}{(x-4)(\sqrt{x}+2)}=\lim\limits_{x\to 4}\dfrac{1}{\sqrt{x}+2}=\dfrac{1}{4}$

例 3-11　求 $\lim\limits_{x\to +\infty}(\sqrt{x^2+x}-x)$($\infty-\infty$ 型的不定式)。

解:
$$\lim_{x\to +\infty}(\sqrt{x^2+x}-x)=\lim_{x\to +\infty}\frac{(\sqrt{x^2+x}-x)(\sqrt{x^2+x}+x)}{\sqrt{x^2+x}+x}$$

$$=\lim_{x\to +\infty}\frac{x}{\sqrt{x^2+x}+x}$$

$$= \lim_{x \to +\infty} \frac{1}{\sqrt{1+\frac{1}{x}}+1} = \frac{1}{2}$$

例 3-12 求 $\lim\limits_{x \to 0} \dfrac{a^x-1}{x}$。

解：令 $t = a^x-1$，则 $x = \log_a(t+1)$，$x \to 0$ 时，$t = a^x-1 \to 0$，所以

$$\lim_{x \to 0} \frac{a^x-1}{x} = \lim_{t \to 0} \frac{t}{\log_a(t+1)}$$

$$= \lim_{t \to 0} \frac{1}{\log_a(t+1)^{\frac{1}{t}}}$$

$$= \frac{1}{\log_a\left[\lim\limits_{t \to 0}(t+1)^{\frac{1}{t}}\right]} = \frac{1}{\log_a e} = \ln a$$

练习 3.2

1. 求函数 $f(x) = \dfrac{x^3+3x^2-x-3}{x^2+x-6}$ 的连续区间，并求 $\lim\limits_{x \to 0} f(x)$，$\lim\limits_{x \to -3} f(x)$，$\lim\limits_{x \to 2} f(x)$。

2. 利用函数的连续性求下列函数的极限：

(1) $\lim\limits_{x \to 0} \sqrt{x^2-x+1}$；

(2) $\lim\limits_{x \to -2} \dfrac{e^x+1}{x}$；

(3) $\lim\limits_{x \to 0} \dfrac{(1+x)\cos x}{\arctan(1+x^2)}$；

(4) $\lim\limits_{x \to +\infty} x[\ln(1+x)-\ln x]$；

(5) $\lim\limits_{x \to e} \dfrac{\ln x-1}{x-e}$；

(6) $\lim\limits_{x \to 1} \dfrac{\sqrt{5x-4}-\sqrt{x}}{x-1}$；

(7) $\lim\limits_{x \to 0} \ln \dfrac{\sin x}{x}$；

(8) $\lim\limits_{x \to 0} \dfrac{\ln(1+3x)}{x}$；

(9) $\lim\limits_{x \to +\infty} \arctan(\sqrt{x^2+x}-x)$。

3.3 闭区间上连续函数的性质

闭区间上的连续函数有下列两个重要性质，它们在几何直观上是明显的。

定理 3.5（最大值与最小值定理） 若函数 $f(x)$ 在闭区间 $[a,b]$ 上连续，则 $f(x)$ 在 $[a,b]$ 上一定有最大值和最小值。

也就是说，在闭区间 $[a,b]$ 上至少有一点 ξ_1，使 $[a,b]$ 上的所有 x 满足不等式 $f(x) \leqslant f(\xi_1)$，则这个 $f(\xi_1)$ 称为函数 $f(x)$ 在闭区间 $[a,b]$ 上的**最大值**，通常记为 M；在闭区间 $[a,b]$ 上至少有一点 ξ_2，使闭区间 $[a,b]$ 上的所有 x 满足不等式 $f(\xi_2) \leqslant f(x)$，这个 $f(\xi_2)$ 称为函数 $f(x)$ 在 $[a,b]$ 上的**最小值**，通常记为 m。

在几何直观上看闭区间上的一条连续曲线,其至少有一个最高点和一个最低点,见图 3-8。

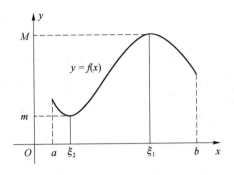

图 3-8

注意:①如果不是闭区间而是开区间,则定理 3.5 的结论不正确。例如,函数 $y=x$,在 $(0,1)$ 是连续的,但函数在 $(0,1)$ 内既无最大值也无最小值,见图 3-9。

②如果函数在区间上有间断点,则定理 3.5 的结论也不正确。例如,函数

$$f(x)=\begin{cases} 1-x, & 0 \leqslant x < 1 \\ 1, & x=1 \\ 3-x, & 1 < x \leqslant 2 \end{cases}$$

在闭区间 $[0,2]$ 上有间断点 $x=1$,它在闭区间 $[0,2]$ 上既没有最大值也没有最小值,见图 3-10。

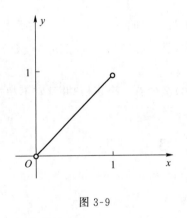

图 3-9

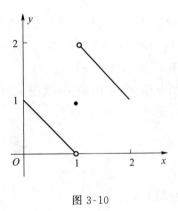

图 3-10

定理 3.6(介值定理)　若函数 $f(x)$ 在闭区间 $[a,b]$ 上连续,且 $f(a)=A$, $f(b)=B(A \neq B)$,设 C 是介于 A, B 之间的任一个数,则至少存在一点 $\xi \in (a,b)$,使得 $f(\xi)=C$。

几何意义是,连续曲线 $y=f(x)$ 与水平直线 $y=C$ 至少有一个交点,见图 3-11。

推论 3.1(零点定理)　若函数 $f(x)$ 在闭区间 $[a,b]$ 上连续,且 $f(a)$ 与 $f(b)$ 异号,则至少存在一点 $\xi \in (a,b)$,使得 $f(\xi)=0$,见图 3-12。

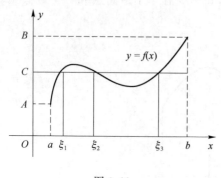

图 3-11

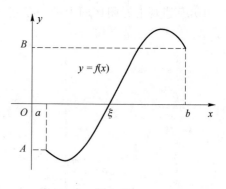

图 3-12

推论 3.2 闭区间上的连续函数必取得介于最大值 M 与最小值 m 之间的任何值。

例 3-13 证明方程 $x^3-4x^2+1=0$ 在区间 $(0,1)$ 内至少有一个实根。

证明： 因为函数 $f(x)=x^3-4x^2+1$ 是初等函数，在 $(-\infty,+\infty)$ 内连续，所以在闭区间 $[0,1]$ 上连续，又 $f(0)=1>0,f(1)=1-4+1=-2<0$，由零点定理可知，函数在区间 $(0,1)$ 内至少有一个 ξ，使得 $f(\xi)=0$，即 $\xi^3-4\xi^2+1=0$，因此，方程 $x^3-4x^2+1=0$ 在区间 $(0,1)$ 内至少有一个实根 ξ。

练习 3.3

1. 证明方程 $x^3-3x=1$ 至少有一个根在 1 与 2 之间。

2. 设 $f(x)$ 和 $g(x)$ 在闭区间 $[a,b]$ 上连续，且 $f(a)<g(a),f(b)>g(b)$，证明：在 (a,b) 内必有一点 x，使 $f(x)=g(x)$。

3. 证明方程 $x=a\sin x+b$（其中 $a>0,b>0$）至少有一个正根，并且它不超过 $a+b$。

习 题 3

1. 填空题

(1) 函数 $f(x)=\dfrac{x^2-2}{x-\sqrt{2}}$ 的间断点是_____。

(2) $f(x)=\dfrac{\sqrt{x+1}-1}{\sin x}$ 的间断点为_____。

(3) 若 $f(x)=\begin{cases}\dfrac{1}{x}\sin x, & x<0 \\ k, & x=0 \\ x\sin\dfrac{1}{x}+1, & x>0\end{cases}$ 在定义区间内连续，则 $k=$ _____。

(4) 若 $f(x)=\begin{cases}\dfrac{\sin kx}{x}+2, & x<0 \\ x\ln(x+1), & x\geqslant 0\end{cases}$ 在 $x=0$ 处连续,则 $k=$＿＿＿＿＿。

(5) 若 $f(x)=\begin{cases}\dfrac{\sqrt{-x}-1}{x+1}, & x<-1 \\ kx+5, & x\geqslant -1\end{cases}$ 在 $x=-1$ 处连续,则 $k=$＿＿＿＿＿。

(6) 设 $f(x)=\begin{cases}\dfrac{\sqrt{1+x}-\sqrt{1-x}}{x}, & |x|\leqslant 1 \text{ 且 } x\neq 0 \\ k, & x=0\end{cases}$ 在 $x=0$ 连续,则 $k=$＿＿＿＿＿。

(7) 若 $f(x)=\begin{cases}\dfrac{1}{x}\ln(1+x)+k, & x<0 \\ e^{2x}+5, & x\geqslant 0\end{cases}$ 在定义区间内连续,则 $k=$＿＿＿＿＿。

(8) 若 $f(x)=\begin{cases}\dfrac{x^2}{\sqrt{1+x^2}-1}, & x<0 \\ k, & x\geqslant 0\end{cases}$ 在 $x=0$ 处连续,则 $k=$＿＿＿＿＿。

(9) 设 $f(x)=\dfrac{1-\cos^2 x}{x^2}$,当 $x\neq 0$ 时,$F(x)=f(x)$。若 $F(x)$ 在 $x=0$ 处连续,则 $F(0)=$

＿＿＿＿＿。

2. 单项选择题

(1) 若 $f(x)=\begin{cases}\dfrac{\sqrt{1+x}-1}{x}, & x\neq 0 \\ k, & x=0\end{cases}$ 在 $x=0$ 处连续,则 $k=$（　　）。

A. -1　　　　　　B. 0　　　　　　C. $\dfrac{1}{2}$　　　　　　D. 1

(2) 设 $f(x)=\begin{cases}\dfrac{\sin 2x}{x}, & x\neq 0 \\ k, & x=0\end{cases}$（$k$ 为常数）是连续函数,则 $k=$（　　）。

A. 0　　　　　　B. 任意实数　　　　　　C. $\dfrac{1}{2}$　　　　　　D. 2

(3) 设 $f(x)=\begin{cases}\dfrac{\sin 2(x-1)}{x-1}, & x<1 \\ 3x+k, & x\geqslant 1\end{cases}$ 在 $x=1$ 连续,则 $k=$（　　）。

A. -1　　　　　　B. 1　　　　　　C. $\dfrac{1}{2}$　　　　　　D. 3

(4) 设函数 $f(x)=\begin{cases}\dfrac{\tan x}{x}, & x>0 \\ 2, & x=0 \\ e^x, & x<0\end{cases}$,则 $\lim\limits_{x\to 0}f(x)=$（　　）。

A. 1　　　　　　B. 不存在　　　　　　C. -2　　　　　　D. 2

(5) 当 $a=($ 　 $)$ 时,$f(x)=\begin{cases}a\mathrm{e}^x+2, & x\leqslant0 \\ x\ln(1+x), & x>0\end{cases}$ 在 $x=0$ 处连续。

A. 2　　　　　　　B. -2　　　　　　　C. 0　　　　　　　D. -4

(6) 要使函数 $f(x)=\dfrac{\sqrt{1+x}-\sqrt{1-x}}{x}$ 在点 $x=0$ 处连续,则应补充定义 $f(0)=($ 　 $)$。

A. $\dfrac{1}{2}$　　　　　　　B. 1　　　　　　　C. $\dfrac{3}{2}$　　　　　　　D. 2

(7) 函数 $f(x)$ 在点 $x=a$ 连续是 $f(x)$ 在点 $x=a$ 处有极限的(　)。

A. 充分必要条件　　　　　　　　　　B. 充分非必要条件

C. 必要非充分条件　　　　　　　　　　D. 无关条件

(8) 函数 $f(x)=\dfrac{\sin\sqrt{x+1}}{(x+2)(x^2-1)}$ 的间断点的个数是(　)。

A. 0　　　　　　　B. 1　　　　　　　C. 2　　　　　　　D. 3

(9) $\lim\limits_{x\to x_0^-}f(x)=\lim\limits_{x\to x_0^+}f(x)=a$ 是函数 $f(x)$ 在点 $x=x_0$ 处连续的(　)。

A. 充分条件　　　　　　　　　　　　B. 必要条件

C. 充分必要条件　　　　　　　　　　D. 既非充分也非必要条件

(10) 设函数 $f(x)=\begin{cases}x^2+2x+3, & x\leqslant1 \\ x, & 1<x\leqslant2, \\ 2x-2, & x>2\end{cases}$ 则(　)。

A. $f(x)$ 在 $x=1,x=2$ 处间断

B. $f(x)$ 在 $x=1,x=2$ 处连续

C. $f(x)$ 在 $x=1$ 处间断,在 $x=2$ 处连续

D. $f(x)$ 在 $x=1$ 处连续,在 $x=2$ 处间断

3. 计算题

(1) 设函数 $f(x)$ 处处连续,且 $f(2)=3$,求 $\lim\limits_{x\to0}\left(\dfrac{\sin3x}{x}\right)f\left(\dfrac{\sin2x}{x}\right)$。

(2) 设 $a>0$,且函数 $f(x)=\begin{cases}\dfrac{2\cos x-1}{x+1}, & x\geqslant0 \\ \dfrac{\sqrt{a}-\sqrt{a-x}}{x}, & x<0\end{cases}$ 在 $x=0$ 处连续,求 a 的值。

(3) 设函数 $f(x)=\begin{cases}\dfrac{2\sin2x}{x}, & x<0 \\ a, & x=0 \\ \dfrac{\ln(1+bx)}{x}, & x>0\end{cases}$ 在点 $x=0$ 处连续,求 a,b 的值。

（4）讨论函数 $f(x)=\begin{cases}\dfrac{\sin x}{x}, & x<0 \\[2mm] 1, & x=0 \\[2mm] \dfrac{2(\sqrt{1+x}-1)}{x}, & x>0\end{cases}$ 在 $x=0$ 处的连续性。

（5）定义 $f(0)$ 的值，使 $f(x)=\dfrac{\sqrt{1+x}-1}{\sqrt[3]{1+x}-1}$ 在 $x=0$ 处连续。

（6）讨论函数 $f(x)=\begin{cases}\dfrac{2^{\frac{1}{x}}-1}{2^{\frac{1}{x}}+1}, & x\neq0 \\[2mm] 1, & x=0\end{cases}$ 在 $x=0$ 处的连续性。

第4章　导数与微分

本 章 导 读

微分学是微积分的重要组成部分,它的基本概念是导数与微分,其中导数反映函数相对于自变量的变化快慢程度,微分反映当自变量有微小变化时,函数大体上变化多少。本章介绍函数的导数的概念、函数的求导法则、函数的微分等。

本章学习的基本要求:

(1) 掌握函数导数的概念及其几何意义;

(2) 掌握平面曲线 $y = f(x)$ 上某点处的切线方程的求法;

(3) 了解函数的可导性、函数可导和连续的关系;

(4) 熟练掌握函数的求导法则;

(5) 熟练掌握反函数和复合函数求导的方法;

(6) 了解函数的高阶导数,熟悉函数的高阶导数的计算方法;

(7) 掌握隐函数的导数和由参数方程所确定函数的导数的计算方法;

(8) 了解函数微分的概念及其几何意义,掌握函数微分的计算方法及应用。

思 维 导 图

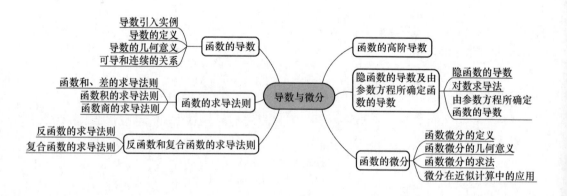

4.1　函数的导数

4.1.1　导数引入实例

1. 变速直线运动物体的速度

设某物体做变速直线运动,物体从某一时刻(不妨设为 0)开始到时刻 t 所走过的路程为 S,则 S 是 t 的函数。

$$S=S(t)$$

称为位置函数。在物理学中,定义

$$\overline{v}=\frac{路程}{时间}=\frac{S}{t}$$

是从时刻 0 到时刻 t 这段时间内物体的平均速度。对做变速直线运动的物体来说,平均速度反映了物体在这一段时间内运动的快慢情况,但不能准确反映物体在某一时刻 t_0 的运动快慢情况。

物体在时刻 t_0 的速度称为物体在该时刻的瞬时速度,瞬时速度反映物体在时刻 t_0 的运动快慢。那么如何求解物体在时刻 t_0 的瞬时速度?

设物体在时刻 t_0 的路程是 $S=S(t_0)$,在时刻 $t_0+\Delta t$ 的路程是 $S=S(t_0+\Delta t)$,在 t_0 到 $t_0+\Delta t$ 这段时间内物体经过的路程是 $\Delta S=S(t_0+\Delta t)-S(t_0)$,见图 4-1。

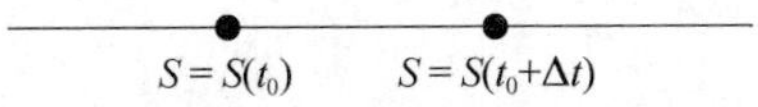

图 4-1

则从时刻 t_0 到时刻 $t_0+\Delta t$ 这段时间间隔内物体的平均速度为

$$\overline{v}=\frac{\Delta S}{\Delta t}=\frac{S(t_0+\Delta t)-S(t_0)}{\Delta t}$$

Δt 越小,平均速度越接近时刻 t_0 的瞬时速度。当 $\Delta t\to 0$ 时,若极限 $\lim\limits_{\Delta t\to 0}\dfrac{\Delta S}{\Delta t}$ 存在,则该极限称为物体在时刻 t_0 的瞬时速度。

$$v(t_0)=\lim_{\Delta t\to 0}v=\lim_{\Delta t\to 0}\frac{\Delta S}{\Delta t}=\lim_{\Delta t\to 0}\frac{S(t_0+\Delta t)-S(t_0)}{\Delta t}$$

2. 平面曲线的切线斜率

曲线 $y=f(x)$ 的图形见图 4-2,M、N 为曲线上的两点,连接点 M 和点 N 的直线 MN 称为曲线的**割线**。当点 N 沿曲线向点 M 靠近时,割线 MN 绕点 M 顺时针旋转;当点 N 与点 M 最终重合时,割线到达了极限位置 MT,直线 MT 称为曲线 $y=f(x)$ 在点 M 处的**切线**。

设点 M 的坐标为 (x_0,y_0),点 N 的坐标为 $(x_0+\Delta x,y_0+\Delta y)$,则过 M、N 两点的割

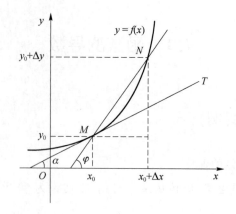

图 4-2

线斜率为

$$k_{MN} = \frac{\Delta y}{\Delta x} = \frac{f(x_0 + \Delta x) - f(x_0)}{\Delta x} = \tan \varphi$$

在点 N 沿曲线逼近点 M 的过程中，Δx 不断减小，割线的斜率逼近切线的斜率。当 $\Delta x \to 0$ 时，若极限 $\lim\limits_{\Delta x \to 0} \dfrac{\Delta y}{\Delta x}$ 存在，则该极限为曲线 $y = f(x)$ 在点 M 的切线斜率：

$$k_{MT} = \tan \alpha = \lim_{\Delta x \to 0} \frac{\Delta y}{\Delta x} = \lim_{\Delta x \to 0} \frac{f(x_0 + \Delta x) - f(x_0)}{\Delta x}$$

以上两个实例虽然实际的背景不同，但从抽象的数学关系来看，都可以归结为当自变量的变化量趋于 0 时，函数变化量与自变量变化量比值的极限求解问题，该极限称为函数的导数。

4.1.2 导数的定义

定义 4.1 设函数 $y = f(x)$ 在点 x_0 的某一邻域内有定义，当自变量在点 x_0 处有改变量 $\Delta x (x_0 + \Delta x$ 仍在该领域内) 时，函数有相应的改变量

$$\Delta y = f(x_0 + \Delta x) - f(x_0)$$

当 $\Delta x \to 0$ 时，如果极限

$$\lim_{\Delta x \to 0} \frac{\Delta y}{\Delta x} = \lim_{\Delta x \to 0} \frac{f(x_0 + \Delta x) - f(x_0)}{\Delta x}$$

存在，则称函数 $y = f(x)$ 在点 x_0 处**可导**，该极限值称为 $y = f(x)$ 在点 x_0 处的**导数**，记作 $f'(x_0)$，即

$$f'(x_0) = \lim_{\Delta x \to 0} \frac{f(x_0 + \Delta x) - f(x_0)}{\Delta x}$$

导数 $f'(x_0)$ 也可以记作 $y'|_{x=x_0}$，$\dfrac{\mathrm{d}f(x)}{\mathrm{d}x}\Big|_{x=x_0}$ 或 $\dfrac{\mathrm{d}y}{\mathrm{d}x}\Big|_{x=x_0}$。

如果上述极限不存在，则称函数 $y = f(x)$ 在 x_0 处**不可导**。

注意：$\dfrac{\Delta y}{\Delta x}$ 与导数 $\lim\limits_{\Delta x \to 0}\dfrac{\Delta y}{\Delta x}$ 不同，$\dfrac{\Delta y}{\Delta x}$ 反映的是当自变量从 x_0 变到 $x_0 + \Delta x$ 时，函数 $y =$
$f(x)$ 的平均变化率；$\lim\limits_{\Delta x \to 0}\dfrac{\Delta y}{\Delta x}$ 反映的是自变量在点 x_0 处函数 $y = f(x)$ 的瞬时变化率，简称变化率。

在前述实例 1 中，根据导数的定义，变速直线运动的物体在时刻 t_0 的瞬时速度 $v(t_0)$ 就是路程函数 $S = S(t)$ 在 t_0 处的导数，即

$$v(t_0) = \left.\frac{\mathrm{d}S}{\mathrm{d}t}\right|_{t=t_0}$$

在实例 2 中，曲线 $y = f(x)$ 在 x_0 处的斜率，就是曲线方程 $y = f(x)$ 在 x_0 处的导数，即

$$k = \left.\frac{\mathrm{d}y}{\mathrm{d}x}\right|_{x=x_0}$$

根据导数的定义，可求函数在某点的导数。

例 4-1　求函数 $y = x^2$ 在点 $x = 2$ 处的导数。

解：当 x 由 2 变到 $2 + \Delta x$ 时，函数改变量为

$$\Delta y = (2 + \Delta x)^2 - x^2 = 4\Delta x + (\Delta x)^2$$

则 $\dfrac{\Delta y}{\Delta x} = 4 + \Delta x$。

由导数的定义可得

$$y'\big|_{x=2} = \lim_{\Delta x \to 0}\frac{\Delta y}{\Delta x} = \lim_{\Delta x \to 0}(4 + \Delta x) = 4$$

如果函数 $f(x)$ 在某区间 (a,b) 内的每一点处都可导，则称 $f(x)$ 在区间 (a,b) 内可导，此时对于区间 (a,b) 内的每一点 x，都有一个导数值和它对应，这样就定义了一个新的函数，称为导函数。

定义 4.2　设函数 $y = f(x)$ 在区间 (a,b) 内可导，则对任意的 $x \in (a,b)$，都存在唯一的导数值 $f'(x)$ 与之对应，那么 $f'(x)$ 也是 x 的一个函数，称为 $f(x)$ 在区间 (a,b) 内的**导函数**，简称为**导数**，记为 $f'(x)$，y'，$\dfrac{\mathrm{d}y}{\mathrm{d}x}$，$\dfrac{\mathrm{d}f(x)}{\mathrm{d}x}$，则

$$f'(x) = \lim_{\Delta x \to 0}\frac{\Delta y}{\Delta x} = \lim_{\Delta x \to 0}\frac{f(x + \Delta x) - f(x)}{\Delta x}$$

函数 $f(x)$ 在点 x_0 处的导数 $f'(x_0)$ 是导函数 $f'(x)$ 在点 x_0 处的函数值，即

$$f'(x_0) = f'(x)\big|_{x=x_0}$$

由导数的定义可将求导的方法概括为以下 3 个步骤。

(1) 求出对应于自变量改变量 Δx 的函数改变量。

$$\Delta y = f(x + \Delta x) - f(x)$$

(2) 计算 Δy 和 Δx 的比值。

$$\frac{\Delta y}{\Delta x} = \frac{f(x + \Delta x) - f(x)}{\Delta x}$$

(3) 求 $\Delta x \to 0$ 时 $\dfrac{\Delta y}{\Delta x}$ 的极限，即函数的导数：

$$y' = f'(x) = \lim_{\Delta x \to 0} \frac{\Delta y}{\Delta x}$$

例 4-2 求线性函数 $y = ax + b$ 的导数。

解：(1) 求改变量：$\Delta y = f(x + \Delta x) - f(x) = [a(x + \Delta x) + b] - ax + b = a\Delta x$。

(2) 计算比值：$\dfrac{\Delta y}{\Delta x} = \dfrac{a\Delta x}{\Delta x} = a$。

(3) 求导数：$y' = \lim\limits_{\Delta x \to 0} \dfrac{\Delta y}{\Delta x} = \lim\limits_{\Delta x \to 0} a = a$。

所以 $y' = (ax + b)' = a$。特别地，当 $a = 0$ 时 $y' = 0$，可以得出常数的导数为零。即 $y = C$（C 为常数），则 $y' = (C)' = 0$。

例 4-3 求函数 $y = x^2$ 的导数。

解：(1) 求改变量：$\Delta y = f(x + \Delta x) - f(x) = (x + \Delta x)^2 - x^2 = 2x\Delta x + (\Delta x)^2$。

(2) 计算比值：$\dfrac{\Delta y}{\Delta x} = \dfrac{2x\Delta x + (\Delta x)^2}{\Delta x} = 2x + \Delta x$。

(3) 求导数：$f'(x) = \lim\limits_{\Delta x \to 0} \dfrac{\Delta y}{\Delta x} = \lim\limits_{\Delta x \to 0} (2x + \Delta x) = 2x$。

所以，$y' = (x^2)' = 2x$。

使用同样的方法可求，$(x^3)' = 3x^2$，$(x^4)' = 4x^3$，$\cdots$，$(x^n)' = nx^{n-1}$，可以证明对于幂函数 $y = x^a$，有 $y' = ax^{a-1}$，此即幂函数的求导公式。利用这个公式，可以方便求出幂函数的导数。例如，$y = \sqrt{x}$ 的导数为

$$y' = (\sqrt{x})' = (x^{\frac{1}{2}})' = \frac{1}{2} x^{\frac{1}{2}-1} = \frac{1}{2} x^{-\frac{1}{2}} = \frac{1}{2\sqrt{x}}$$

即

$$(\sqrt{x})' = \frac{1}{2\sqrt{x}}$$

$y = \dfrac{1}{x}$ 的导数为

$$y' = \left(\frac{1}{x}\right)' = (x^{-1})' = -1 \cdot x^{-1-1} = -x^{-2} = -\frac{1}{x^2}$$

即

$$\left(\frac{1}{x}\right)' = -\frac{1}{x^2}$$

例 4-4 求函数 $y = \sin x$ 的导数。

解：(1) 求改变量：$\Delta y = f(x + \Delta x) - f(x) = \sin(x + \Delta x) - \sin x = 2\cos\left(x + \dfrac{\Delta x}{2}\right)\sin\dfrac{\Delta x}{2}$。

(2) 计算比值：$\dfrac{\Delta y}{\Delta x} = \dfrac{2\cos\left(x + \dfrac{\Delta x}{2}\right)\sin\dfrac{\Delta x}{2}}{\Delta x} = \cos\left(x + \dfrac{\Delta x}{2}\right)\dfrac{\sin\dfrac{\Delta x}{2}}{\dfrac{\Delta x}{2}}$。

（3）求导数：

$$y' = \lim_{\Delta x \to 0} \frac{\Delta y}{\Delta x} = \lim_{\Delta x \to 0} \left[\cos\left(x + \frac{\Delta x}{2}\right) \frac{\sin \frac{\Delta x}{2}}{\frac{\Delta x}{2}} \right]$$

$$= \lim_{\Delta x \to 0} \cos\left(x + \frac{\Delta x}{2}\right) \lim_{\Delta x \to 0} \frac{\sin \frac{\Delta x}{2}}{\frac{\Delta x}{2}}$$

$$= \cos x \cdot 1 = \cos x$$

即 $(\sin x)' = \cos x$，此为**正弦函数**的求导公式。

使用同样的方法可求**余弦函数**的求导公式：$(\cos x)' = -\sin x$。

例 4-5　求对数函数 $y = \log_a x (a > 0, a \neq 1)$ 的导数。

解：（1）求改变量：

$$\Delta y = f(x + \Delta x) - f(x) = \log_a(x + \Delta x) - \log_a x = \log_a\left(\frac{x + \Delta x}{x}\right)$$

（2）计算比值：

$$\frac{\Delta y}{\Delta x} = \frac{\log_a\left(\frac{x + \Delta x}{x}\right)}{\Delta x} = \log_a\left(1 + \frac{\Delta x}{x}\right)^{\frac{1}{\Delta x}}$$

（3）求导数：

$$(\log_a x)' = \lim_{\Delta x \to 0} \frac{\Delta y}{\Delta x} = \lim_{\Delta x \to 0} \log_a\left(1 + \frac{\Delta x}{x}\right)^{\frac{1}{\Delta x}} = \lim_{\Delta x \to 0} \log_a\left[\left(1 + \frac{\Delta x}{x}\right)^{\frac{x}{\Delta x}}\right]^{\frac{1}{x}}$$

$$= \lim_{\Delta x \to 0} \frac{1}{x} \log_a\left(1 + \frac{\Delta x}{x}\right)^{\frac{x}{\Delta x}} = \frac{1}{x} \lim_{\Delta x \to 0} \log_a\left(1 + \frac{\Delta x}{x}\right)^{\frac{x}{\Delta x}}$$

$$= \frac{1}{x} \log_a \lim_{\Delta x \to 0}\left(1 + \frac{\Delta x}{x}\right)^{\frac{x}{\Delta x}} = \frac{1}{x} \log_a e$$

$$= \frac{1}{x \ln a}$$

即 $(\log_a x)' = \dfrac{1}{x \ln a}$。这就是以 a 为底的**对数函数**的导数公式。特别地，当 $a = e$ 时，$(\ln x)' = \dfrac{1}{x}$。利用这个公式，可以方便求出对数函数的导数。例如，设 $f(x) = \log_5 x$，可求 $f'(x)$ 以及 $f'(2)$，由对数函数求导公式 $(\log_a x)' = \dfrac{1}{x \ln a}$ 可得

$$f'(x) = (\log_5 x)' = \frac{1}{x \ln 5}$$

函数在某点处的导数就是导函数在该点的函数值，因此有

$$f'(2) = \frac{1}{x \ln 5}\bigg|_{x=2} = \frac{1}{2 \ln 5}$$

注意：计算已知函数在某点处的导数时，要先求出已知函数的导函数，然后再求出导函数在该点的函数值，不能先计算某点的函数值再求导，即 $f'(x_0) \neq [f(x_0)]'$。

例 4-6 求指数函数 $y = a^x (a > 0, a \neq 1)$ 的导数。

解：（1）求改变量：

$$\Delta y = f(x + \Delta x) - f(x) = a^{x + \Delta x} - a^x$$

（2）计算比值：

$$\frac{\Delta y}{\Delta x} = \frac{a^{x + \Delta x} - a^x}{\Delta x}$$

（3）求导数：

$$(a^x)' = \lim_{\Delta x \to 0} \frac{\Delta y}{\Delta x} = \lim_{\Delta x \to 0} \frac{a^{x + \Delta x} - a^x}{\Delta x} = a^x \lim_{\Delta x \to 0} \frac{a^{\Delta x} - 1}{\Delta x}$$

由例 3-12 的结论可知，$\lim\limits_{\Delta x \to 0} \dfrac{a^{\Delta x} - 1}{\Delta x} = \ln a$，因此 $(a^x)' = a^x \ln a$，此即**指数函数**的导数公式。

特别地，当 $a = e$ 时，$(e^x)' = e^x$。利用这个公式，可以方便求出指数函数的导数。例如，设 $f(x) = 10^x$，可求 $f'(1), f'(0)$，由指数函数的求导公式 $(a^x)' = a^x \ln a$ 可得

$$f'(x) = (10^x)' = 10^x \ln 10$$

所以 $f'(1) = 10 \ln 10, f'(0) = \ln 10$。

对于分段函数，在求其分段点处的导数时，分段点处的左、右极限要分别求解。

例 4-7 求函数

$$y = \begin{cases} \sin x, & x < 0 \\ x, & x \geq 0 \end{cases}$$

在 $x = 0$ 处的导数。

解： 在 $x = 0$ 处，当自变量的改变量为 Δx 时，函数的改变量为

$$\Delta y = f(0 + \Delta x) - f(0) = \begin{cases} \sin \Delta x, & \Delta x < 0 \\ \Delta x, & \Delta x > 0 \end{cases}$$

比值为

$$\frac{\Delta y}{\Delta x} = \begin{cases} \dfrac{\sin \Delta x}{\Delta x}, & \Delta x < 0 \\ 1, & \Delta x > 0 \end{cases}$$

则 $x = 0$ 处函数的左极限为

$$\lim_{\Delta x \to 0^-} \frac{\Delta y}{\Delta x} = \lim_{\Delta x \to 0^-} \frac{\sin \Delta x}{\Delta x} = 1$$

右极限为

$$\lim_{\Delta x \to 0^+} \frac{\Delta y}{\Delta x} = \lim_{\Delta x \to 0^+} 1 = 1$$

因为

$$\lim_{\Delta x \to 0^-} \frac{\Delta y}{\Delta x} = \lim_{\Delta x \to 0^+} \frac{\Delta y}{\Delta x} = 1$$

所以

$$\lim_{\Delta x \to 0} \frac{\Delta y}{\Delta x} = 1$$

即

$$f'(0) = 1$$

4.1.3　导数的几何意义

由前面实例 2 的讨论可知,函数 $y=f(x)$ 在 x_0 处的导数就是曲线在点 $M(x_0,y_0)$ 处切线的斜率。

$$f'(x_0)=\tan\alpha$$

这就是函数导数的几何意义。其中 α 是切线的倾角,见图 4-3。

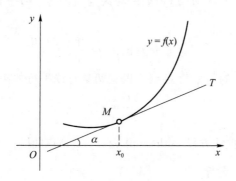

图 4-3

根据直线的点斜式方程,可知曲线 $y=f(x)$ 在点 $M(x_0,y_0)$ 处的切线方程为

$$y-y_0=f'(x_0)(x-x_0)$$

如果 $\lim\limits_{\Delta x\to 0}\dfrac{\Delta y}{\Delta x}=\infty$,即函数 $y=f(x)$ 在 x_0 处的导数无穷大,则函数 $y=f(x)$ 在 x_0 点不可导,但是曲线在点 (x_0,y_0) 处仍然有竖直切线,切线方程为 $x=x_0$。

过点 $M(x_0,y_0)$ 且与切线垂直的直线称为曲线 $y=f(x)$ 在点 $M(x_0,y_0)$ 处的法线,如果 $f'(x_0)\neq 0$,则法线的斜率为 $-\dfrac{1}{f'(x_0)}$,法线方程为

$$y-y_0=-\frac{1}{f'(x_0)}(x-x_0)$$

例 4-8　求曲线 $f(x)=x^2$ 在点 $(-1,1)$ 处的切线斜率,并写出该点处的切线方程和法线方程。

解:由例 4-2 可知 $f'(x)=2x,f'(-1)=-2$。

根据导数的几何意义可知,曲线 $f(x)=x^2$ 在点 $(-1,1)$ 处的切线斜率为

$$k=f'(-1)=-2$$

由 $y-y_0=f'(x_0)(x-x_0)$ 可得曲线 $f(x)=x^2$ 在点 $(-1,1)$ 处的切线方程为

$$y-1=-2[x-(-1)]$$

即

$$y+2x+1=0。$$

曲线 $f(x)=x^2$ 在点 $(-1,1)$ 处的法线斜率为

$$k_1=-\frac{1}{k}=-\frac{1}{f'(-1)}=\frac{1}{2}$$

由 $y-y_0=-\dfrac{1}{f'(x_0)}(x-x_0)$，可得曲线 $f(x)=x^2$ 在点$(-1,1)$处的法线方程为

$$y-1=\frac{1}{2}\big[x-(-1)\big]$$

即

$$2y-x-3=0$$

例 4-9 曲线 $y=\ln x$ 上哪一点的切线与直线 $y=\mathrm{e}x-1$ 平行？

解：设曲线 $y=\ln x$ 上点 $M(x,y)$ 处的切线与直线 $y=\mathrm{e}x-1$ 平行，由导数的几何意义可知，所求切线的斜率为

$$y'=(\ln x)'=\frac{1}{x}$$

因为已知直线 $y=\mathrm{e}x-1$ 的斜率为 $k=\mathrm{e}$。根据两条直线平行的条件可知

$$\frac{1}{x}=\mathrm{e}$$

即 $x=\dfrac{1}{\mathrm{e}}$。将 $x=\dfrac{1}{\mathrm{e}}$ 代入曲线方程 $y=\ln x$，得 $y=-1$。所以曲线 $y=\ln x$ 在点 $M\left(\dfrac{1}{\mathrm{e}},-1\right)$ 处的切线与直线 $y=\mathrm{e}x-1$ 平行。

4.1.4 可导和连续的关系

定理 4.1 如果函数 $y=f(x)$ 在点 x 处可导，则函数 $y=f(x)$ 在点 x 处必连续。

证明：设自变量在点 x 处取得改变量 Δx，相应的函数取得改变量

$$\Delta y=f(x+\Delta x)-f(x)$$

由定理条件 $y=f(x)$ 在点 x 处可导，即 $f'(x)$ 存在，则有

$$\lim_{\Delta x\to 0}\Delta y=\lim_{\Delta x\to 0}\left(\frac{\Delta y}{\Delta x}\cdot \Delta x\right)=\lim_{\Delta x\to 0}\frac{\Delta y}{\Delta x}\cdot \lim_{\Delta x\to 0}\Delta x=f'(x)\cdot 0=0$$

即函数 $y=f(x)$ 在点 x 处连续，定理 4.1 得证。

注意：定理 4.1 的逆定理不成立，即函数 $y=f(x)$ 在点 x 处连续，但函数在点 x 处不一定可导。

例 4-10 证明函数 $y=|x|$ 在点 $x=0$ 处连续，但不可导。

证明：自变量在点 $x=0$ 处取得改变量 Δx，则

$$\Delta y=|0+\Delta x|-0=|\Delta x|$$
$$\lim_{\Delta x\to 0}\Delta y=\lim_{\Delta x\to 0}|\Delta x|=0$$

函数 $y=|x|$ 在点 $x=0$ 处连续。

$$\frac{\Delta y}{\Delta x}=\frac{|\Delta x|}{\Delta x}$$

右极限：

$$\lim_{\Delta x\to 0^+}\frac{\Delta y}{\Delta x}=\lim_{\Delta x\to 0^+}\frac{|\Delta x|}{\Delta x}=\lim_{\Delta x\to 0^+}\frac{\Delta x}{\Delta x}=1$$

左极限：

$$\lim_{\Delta x \to 0^-} \frac{\Delta y}{\Delta x} = \lim_{\Delta x \to 0^-} \frac{|\Delta x|}{\Delta x} = \lim_{\Delta x \to 0^-} \frac{-\Delta x}{\Delta x} = -1$$

因为左、右极限不相等,所以 $\lim\limits_{\Delta x \to 0} \dfrac{\Delta y}{\Delta x}$ 不存在,即 $y = |x|$ 在 $x = 0$ 处不可导。这点由导数的几何意义也可以看出,函数 $y = |x|$ 的图形见图 4-4,曲线 $y = |x|$ 在原点 O 没有切线,在 $x = 0$ 处不可导。

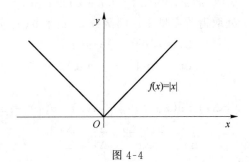

图 4-4

因此,函数在一点连续是函数在该点可导的必要条件,而不是充分条件。

练习 4.1

1. 设函数 $f(x) = \cos x$,利用导数定义求 $f'(x)$,并求 $f'\left(\dfrac{\pi}{6}\right)$ 和 $f'\left(\dfrac{\pi}{3}\right)$。

2. 利用导数的定义,求下列函数的导数:

(1) $f(x) = 3x + 2$;

(2) $f(x) = \dfrac{1}{x}$;

(3) $f(x) = 1 - 2x^2$。

3. 设函数 $f(x) = 2^x$,求 $f'(x)$ 和 $f'(2)$。

4. 利用基本初等函数的求导公式,求下列函数的导数:

(1) $f(x) = 8$;　　　　(2) $f(x) = x^6$;　　　　(3) $f(x) = \lg x$。

5. 求曲线 $y = \dfrac{1}{\sqrt{x}}$ 在点 $(1,1)$ 处的切线方程和法线方程。

4.2　函数的求导法则

在 4.1 节中给出了由导数的定义求函数导数的方法,并从导数的定义出发得到了一些基本导数公式。求解简单初等函数导数时,使用这些导数公式会十分方便,但是对于一些复杂函数的导数,仍无法直接求解。但如果直接从导数的定义出发求解复杂函数的导数,将会很烦琐,为此本节引入一些求导的法则,以简化求导的过程。

4.2.1　函数和、差的求导法则

定理 4.2　设函数 $u(x)$，$v(x)$ 均在点 x 处可导，则 $y=u(x)\pm v(x)$ 在点 x 处也可导，且有

$$y'=[u(x)\pm v(x)]'=u'(x)\pm v'(x)$$

证明：设自变量在 x 处取得改变量 Δx，则函数 $u(x)$ 和 $v(x)$ 分别取得改变量

$$\Delta u=u(x+\Delta x)-u(x)$$

$$\Delta v=v(x+\Delta x)-v(x)$$

则函数 y 的改变量为

$$\Delta y=[u(x+\Delta x)\pm v(x+\Delta x)]-[u(x)\pm v(x)]=\Delta u\pm\Delta v$$

$$\frac{\Delta y}{\Delta x}=\frac{\Delta u\pm\Delta v}{\Delta x}=\frac{\Delta u}{\Delta x}\pm\frac{\Delta v}{\Delta x}$$

利用导数的定义，

$$y'=\lim_{\Delta x\to 0}\left(\frac{\Delta u}{\Delta x}\pm\frac{\Delta v}{\Delta x}\right)=\lim_{\Delta x\to 0}\left(\frac{\Delta u}{\Delta x}\right)\pm\lim_{\Delta x\to 0}\left(\frac{\Delta v}{\Delta x}\right)=u'(x)\pm v'(x)$$

即

$$y'=[u(x)\pm v(x)]'=u'(x)\pm v'(x)$$

定理得证。

定理 4.2 表明，函数和、差的导数等于各函数导数的和、差。这个结论可以推广到有限多个可导函数和、差的情形，即

$$(u_1\pm u_2\pm\cdots\pm u_n)=u'_1\pm u'_2\pm\cdots\pm u'_n$$

例 4-11　求函数 $y=x^3-5$ 的导数。

解：根据定理 4.2 有

$$y'=(x^3-5)'=(x^3)'-(5)'$$

由于 5 为常数，由例 4-2 可知 $(5)'=0$，再根据幂函数的导数公式，可得

$$y'=(x^3)'-0=3x^2$$

例 4-12　求函数 $y=\sin x+x^3$ 的导数。

解：根据定理 4.2 有

$$y'=(\sin x+x^3)'=(\sin x)'+(x^3)'$$

根据正弦函数和幂函数的导数公式，可得

$$y'=\cos x+3x^2$$

例 4-13　求函数 $y=x^5-\sqrt[3]{x}+\ln x+\ln 3$ 的导数。

解：根据定理 4.2 有

$$y'=(x^5-\sqrt[3]{x}+\ln x+\ln 3)'=(x^5)'-(\sqrt[3]{x})'+(\ln x)'+(\ln 3)'$$

其中 $\ln 3$ 为常数，所以 $(\ln 3)'=0$。根据幂函数和对数函数的导数公式，可得

$$y'=5x^4-\frac{1}{3}x^{-2/3}+\frac{1}{x}$$

例 4-14　求曲线 $y=\dfrac{1}{x}-x$ 在点 $A(1,0)$ 处的切线方程和法线方程。

解：由于

$$y'=\left(\dfrac{1}{x}-x\right)'=\left(\dfrac{1}{x}\right)'-(x)'=-\dfrac{1}{x^2}-1$$

根据导数的几何意义可知，曲线在点 $A(1,0)$ 处切线的斜率为

$$k=y'\big|_{x=1}=\left(-\dfrac{1}{x^2}-1\right)\bigg|_{x=1}=-2$$

则切线方程为

$$y-0=-2(x-1)$$

即

$$y+2x-2=0$$

点 $A(1,0)$ 处的法线斜率为

$$k'=-\dfrac{1}{k}=\dfrac{1}{2}$$

法线方程为

$$y=\dfrac{1}{2}(x-1)$$

即

$$2y-x+1=0$$

4.2.2　函数积的求导法则

定理 4.3　设函数 $u(x),v(x)$ 均在点 x 处可导，则 $y=u(x)v(x)$ 在点 x 处也可导，且有

$$y'=[u(x)\cdot v(x)]'=u'(x)v(x)+u(x)v'(x)$$

证明：设自变量在 x 处取得改变量 Δx，则函数 $u(x)$ 和 $v(x)$ 分别取得改变量

$$\Delta u=u(x+\Delta x)-u(x)$$
$$\Delta v=v(x+\Delta x)-v(x)$$

则

$$\begin{aligned}\Delta y&=u(x+\Delta x)v(x+\Delta x)-u(x)v(x)\\&=[u(x)+\Delta u][v(x)+\Delta v]-u(x)v(x)\\&=v(x)\Delta u+u(x)\Delta v+\Delta u\Delta v\end{aligned}$$

$$\dfrac{\Delta y}{\Delta x}=\dfrac{v(x)\Delta u+u(x)\Delta v+\Delta u\Delta v}{\Delta x}=v(x)\dfrac{\Delta u}{\Delta x}+u(x)\dfrac{\Delta v}{\Delta x}+\Delta u\dfrac{\Delta v}{\Delta x}$$

利用导数的定义，得

$$y'=[u(x)v(x)]'=\lim_{\Delta x\to0}\dfrac{\Delta y}{\Delta x}=\lim_{\Delta x\to0}\left[v(x)\dfrac{\Delta u}{\Delta x}+u(x)\dfrac{\Delta v}{\Delta x}+\Delta u\dfrac{\Delta v}{\Delta x}\right]$$

$$=v(x)\lim_{\Delta x\to0}\dfrac{\Delta u}{\Delta x}+u(x)\lim_{\Delta x\to0}\dfrac{\Delta v}{\Delta x}+\lim_{\Delta x\to0}\left[\Delta u\dfrac{\Delta v}{\Delta x}\right]$$

$$=v(x)u'(x)+u(x)v'(x)+\lim_{\Delta x \to 0}\left[\Delta u \frac{\Delta v}{\Delta x}\right] \qquad (4\text{-}1)$$

由 $u(x)$ 在 x 处可导可知，$u(x)$ 在 x 处连续，即有 $\lim\limits_{\Delta x \to 0}\Delta u=0$，式(4-1)中的第三项为 0，则可得

$$[u(x)v(x)]'=u'(x)v(x)+u(x)v'(x)$$

由定理 4.3 可得：

① 当 $v(x)\equiv c$（c 为常数）时，则

$$[cu(x)]'=cu'(x)$$

即常数因子可以移到导数符号的外面。

② 此定理可以推广到有限个函数积的导数情形，即

$$[u(x)v(x)w(x)]'=u'(x)v(x)w(x)+u(x)v'(x)w(x)+u(x)v(x)w'(x)$$

例 4-15 求函数 $y=x\ln x$ 的导数。

解：根据定理 4.3 有

$$y'=(x\ln x)'=(x)'\ln x+x(\ln x)'=\ln x+x\,\frac{1}{x}=\ln x+1$$

例 4-16 求函数 $y=(1+2x)(3x^3-2x^2)$ 的导数。

解：根据定理 4.2 和 4.3 有

$$\begin{aligned}
y'&=[(1+2x)(3x^3-2x^2)]'\\
&=(1+2x)'(3x^3-2x^2)+(1+2x)(3x^3-2x^2)'\\
&=[1'+(2x)'](3x^3-2x^2)+(1+2x)[(3x^3)'-(2x^2)']\\
&=[0+2(x)'](3x^3-2x^2)+(1+2x)[3(x^3)'-2(x^2)']\\
&=2(3x^3-2x^2)+(1+2x)(9x^2-4x)\\
&=24x^3-3x^2-4x
\end{aligned}$$

例 4-17 求函数 $y=x^3\ln x\sin x$ 的导数。

解：定理 4.3 可以推广到 3 个函数乘积的情况。

$$\begin{aligned}
y'&=(x^3\ln x\sin x)'\\
&=(x^3)'\ln x\sin x+x^3(\ln x)'\sin x+x^3\ln x(\sin x)'\\
&=3x^2\ln x\sin x+x^3\,\frac{1}{x}\sin x+x^3\ln x\cos x\\
&=x^2(3\ln x\sin x+\sin x+x\ln x\cos x)
\end{aligned}$$

4.2.3　函数商的求导法则

定理 4.4 设函数 $u(x),v(x)$ 均在点 x 处可导，且 $v(x)\neq 0$，则 $y=\dfrac{u(x)}{v(x)}$ 在点 x 处也可导，且有

$$\left[\frac{u(x)}{v(x)}\right]'=\frac{u'(x)v(x)-u(x)v'(x)}{v^2(x)}$$

证明：设自变量 x 的改变量为 Δx，函数 $u(x)$，$v(x)$ 和 $y=\dfrac{u(x)}{v(x)}$ 相应地也有改变量 Δu、Δv 和 Δy，而

$$\Delta u = u(x+\Delta x)-u(x)$$
$$\Delta v = v(x+\Delta x)-v(x)$$

所以

$$u(x+\Delta x)=u(x)+\Delta u$$
$$v(x+\Delta x)=v(x)+\Delta v$$

因此

$$\Delta y = \frac{u(x+\Delta x)}{v(x+\Delta x)}-\frac{u(x)}{v(x)}=\frac{u(x)+\Delta u}{v(x)+\Delta v}-\frac{u(x)}{v(x)}$$
$$=\frac{[u(x)+\Delta u]v(x)-u(x)[v(x)+\Delta v]}{v(x)[v(x)+\Delta v]}$$
$$=\frac{\Delta u v(x)-u(x)\Delta v}{v(x)[v(x)+\Delta v]}$$

于是

$$\frac{\Delta y}{\Delta x}=\frac{\dfrac{\Delta u}{\Delta x}v(x)-u(x)\dfrac{\Delta v}{\Delta x}}{v(x)[v(x)+\Delta v]}$$

从而

$$\lim_{\Delta x\to 0}\frac{\Delta y}{\Delta x}=\lim_{\Delta x\to 0}\frac{\dfrac{\Delta u}{\Delta x}v(x)-u(x)\dfrac{\Delta v}{\Delta x}}{v(x)[v(x)+\Delta v]}$$

由于函数 $u(x)$，$v(x)$ 在点 x 处可导，即

$$\lim_{\Delta x\to 0}\frac{\Delta u}{\Delta x}=u'(x)$$
$$\lim_{\Delta x\to 0}\frac{\Delta v}{\Delta x}=v'(x)$$

又由于在点 x 处可导的函数 $v(x)$ 在该点处连续，即

$$\lim_{\Delta x\to 0}\Delta v=0$$

因此

$$\lim_{\Delta x\to 0}\frac{\Delta y}{\Delta x}=\frac{\left(\lim\limits_{\Delta x\to 0}\dfrac{\Delta u}{\Delta x}\right)v(x)-u(x)\left(\lim\limits_{\Delta x\to 0}\dfrac{\Delta v}{\Delta x}\right)}{v(x)[v(x)+\lim\limits_{\Delta x\to 0}\Delta v]}=\frac{u'(x)v(x)-u(x)v'(x)}{v^2(x)}$$

于是有

$$y'=\left[\frac{u(x)}{v(x)}\right]'=\frac{u'(x)v(x)-u(x)v'(x)}{v^2(x)}$$

定理 4.4 表明：两个函数商的导数等于分子的导数乘以分母减去分子乘以分母的导数，再除以分母的平方。

特别地，当 $u(x)\equiv 1$ 时，有

$$\left[\frac{1}{v(x)}\right]'=-\frac{v'(x)}{v^2(x)}$$

例 4-18 求函数 $y=\dfrac{x+1}{x-1}$ 的导数。

解：根据定理 4.4 有

$$y'=\left(\frac{x+1}{x-1}\right)'=\frac{(x+1)'(x-1)-(x+1)(x-1)'}{(x-1)^2}$$

$$=\frac{(x-1)-(x+1)}{(x-1)^2}=-\frac{2}{(x-1)^2}$$

例 4-19 求函数 $y=\tan x$ 的导数。

解：根据定理 4.4 有

$$y'=(\tan x)'=\left(\frac{\sin x}{\cos x}\right)'=\frac{(\sin x)'\cos x-\sin x\,(\cos x)'}{\cos^2 x}$$

$$=\frac{\cos^2 x+\sin^2 x}{\cos^2 x}=\frac{1}{\cos^2 x}=\sec^2 x$$

即

$$(\tan x)'=\sec^2 x$$

这就是**正切函数**的导数公式。

同理可得**余切函数**的导数公式：$(\cot x)'=-\csc^2 x$。

例 4-20 求函数 $y=\sec x$ 的导数。

解：根据定理 4.4 有

$$y'=(\sec x)'=\left(\frac{1}{\cos x}\right)'=-\frac{(\cos x)'}{\cos^2 x}=\frac{\sin x}{\cos^2 x}=\sec x\tan x$$

这就是**正割函数**的导数公式。

同理可得**余割函数**的导数公式：$(\csc x)'=-\csc x\cot x$。

上面讲了导数的四则运算法则，在实际求函数的导数时，要将这些法则结合起来使用。

例 4-21 求函数 $y=\dfrac{x\sin x}{1+\cos x}$ 的导数。

解：先用商的求导法则：

$$y'=\left(\frac{x\sin x}{1+\cos x}\right)'=\frac{(x\sin x)'(1+\cos x)-(1+\cos x)'x\sin x}{(1+\cos x)^2}$$

在计算 $(x\sin x)'$ 时用积的求导法则，计算 $(1+\cos x)'$ 时用和、差的求导法则，得

$$y'=\frac{(x\sin x)'(1+\cos x)-(1+\cos x)'x\sin x}{(1+\cos x)^2}$$

$$=\frac{[(x)'\sin x+x(\sin x)'](1+\cos x)-[(1)'+(\cos x)']x\sin x}{(1+\cos x)^2}$$

$$=\frac{(\sin x+x\cos x)(1+\cos x)-x\sin x(-\sin x)}{(1+\cos x)^2}$$

$$=\frac{\sin x(1+\cos x)+x(\cos x+1)}{(1+\cos x)^2}$$

$$=\frac{\sin x+x}{1+\cos x}$$

练习 4.2

利用导数的四则运算法则,求下列函数的导数:

(1) $f(x) = x^3 + x^2 - 6$;

(2) $f(x) = \ln x + \mathrm{e}^x$;

(3) $f(x) = \cos x + 2^x + 6$;

(4) $f(x) = 2x^3 - 3x^2 + 4x + 7$;

(5) $f(x) = 3x^4 - 4^{2x} + 2\mathrm{e}^x$;

(6) $f(x) = 3\mathrm{e}^x \cos x$;

(7) $f(x) = (2 - 3x)(5 - 6x^2)$;

(8) $f(x) = \dfrac{\ln x}{x}$;

(9) $f(x) = \dfrac{\sin x}{x}$;

(10) $f(x) = \dfrac{x^2 - x + 2}{x + 3}$。

4.3　反函数和复合函数的求导法则

4.3.1　反函数的求导法则

前面已经得到了常数、幂函数、对数函数和三角函数的导数公式,下面将用反函数求导的一般定理来推导反三角函数和指数函数的导数公式。

首先来证明反函数求导的一般定理。

定理 4.5　设函数 $y = f(x)$ 在区间 (a, b) 内为单调函数,并且在这个区间内有导数 $f'(x) \neq 0$,则反函数 $x = \varphi(y)$ 在对应区间 (c, d) 内也有导数,并且

$$\varphi'(y) = \frac{1}{f'(x)}$$

证明:因为 $y = f(x)$ 在区间 (a, b) 内单调可导,则它在区间 (a, b) 内一定是单调连续的。因此其反函数 $x = \varphi(y)$ 在区间 (c, d) 内也是单调连续的。

反函数 $x = \varphi(y)$ 的自变量的改变量为 $\Delta y \neq 0$,相应地,x 的改变量为 $\Delta x \neq 0$,因而有

$$\frac{\Delta x}{\Delta y} = \frac{1}{\dfrac{\Delta y}{\Delta x}}$$

由于 $x = \varphi(y)$ 在区间 (c, d) 内连续,因此当 $\Delta y \to 0$ 时,必有 $\Delta x \to 0$。

因 $y = f(x)$ 在区间 (a, b) 内的导数 $f'(x) \neq 0$,所以

$$\lim_{\Delta x \to 0} \frac{\Delta x}{\Delta y} = \frac{1}{\lim\limits_{\Delta x \to 0} \dfrac{\Delta y}{\Delta x}}$$

即

$$\varphi'(y) = \frac{1}{f'(x)}$$

即反函数的导数等于直接函数导数的倒数。

利用定理 4.5 可求反三角函数和指数函数的导数公式。

例 4-22 求反正弦函数 $y = \arcsin x (-1 < x < 1)$ 的导数。

解：$y = \arcsin x (-1 < x < 1)$ 是 $x = \sin y \left(-\dfrac{\pi}{2} < y < \dfrac{\pi}{2}\right)$ 的反函数，且 $x = \sin y$ 在 $-\dfrac{\pi}{2} < y < \dfrac{\pi}{2}$ 内单调可导，又

$$x'_y = (\sin y)' = \cos y > 0$$

根据定理 4.5 可知，导数 y'_x 也存在，并且为

$$y'_x = \frac{1}{x'_y} = \frac{1}{\cos y}$$

而 $\cos y = \sqrt{1 - \sin^2 y} = \sqrt{1 - x^2}$（因为 $\cos y > 0$，故取正），所以

$$y'_x = \frac{1}{\sqrt{1 - x^2}}$$

即**反正弦函数**的导数公式为 $(\arcsin x)' = \dfrac{1}{\sqrt{1 - x^2}}$

类似地，可以得到**反余弦函数** $y = \arccos x (-1 < x < 1)$ 的导数公式：

$$(\arccos x)' = -\frac{1}{\sqrt{1 - x^2}}$$

例 4-23 求反正切函数 $y = \arctan x (-\infty < x < \infty)$ 的导数。

解：$y = \arctan x (-\infty < x < \infty)$ 是 $x = \tan y \left(-\dfrac{\pi}{2} < y < \dfrac{\pi}{2}\right)$ 的反函数，且 $x = \tan y$ 在 $-\dfrac{\pi}{2} < y < \dfrac{\pi}{2}$ 内单调可导，又

$$x'_y = (\tan y)' = \sec^2 y \neq 0$$

根据定理 4.5 可知，导数 y'_x 也存在，并且为

$$y'_x = \frac{1}{x'_y} = \frac{1}{\sec^2 y} = \frac{1}{1 + \tan^2 y} = \frac{1}{1 + x^2}$$

即**反正切函数**的导数公式为

$$(\arctan x)' = \frac{1}{1 + x^2}$$

类似地，可以得到**反余切函数**的导数公式：

$$(\text{arccot } x)' = -\frac{1}{1 + x^2}$$

例 4-24 求指数函数 $y = a^x (a > 0, a \neq 0)$ 的导数。

解：$y = a^x$ 是 $x = \log_a y (y > 0)$ 的反函数，且函数 $x = \log_a y$ 在 $0 < y < +\infty$ 内单调可导，又

$$x'_y = (\log_a y)' = \frac{1}{y \ln a} \neq 0$$

根据定理 4.5 可知，导数 y'_x 也存在，并且为

$$y'_x = \frac{1}{x'_y} = \frac{1}{\dfrac{1}{y\ln a}} = y\ln a = a^x\ln a$$

所以

$$(a^x)' = a^x\ln a$$

特别地,当 $a = \mathrm{e}$ 时,$(\mathrm{e}^x)' = \mathrm{e}^x$。这与例 4-6 得到的指数函数的导数公式相同。

例 4-25　求 $y = \mathrm{e}^{-x}$ 的导数。

解：因为

$$y = \mathrm{e}^{-x} = \frac{1}{\mathrm{e}^x}$$

所以

$$y' = \left(\frac{1}{\mathrm{e}^x}\right)' = -\frac{(\mathrm{e}^x)'}{\mathrm{e}^{2x}} = -\frac{\mathrm{e}^x}{\mathrm{e}^{2x}} = -\frac{1}{\mathrm{e}^x} = -\mathrm{e}^{-x}$$

例 4-26　求双曲正弦函数 $y = \sinh x$ 的导数。

解：因为

$$\sinh x = \frac{\mathrm{e}^x - \mathrm{e}^{-x}}{2}$$

所以

$$y' = (\sinh x)' = \left(\frac{\mathrm{e}^x - \mathrm{e}^{-x}}{2}\right)' = \frac{1}{2}(\mathrm{e}^x)' - \frac{1}{2}(\mathrm{e}^{-x})' = \frac{1}{2}(\mathrm{e}^x + \mathrm{e}^{-x}) = \cosh x$$

即**双曲正弦函数**的导数公式为

$$(\sinh x)' = \cosh x$$

类似地,可以得到**双曲余弦函数**的导数公式：

$$(\cosh x)' = \sinh x$$

而因为双曲正切函数为

$$\tanh x = \frac{\sinh x}{\cosh x}$$

所以双曲正切函数的导数公式为

$$(\tanh x)' = \left(\frac{\sinh x}{\cosh x}\right)' = \frac{(\sinh x)'\cosh x - \sinh x(\cosh x)'}{(\cosh x)^2} = \frac{\cosh^2 x - \sinh^2 x}{\cosh^2 x} = \frac{1}{\cosh^2 x}$$

即

$$(\tanh x)' = \frac{1}{\cosh^2 x}$$

至此,已经得到了所有基本初等函数的导数公式,为了使用方便,将基本初等函数的导数公式归纳如下。

常用的基本初等函数的导数公式如下：

(1) $(C)' = 0$(C 为常数)；

(2) $(x^a)' = ax^{a-1}$(a 为实数)；

(3) $(a^x)' = a^x \ln a (a > 0$ 且 $a \neq 1)$;

(4) $(e^x)' = e^x$;

(5) $(\log_a x)' = \dfrac{1}{x \ln a} (a > 0$ 且 $a \neq 1)$;

(6) $(\ln x)' = \dfrac{1}{x}$;

(7) $(\sin x)' = \cos x$;

(8) $(\cos x)' = -\sin x$;

(9) $(\tan x)' = \sec^2 x$;

(10) $(\cot x)' = -\csc^2 x$;

(11) $(\sec x)' = \sec x \tan x$;

(12) $(\csc x)' = -\csc x \cot x$;

(13) $(\arcsin x)' = \dfrac{1}{\sqrt{1-x^2}}$;

(14) $(\arccos x)' = -\dfrac{1}{\sqrt{1-x^2}}$;

(15) $(\arctan x)' = \dfrac{1}{1+x^2}$;

(16) $(\operatorname{arccot} x)' = -\dfrac{1}{1+x^2}$;

(17) $(\sinh x)' = \cosh x$;

(18) $(\cosh x)' = \sinh x$;

(18) $(\tanh x)' = \dfrac{1}{\cosh^2 x}$。

以上导数基本公式必须熟练掌握,并能熟练应用。可用导数基本公式计算如下例题。

例 4-27 求函数 $y = e^x \tan x$ 的导数。

解:
$$
\begin{aligned}
y' &= (e^x \tan x)' \\
&= (e^x)' \tan x + e^x (\tan x)' \\
&= e^x \tan x + e^x \sec^2 x \\
&= e^x (\tan x + \sec^2 x)
\end{aligned}
$$

例 4-28 求函数 $y = e^x (\sin x + \cos x)$ 的导数。

解:
$$
\begin{aligned}
y' &= (e^x (\sin x + \cos x))' \\
&= (e^x)' (\sin x + \cos x) + e^x (\sin x + \cos x)' \\
&= e^x (\sin x + \cos x) + e^x (\cos x - \sin x)' \\
&= 2 e^x \cos x
\end{aligned}
$$

例 4-29　求函数 $y=(1+x^2)\arctan x$ 的导数。

解：
$$y'=[(1+x^2)\arctan x]'$$
$$=(1+x^2)'\arctan x+(1+x^2)(\arctan x)'$$
$$=2x\arctan x+(1+x^2)\frac{1}{1+x^2}$$
$$=2x\arctan x+1$$

4.3.2　复合函数的求导法则

前面介绍了基本初等函数的导数公式，以及求导的四则运算法则，但是对于函数 $y=\sin x^2$，$y=\mathrm{e}^{2x}$ 等复合函数，直接套用导数基本公式求它们的导数是不行的。

例如，求 $y=\mathrm{e}^{2x}$ 的导数时，由初等函数的导数公式 $(\mathrm{e}^x)'=\mathrm{e}^x$ 可得 $(\mathrm{e}^{2x})'=\mathrm{e}^{2x}$，这是否正确呢？根据指数运算公式 $\mathrm{e}^{2x}=\mathrm{e}^x\mathrm{e}^x$，利用函数乘积的求导法则可得
$$(\mathrm{e}^{2x})'=(\mathrm{e}^x\mathrm{e}^x)'=(\mathrm{e}^x)'\mathrm{e}^x+\mathrm{e}^x(\mathrm{e}^x)'=\mathrm{e}^x\mathrm{e}^x+\mathrm{e}^x\mathrm{e}^x=2\mathrm{e}^{2x}$$
显然 $(\mathrm{e}^{2x})'=2\mathrm{e}^{2x}\neq\mathrm{e}^{2x}$。其原因就在于 $y=\mathrm{e}^{2x}$ 是复合函数，不能套用导数公式直接求导。本节介绍复合函数的求导法则。

定理 4.6　如果函数 $u=\varphi(x)$ 在 x 点处可导，函数 $y=f(u)$ 在相应的点 $u=\varphi(x)$ 处可导，则复合函数 $y=f[\varphi(x)]$ 在 x 点处可导，且
$$\frac{\mathrm{d}y}{\mathrm{d}x}=\frac{\mathrm{d}y}{\mathrm{d}u}\frac{\mathrm{d}u}{\mathrm{d}x}$$
$$f'(x)=f'(u)\varphi'(x)$$

该定理说明，复合函数对自变量的导数等于复合函数对中间变量的导数乘以中间变量对自变量的导数。

证明：设自变量取得改变量 Δx，则函数 u 取得相应的改变量 Δu，函数 y 取得相应的改变量 Δy。
$$\Delta u=\varphi(x+\Delta x)-\varphi(x)$$
$$\Delta y=f(u+\Delta u)-f(u)$$

由函数 $u=\varphi(x)$ 在 x 点处可导，有 $\lim\limits_{\Delta x\to 0}\dfrac{\Delta u}{\Delta x}=\varphi'(x)$；由函数 $y=f(u)$ 在相应的 $u=\varphi(x)$ 点可导，有 $\lim\limits_{\Delta u\to 0}\dfrac{\Delta y}{\Delta u}=f'(u)$；

当 $\Delta u\neq 0$ 时，有
$$\frac{\Delta y}{\Delta x}=\frac{\Delta y}{\Delta u}\frac{\Delta u}{\Delta x}$$
$$\lim_{\Delta x\to 0}\frac{\Delta y}{\Delta x}=\lim_{\Delta x\to 0}\left(\frac{\Delta y}{\Delta u}\frac{\Delta u}{\Delta x}\right)=\lim_{\Delta x\to 0}\frac{\Delta y}{\Delta u}\lim_{\Delta x\to 0}\frac{\Delta u}{\Delta x}$$
因为 $u=\varphi(x)$ 在 x 处连续（因为可导必连续），所以当 $\Delta x\to 0$ 时，$\Delta u\to 0$，则有
$$\lim_{\Delta x\to 0}\frac{\Delta y}{\Delta x}=\lim_{\Delta u\to 0}\frac{\Delta y}{\Delta u}\lim_{\Delta x\to 0}\frac{\Delta u}{\Delta x}=f'(u)\varphi'(x)$$

即可得

$$f'(x) = f'(u)\varphi'(x) \tag{4-2}$$

可以证明当 $\Delta u = 0$ 时式(4-2)仍然成立。

例 4-30 求复合函数 $y = \sin x^2$ 的导数。

解：设 $y = \sin u, u = x^2$，则

$$y'(x) = (\sin u)'(x^2)' = \cos u \cdot 2x = 2x\cos x^2$$

例 4-31 求函数 $y = \ln\sin x$ 的导数。

解：设 $y = \ln u, u = \sin x$，则

$$y'(x) = y'(u)u'(x) = (\ln u)'(\sin x)' = \frac{1}{u}\cos x = \frac{\cos x}{\sin x}$$

例 4-32 求函数 $y = e^{\sqrt{x}}$ 的导数。

解：设 $y = e^u, u = \sqrt{x}$，则

$$y'(x) = y'(u)\varphi'(x) = (e^u)'(\sqrt{x})' = e^u \frac{1}{2\sqrt{x}} = \frac{e^{\sqrt{x}}}{2\sqrt{x}}$$

注意：定理的结论可以推广到有限个函数构成的复合函数，如果可导函数 $y = f(u)$，$u = g(v), v = \varphi(x)$ 构成复合函数 $y = f\{g[\varphi(x)]\}$，则

$$\frac{\mathrm{d}y}{\mathrm{d}x} = \frac{\mathrm{d}y}{\mathrm{d}u}\frac{\mathrm{d}u}{\mathrm{d}v}\frac{\mathrm{d}v}{\mathrm{d}x}$$

$$f'(x) = f'(u)g'(v)\varphi'(x)$$

例 4-33 求复合函数 $y = [\cos x^2]^2$ 的导数。

解：设 $y = u^2, u = \cos v, v = x^2$，则

$$f'(x) = f'(u)g'(v)\varphi'(x) = (u^2)'(\cos v)'(\sqrt{x})' = 2u(-\sin v) \cdot 2x = -4x\cos x^2 \sin x^2$$

注意：对复合函数进行分解时，一般将其分解为一些基本初等函数或基本初等函数的四则运算的形式。

例 4-34 求函数 $y = \ln\ln\ln x$。

解：设 $y = \ln u, u = \ln v, v = \ln x$，则

$$f'(x) = f'(u)g'(v)\varphi'(x) = (\ln u)'(\ln v)'(\ln x)' = \frac{1}{u} \cdot \frac{1}{v} \cdot \frac{1}{x} = \frac{1}{\ln\ln x} \cdot \frac{1}{\ln x} \cdot \frac{1}{x}$$

练习 4.3

1. 求下列函数的导数：

(1) $y = \arctan x^2$；

(2) $y = \sqrt{x}\arctan x$；

(3) $y = (\arcsin x)^2$；

(4) $y = x\arcsin(\ln x)$；

(5) $y = \operatorname{arccot}(1 - x^2)$；

(6) $y = e^{\arctan\sqrt{x}}$。

2. 求下列函数的导数：

(1) $f(x) = e^{2x}$；

(2) $f(x) = e^{-2x^2 + 3x - 1}$；

(3) $f(x)=(1+2x)^{20}$;

(4) $f(x)=\ln(1+x^2)$;

(5) $f(x)=\ln(x-\sqrt{1+x^2})$;

(6) $f(x)=\log_a(x^2+x+1)$;

(7) $f(x)=\ln e^x$;

(8) $f(x)=\sqrt{\sin x+\cos x}$;

(9) $f(x)=\sin^2(2-3x)$;

(10) $f(x)=\sqrt[3]{\ln(x+1)}$。

4.4　函数的高阶导数

在某些问题中，对函数的导数再次求导是有意义的。第 4 章曾讲过，若变速直线运动的物体的路程函数为 $S=S(t)$，则物体在 t 时刻的瞬时速度为路程函数 $S(t)$ 对时间 t 的导数，即

$$v(t)=\lim_{\Delta t\to0}\frac{S(t+\Delta t)-S(t)}{\Delta t}=S'(t)$$

物体的瞬时速度仍是时间的函数 $v=v(t)$，速度函数对时间 t 的导数是物体的加速度，即

$$a(t)=\lim_{\Delta t\to0}\frac{v(t+\Delta t)-v(t)}{\Delta t}=v'(t)$$

也就是物体的加速度 $a(t)$ 是路程函数 $S=S(t)$ 对时间 t 的导数的导数，称为路程函数 $S=S(t)$ 对时间 t 的**二阶导数**。

定义 4.3　如果函数 $y=f(x)$ 的导函数 $f'(x)$ 在点 x 处可导，则称导函数 $f'(x)$ 在点 x 处的导数为函数 $y=f(x)$ 的**二阶导数**，记为

$$f''(x),y'',\frac{d^2y}{dx^2}=\frac{d}{dx}\left(\frac{dy}{dx}\right),\frac{d^2f}{dx^2}$$

则

$$y''=f''(x)=(y')'=(f'(x))'$$

同理，如果函数 $y=f(x)$ 的二阶导数 $f''(x)$ 的导数存在，则定义函数 $y=f(x)$ 的二阶导数 $f''(x)$ 的导数为函数 $y=f(x)$ 的**三阶导数**，记为 y''',$f'''(x)$ 或 $\frac{d^3y}{dx^3}$。

如果函数 $y=f(x)$ 的 $(n-1)$ 阶导数 $f^{(n-1)}(x)$ 的导数存在，定义函数 $y=f(x)$ 的 $(n-1)$ 阶导数 $f^{(n-1)}(x)$ 的导数为函数 $y=f(x)$ 的 n 阶导数，记为 $y^{(n)}$,$f^{(n)}(x)$ 或 $\frac{d^ny}{dx^n}$。如果函数 $y=f(x)$ 的 n 阶导数存在，则称函数 $y=f(x)$ 为 n 阶可导。二阶和二阶以上的导数统称为高阶导数。

显然，求函数 $f(x)$ 的高阶导数时，只需对函数 $f(x)$ 反复应用求一阶导数的方法即可。

例 4-35　求函数 $y=ax^2+bx+c(a,b,c$ 为常数) 的二阶导数 y''。

解：

$$y'=(ax^2+bx+c)'=2ax+b$$
$$y''=(y')'=(2ax+b)'=2a$$

例 4-36 设函数 $y = \sin x^2$,求 y''。

解:
$$y' = (\sin x^2)' = 2x\cos x^2$$
$$y'' = (y')' = 2(x\cos x^2)' = 2[\cos x^2 + x(-2x\sin x^2)] = 2\cos x^2 - 4x^2\sin x^2$$

例 4-37 求函数 $y = x^4$ 的三阶导数。

解:
$$y' = (x^4)' = 4x^3;$$
$$y'' = (y')' = (4x^3)' = 12x^2$$
$$y''' = (y'')' = (12x^2)' = 24x$$

例 4-38 求函数 $y = e^x$ 的 n 阶导数。

解: $y' = e^x; y'' = e^x; y''' = e^x; \cdots; y^{(n)} = e^x$。

一般地,可得

$$(e^x)^{(n)} = e^x$$

例 4-39 求 n 次多项式

$$y = a_0 x^n + a_1 x^{n-1} + \cdots + a_{n-2} x^2 + a_{n-1} x + a_n$$

的各阶导数。

解:
$$y' = na_0 x^{n-1} + (n-1)a_1 x^{n-2} + \cdots + 2a_{n-2} x + a_{n-1}$$
$$y'' = n(n-1)a_0 x^{n-2} + (n-1)(n-2)a_1 x^{n-3} + \cdots + 2a_{n-2}$$
$$\cdots\cdots$$
$$y^{(n)} = n \cdot (n-1) \cdot (n-2) \cdot \cdots \cdot 3 \cdot 2 \cdot 1 \cdot a_0 = n!a_0$$
$$y^{(n+1)} = y^{(n+2)} = \cdots = 0$$

例 4-40 求三角函数 $y = \sin x$ 的 n 阶导数。

解:
$$y' = (\sin x)' = \cos x = \sin\left(x + \frac{\pi}{2}\right)$$
$$y'' = \left(\sin\left(x + \frac{\pi}{2}\right)\right)' = \cos\left(x + \frac{\pi}{2}\right) = \sin\left(x + \frac{\pi}{2} + \frac{\pi}{2}\right) = \sin\left(x + 2 \times \frac{\pi}{2}\right)$$
$$y''' = \cos\left(x + 2 \times \frac{\pi}{2}\right) = \sin\left(x + 3 \times \frac{\pi}{2}\right)$$
$$y^{(4)} = \cos\left(x + 3 \times \frac{\pi}{2}\right) = \sin\left(x + 4 \times \frac{\pi}{2}\right)$$
$$\cdots\cdots$$
$$y^{(n)} = \sin\left(x + n \times \frac{\pi}{2}\right)$$

即

$$(\sin x)^{(n)} = \sin\left(x + n \times \frac{\pi}{2}\right)$$

同理可得

$$(\cos x)^{(n)} = \cos\left(x + n \times \frac{\pi}{2}\right)$$

练习 4.4

1. 求下列函数的二阶导数：

(1) $f(x)=3x^3+7x^2+9$,求 $f''(x)$。

(2) $f(x)=(x+10)^6$,求 $f''(x)$。

(3) $f(x)=2x^2+\ln x$,求 $f''(x)$。

(4) $f(x)=2^x+\sin x$,求 $f''(x)$。

(5) $f(x)=(1+x^2)\ln(1+x^2)$,求 $f''(x)$。

(6) $f(x)=x^2\cos x$,求 $f''(x)$。

(7) $f(x)=e^{-x}+e^x$,求 $f''(x)$。

(8) $f(x)=xe^{x^2}$,求 $f''(x)$。

(9) $f(x)=\log_5 x^2$,求 $f''(x)$。

(10) $f(x)=\cos^2(1+2x)$,求 $f''(x)$。

2. 设 $f(x)=(x+10)^6$,求 $f'''(2)$。

3. 求下列函数 n 阶导数的一般表达式：

(1) $y=\cos x$；

(2) $y=\dfrac{1-x}{1+x}$；

(3) $y=x\ln x$；

(4) $y=xe^x$。

4.5 隐函数的导数以及由参数方程所确定函数的导数

4.5.1 隐函数的导数

函数 $y=f(x)$ 表示两个变量 y 与 x 之间的对应关系,这种对应关系可以用不同的方式表达。例如,函数 y 可以利用含自变量 x 的算式直接表示,如 $y=x^2$,$y=\ln x+\sin x$ 等,这样的函数称为**显函数**。

函数 y 还可以用方程的形式表示,如方程 $y-x^2-3=0$,$e^y+xy-e^x=0$ 等,y 与 x 之间的对应关系"隐含"在方程中,这样的函数称为**隐函数**。

一般地,如果变量 y 和 x 满足一个方程 $F(x,y)=0$,在一定条件下,当 x 在区间 (a,b) 内任取一值时,相应地总有满足这个方程的唯一的 y 值存在,则称方程 $F(x,y)=0$ 在区间 (a,b) 内确定了一个隐函数。

有些方程所确定的隐函数可以很容易地化为显函数。例如,从方程 $y-x^2-3=0$ 中求解出 $y=x^2+3$,就把隐函数化成了显函数。把隐函数化成显函数的过程称为隐函数的显化。但隐函数的显化有时比较困难,有时甚至不可能实现,如方程 $e^y+xy-e^x=0$ 所确定的隐函数就很难用显函数的形式表达出来。

在实际问题中,有时需要计算隐函数的导数。因此,希望能有一种方法,无须对隐函数显化,直接由方程 $F(x,y)=0$ 计算出它所确定方程的导数。

事实上,利用复合函数的求导法则时,考虑到 y 是 x 的函数,将方程两边对 x 求导,可得到一个含 y' 的方程,然后解出 y' 就得到隐函数的导数。

例 4-41 求由方程 $x^2+y^2=a^2$ 所确定的隐函数 $y=f(x)$ 的导数。

解: 方程两边分别对 x 求导:

$$\frac{\mathrm{d}}{\mathrm{d}x}(x^2+y^2)=\frac{\mathrm{d}}{\mathrm{d}x}(a^2)$$

求导的过程中要注意 y 是 x 的函数 $y=f(x)$,由复合函数的求导法则可得

$$2x+2yy'=0$$

解出 y',得

$$y'=-\frac{x}{y} \tag{4-3}$$

注意:式(4-3)右侧中的 y 是由方程 $x^2+y^2=a^2$ 确定的隐函数 $y=f(x)$。一般来说,隐函数的导数是同时含 y 和 x 的一个表达式。

例 4-42 求由方程 $\mathrm{e}^y+xy-\mathrm{e}^x=0$ 所确定的隐函数 $y=f(x)$ 的导数。

解: 方程两边分别对 x 求导:

$$(\mathrm{e}^y+xy-\mathrm{e}^x)'=(0)'$$

注意到 y 是 x 的函数,由复合函数求导法则,得

$$\mathrm{e}^y y'+y+xy'-\mathrm{e}^x=0$$

从而

$$y'=\frac{\mathrm{e}^x-y}{\mathrm{e}^y+x} \quad (\mathrm{e}^y+x\neq0)$$

例 4-43 求由方程 $y^5+3x^2y+5x^4+x=1$ 所确定的隐函数 $y=f(x)$ 的导数以及 $y'|_{x=0}$。

解: 方程两边分别对 x 求导,得

$$5y^4y'+3\times2xy+3x^2y'+5\times4x^3+1=0$$

解出 y',得

$$y'=-\frac{1+6xy+20x^3}{5y^4+3x^2} \tag{4-4}$$

因为当 $x=0$ 时,从方程 $y^5+3x^2y+5x^4+x=1$ 得出 $y=1$,将 $x=0,y=1$ 代入式(4-4)中,得

$$y'|_{x=0}=-\frac{1}{5}$$

例 4-44 求椭圆 $\dfrac{x^2}{16}+\dfrac{y^2}{9}=1$ 在点 $\left(2,\dfrac{3\sqrt{3}}{2}\right)$ 处的切线方程。

解: 椭圆方程两边分别对 x 求导,得

$$\frac{x}{8}+\frac{2}{9}yy'=0$$

解出 y'，得

$$y' = -\frac{9x}{16y}$$

由导数得几何意义可知，所求切线的斜率为 $k = y'|_{x=2}$，则

$$k = y'|_{x=2} = -\frac{9\times 2}{16\times\frac{3\sqrt{3}}{2}} = -\frac{\sqrt{3}}{4}$$

因此所求得切线方程为

$$y - \frac{3\sqrt{3}}{2} = -\frac{\sqrt{3}}{4}(x-2)$$

即

$$\sqrt{3}x + 4y - 8\sqrt{3} = 0$$

例 4-45　求由方程 $x - y + \frac{1}{2}\sin y = 0$ 所确定的隐函数 $y = f(x)$ 的二阶导数。

解：方程两边分别对 x 求导，得

$$1 - y' + \frac{1}{2}\cos y \cdot y' = 0$$

解出 y'，得

$$y' = \frac{2}{2 - \cos y}$$

其中 y 和 y' 都是 x 的函数。$1 - y' + \frac{1}{2}\cos y \cdot y' = 0$ 两边再对 x 求导，得

$$-y'' + \frac{1}{2}(\cos y)'y' + \frac{1}{2}\cos y \cdot y'' = 0$$

$$-y'' - \frac{1}{2}\sin y \cdot y' \cdot y' + \frac{1}{2}\cos y \cdot y'' = 0$$

解出 y''，得

$$y'' = \frac{(y')^2\sin y}{\cos y - 2} \tag{4-5}$$

将 $y' = \frac{2}{2-\cos y}$ 代入式 (4-5)，得

$$y'' = \frac{4\sin y}{(\cos y - 2)^3}$$

例 4-45 也可以由 $y' = \frac{2}{2-\cos y}$ 两边对 x 求导而得到 y''。

4.5.2　对数求导法

　　先对某些函数取对数，再用隐函数求导的方法求其导数，这样可以使得求解导数的过程简便些，这种方法称为**对数求导法**。

　　例 4-46　求 $y = x^{\sin x}(x > 0)$ 的导数。

解：先对方程两边取对数，得

$$\ln y = \sin x \ln x \qquad (4\text{-}6)$$

式(4-6)两边分别对 x 求导，得

$$\frac{1}{y} \cdot y' = \cos x \ln x + \sin x \frac{1}{x}$$

解出 y'，得

$$y' = y\left(\cos x \ln x + \frac{\sin x}{x}\right) = x^{\sin x}\left(\cos x \ln x + \frac{\sin x}{x}\right)$$

例 4-47　求 $y = \sqrt{\dfrac{(x-1)(x-2)}{(x-3)(x-4)}}$ 的导数。

解：先对方程两边取对数，得

$$\ln y = \frac{1}{2}\left[\ln(x-1) + \ln(x-2) - \ln(x-3) - \ln(x-4)\right] \qquad (4\text{-}7)$$

式(4-7)两边分别对 x 求导，得

$$\frac{y'}{y} = \frac{1}{2}\left(\frac{1}{x-1} + \frac{1}{x-2} - \frac{1}{x-3} - \frac{1}{x-4}\right)$$

解出 y'，得

$$y' = \frac{1}{2}\sqrt{\frac{(x-1)(x-2)}{(x-3)(x-4)}}\left(\frac{1}{x-1} + \frac{1}{x-2} - \frac{1}{x-3} - \frac{1}{x-4}\right)$$

由例 4-46 和 4-47 可以看出，这两个函数都是显函数，并且都是复合函数，如果用前面所学的求导公式及法则去求解就比较烦琐，现在显函数取对数后，虽然变成隐函数，但计算过程却简化了。注意对数求导法仅适用于两类函数：一类是幂指数函数；另一类是多个因子连乘积的函数。

4.5.3　由参数方程所确定函数的导数

在平面解析几何中，曲线的方程可以用参数方程表示，即把平面曲线上一点的坐标 x 和 y 表示成参数 t 的方程

$$\begin{cases} x = \varphi(t) \\ y = \psi(t) \end{cases}$$

该方程称为参数方程。参数 t 在某一范围内的一个值可确定 x 和 y 的一组对应值，即可确定平面曲线上的一个点(x, y)。

如果 $x = \varphi(t)$ 的反函数存在，则 $t = \varphi^{-1}(x)$，进而有 $y = \psi(t) = \psi[\varphi^{-1}(x)]$，这样就消去了参数 t，y 成了 x 的复合函数。

在求由参数方程所确定函数的导数 $\dfrac{\mathrm{d}y}{\mathrm{d}x}$ 时，若参数方程可以消去参数 t，得到 x 和 y 之间的函数关系，则可先消去参数 t，再由复合函数求导法则来求解。

例 4-48　已知圆的参数方程为

$$\begin{cases} x = R\cos t \\ y = R\sin t \end{cases}$$

求该参数方程所确定函数的导数。

解：先由圆的参数方程消去参数 t，得

$$x^2 + y^2 = R^2$$

则参数方程变为例 4-41 中的隐函数，其导数为 $y' = -\dfrac{x}{y}$。

但在有些情况下，消除参数 t 比较困难，有时甚至无法消除参数 t。下面来寻找一种直接由参数方程求参数方程所确定函数的导数的方法。

设参数方程为

$$\begin{cases} x = x(t) \\ y = y(t) \end{cases}$$

并且 $x = x(t)$ 单调，x_t' 和 y_t' 都存在且 $x_t' \neq 0$，又设 $x = x(t)$ 具有反函数 $t = t(x)$。则 y 是 x 的复合函数，即 $y = y[t(x)]$。根据复合函数的求导法则，有 $y_x' = y_t' t_x'$。由 $x = x(t)$ 单调可知，x_t' 存在，再由反函数的求导法则（章 4.2 节）可知，t_x' 也存在，且 $t_x' = \dfrac{1}{x_t'}$，因此有

$$y_x' = y_t' t_x' = \frac{y_t'}{x_t'}$$

这就是由参数方程所确定函数的导数公式。

例 4-49　求参数方程

$$\begin{cases} x = a(t - \sin t) \\ y = a(1 - \cos t) \end{cases}$$

所确定函数的导数。

解：
$$x_t' = a(1 - \cos t)$$
$$y_t' = a\sin t$$

根据参数方程确定函数的导数公式，得

$$y_x' = \frac{y_t'}{x_t'} = \frac{\sin t}{1 - \cos t}$$

例 4-50　求参数方程

$$\begin{cases} x = \ln(1 + t^2) \\ y = t - \arctan t \end{cases}$$

所确定函数的导数。

解：
$$x_t' = \frac{2t}{1 + t^2}$$
$$y_t' = 1 - \frac{1}{1 + t^2}$$

根据参数方程确定函数的导数公式，得

$$y_x' = \frac{y_t'}{x_t'} = \frac{1 - \dfrac{1}{1 + t^2}}{\dfrac{2t}{1 + t^2}} = \frac{t}{2}$$

练习 4.5

1. 求由下列方程所确定隐函数的导数:

(1) $y^2 - 2xy + 9 = 0$；

(2) $x^3 + y^3 - 3axy = 0$；

(3) $xy = e^{x+y}$；

(4) $y = 1 - xe^y$。

2. 求曲线 $x^{\frac{2}{3}} + y^{\frac{2}{3}} = a^{\frac{2}{3}}$ 在点 $\left(\dfrac{\sqrt{2}}{4}a, \dfrac{\sqrt{2}}{4}a\right)$ 处的切线方程。

3. 用对数求导法求解下列函数的导数:

(1) $y = \left(\dfrac{x}{1+x}\right)^x$；

(2) $y = \dfrac{\sqrt{x+2}(3-x)^4}{(x+1)^5}$。

4. 求下列由参数方程所确定函数的导数:

(1) $\begin{cases} x = at^2 \\ y = bt^3 \end{cases}$；

(2) $\begin{cases} x = \theta(1 - \sin\theta) \\ y = \theta\cos\theta \end{cases}$。

4.6 函数的微分

函数的导数描述的是自变量 x 的变化引起函数变化的快慢程度。有时还需求解当自变量有一个微小改变量时,函数相应的改变量,而当函数式比较复杂时,相应函数的改变量的计算很复杂。为此引入微分的概念,它是一个计算函数改变量近似值的方法。

4.6.1 函数微分的定义

根据导数的定义可知,函数 $y = f(x)$ 的导数为当 $\Delta x \to 0$ 时,比值 $\dfrac{\Delta y}{\Delta x}$ 的极限。当函数式比较复杂时,自变量的一个微小变化 Δx 引起的函数值的改变量 Δy 的精确计算很复杂,那么能否借助于 $\dfrac{\Delta y}{\Delta x}$ 的极限(即导数)和 Δx 来近似计算 Δy？先来看一个例子。

引例:一个正方形的铁片受热后均匀膨胀,边长由 a 变为 $a + \Delta a$,见图 4-5,试问铁片的面积改变了多少?

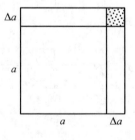

图 4-5

正方形铁片的面积的计算公式：

$$s(a) = a^2$$

故面积的改变量为

$$\Delta s = s(a + \Delta a) - s(a) = (a + \Delta a)^2 - a^2 = 2a\Delta a + (\Delta a)^2$$

Δs 由两部分构成：$2a\Delta a$ 是关于 Δa 的线性函数，$(\Delta a)^2$ 是比 Δa 高阶的无穷小，$(\Delta a)^2 = o(\Delta a)$。当 $|\Delta a|$ 很小时，$(\Delta a)^2 = o(\Delta a)$ 更小。如果将高阶无穷小 $(\Delta a)^2$ 忽略不计，则有

$$\Delta s \approx 2a\Delta a$$

而

$$s'(a) = (a^2)' = 2a$$

因此有

$$\Delta s \approx s'(a)\Delta a$$

也就是说，当自变量有一个微小的改变量 Δa 时，面积的改变量近似为面积函数的导数与 Δa 的乘积，这个乘积称为面积的微分，记为 ds。可以证明这个结论对一般的可微函数也是成立的。

定义 4.4　设函数 $y = f(x)$ 在点 x 处可导，其导数为 $f'(x)$，当自变量的改变量为 Δx 时，称 $f'(x)\Delta x$ 为函数 $y = f(x)$ 在点 x 处的**微分**，记为 dy，即

$$dy = f'(x)\Delta x$$

这时称函数 $y = f(x)$ 在点 x 处可微。

由微分的定义可知，函数 $y = f(x)$ 在点 x 处可导必可微，反之可微必可导。

若 $y = x$，则

$$dy = dx = (x)'\Delta x = \Delta x$$

即**自变量的微分就是它的改变量**。因此函数的微分可以写成

$$dy = f'(x)dx \tag{4-8}$$

函数的微分等于函数的导数与自变量微分的乘积。

式(4-8)还可以写为

$$\frac{dy}{dx} = f'(x)$$

在导数的定义中曾提到用 $\dfrac{dy}{dx}$ 表示导数，这实际上就是函数的微分与自变量的微分的商，因此导数通常也称为**微商**。$\dfrac{dy}{dx}$ 既可看成导数，又可看成函数微分和自变量微分的比。

如果函数 $y = f(x)$ 在点 x 处可导，由导数定义有

$$f'(x) = \lim_{\Delta x \to 0} \frac{\Delta y}{\Delta x}$$

$$\frac{\Delta y}{\Delta x} = f'(x) + \alpha \quad (\Delta x \to 0 \text{ 时}, \alpha \to 0)$$

$$\Delta y = f'(x)\Delta x + \alpha \Delta x$$

$$\Delta y = f'(x)dx + \alpha \Delta x = dy + \alpha \Delta x$$

则当 Δx 很小时，Δy 与 dy 相差很小，故有

$$\Delta y \approx f'(x)\mathrm{d}x = \mathrm{d}y$$

这表明函数 $y = f(x)$ 在点 x 处取得微小改变量（$\Delta x \to 0$）时，Δy 可以用 $\mathrm{d}y$ 近似代替，即函数的微分可作为函数改变量的近似值，因此函数的微分是计算函数改变量近似值的方法。

例 4-51 求函数 $y = x^2$ 在 $x_0 = 1, \Delta x = 0.01$ 的改变量及微分。

解：
$$\Delta y = (1 + 0.01)^2 - 1^2 = 1.010\,2 - 1 = 0.020\,1$$
$$\mathrm{d}y\big|_{x_0 = 1} = y'(1)\mathrm{d}x = 2x\big|_{x_0 = 1}\Delta x = 2 \times 1 \times 0.01 = 0.02$$

由此可见

$$\Delta y \approx \mathrm{d}y$$

Δy 和 $\mathrm{d}y$ 相差很小，但计算 $\mathrm{d}y$ 比计算 Δy 要简单得多。

如果函数 $y = f(x)$ 在区间 (a, b) 内的每一个点都是可微的，则称函数 $y = f(x)$ 在区间 (a, b) 内可微，记作 $\mathrm{d}y$ 或 $\mathrm{d}f(x)$，则 $\mathrm{d}y = f'(x)\mathrm{d}x$ 或 $\mathrm{d}f(x) = f'(x)\mathrm{d}x$。

例 4-52 设函数 $y = \tan x$，求函数的微分 $\mathrm{d}y$。

解：
$$\mathrm{d}y = (\tan x)'\mathrm{d}x = \sec^2 x\,\mathrm{d}x$$

例 4-53 已知 $y = \ln x$，求 $\mathrm{d}y, \mathrm{d}y\big|_{x=3}$。

解：
$$\mathrm{d}y = (\ln x)'\mathrm{d}x = \frac{1}{x}\mathrm{d}x$$

$$\mathrm{d}y\big|_{x=3} = \frac{1}{x}\bigg|_{x=3}\mathrm{d}x = \frac{1}{3}\mathrm{d}x$$

4.6.2 函数微分的几何意义

在直角坐标系中，函数 $y = f(x)$ 的图形是一条曲线，见图 4-6。曲线 $y = f(x)$ 上存在一点 $M(x_0, y_0)$，当自变量 x 在 x_0 处有微小增量 Δx 时，相应函数也有微小增量 Δy，从而得到曲线上另一点 $N(x_0 + \Delta x, y_0 + \Delta y)$，从图 4-6 可知

$$MQ = \Delta x$$
$$QN = \Delta y$$

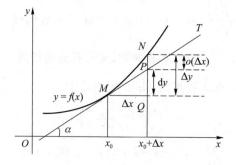

图 4-6

如果 $y = f(x)$ 在点 x_0 处可微，则曲线 $y = f(x)$ 在点 M 处有切线 MT，设它的倾角为 α，有 $f'(x_0) = \tan \alpha$，则

$$QP = MQ \cdot \tan \alpha = \Delta x \cdot f'(x) = \mathrm{d}y$$

由此可见,当 Δy 是曲线 $y = f(x)$ 上点的纵坐标的改变量时,$\mathrm{d}y$ 就是曲线切线上点的纵坐标的相应改变量。这就是微分的几何意义。

由图 4-6 可见,Δy 与 $\mathrm{d}y$ 的差 NP 随着 $\Delta x \to 0$ 而趋于零,而且要比 Δx 减少得更快一些。因此,在点 M 的邻近,可以用切线纵坐标的改变量近似地代替曲线纵坐标的改变量。

4.6.3　函数微分的求法

1. 基本初等函数的微分公式

从

$$\mathrm{d}y = f'(x)\mathrm{d}x$$

可以看出,要计算函数的微分,只要计算出函数的导数,再乘自变量的微分即可。那么由基本初等函数的导数公式可以直接写出基本初等函数的微分公式,见表 4-1。

表 4-1

基本初等函数	函数的导数公式	函数的微分公式
$y = C$(C 是常数)	$(C)' = 0$(C 是常数)	$\mathrm{d}(C) = 0$(C 是常数)
$y = \sin x$	$(\sin x)' = \cos x$	$\mathrm{d}y = \cos x\,\mathrm{d}x$
$y = \cos x$	$(\cos x)' = -\sin x$	$\mathrm{d}y = -\sin x\,\mathrm{d}x$
$y = x^a$	$(x^a)' = ax^{a-1}$	$\mathrm{d}y = ax^{a-1}\,\mathrm{d}x$
$y = a^x$($a > 0$ 且 $a \neq 1$)	$(a^x)' = a^x \ln a$($a > 0$ 且 $a \neq 1$)	$\mathrm{d}y = a^x \ln a\,\mathrm{d}x$($a > 0$ 且 $a \neq 1$)
$y = \mathrm{e}^x$	$(\mathrm{e}^x)' = \mathrm{e}^x$	$\mathrm{d}y = \mathrm{e}^x\,\mathrm{d}x$
$y = \log_a x$($a > 0$ 且 $a \neq 1$)	$(\log_a x)' = \dfrac{1}{x \ln a}$($a > 0$ 且 $a \neq 1$)	$\mathrm{d}y = \dfrac{1}{x \ln a}\mathrm{d}x$($a > 0$ 且 $a \neq 1$)
$y = \ln x$	$(\ln x)' = \dfrac{1}{x}$	$\mathrm{d}y = \dfrac{1}{x}\mathrm{d}x$
$y = \tan x$	$(\tan x)' = \sec^2 x$	$\mathrm{d}(\tan x) = \sec^2 x\,\mathrm{d}x$
$y = \cot x$	$(\cot x)' = -\csc^2 x$	$\mathrm{d}(\cot x) = -\csc^2 x\,\mathrm{d}x$
$y = \sec x$	$(\sec x)' = \sec x \tan x$	$\mathrm{d}(\sec x) = \sec x \tan x\,\mathrm{d}x$
$y = \csc x$	$(\csc x)' = -\csc x \cot x$	$\mathrm{d}(\csc x) = -\csc x \cot x\,\mathrm{d}x$
$y = \arcsin x$	$(\arcsin x)' = \dfrac{1}{\sqrt{1-x^2}}$	$\mathrm{d}(\arcsin x) = \dfrac{1}{\sqrt{1-x^2}}\mathrm{d}x$
$y = \arccos x$	$(\arccos x)' = -\dfrac{1}{\sqrt{1-x^2}}$	$\mathrm{d}(\arccos x) = -\dfrac{1}{\sqrt{1-x^2}}\mathrm{d}x$
$y = \arctan x$	$(\arctan x)' = \dfrac{1}{1+x^2}$	$\mathrm{d}(\arctan x) = \dfrac{1}{1+x^2}\mathrm{d}x$
$y = \mathrm{arccot}\, x$	$(\mathrm{arccot}\, x)' = -\dfrac{1}{1+x^2}$	$\mathrm{d}(\mathrm{arccot}\, x) = -\dfrac{1}{1+x^2}\mathrm{d}x$

基本初等函数	函数的导数公式	函数的微分公式
$y = \sinh x$	$(\sinh x)' = \cosh x$	$\mathrm{d}(\sinh x) = \cosh x \mathrm{d}x$
$y = \cosh x$	$(\cosh x)' = \sinh x$	$\mathrm{d}(\cosh x) = \sinh x \mathrm{d}x$
$y = \tanh x$	$(\tanh x)' = \dfrac{1}{\cosh^2 x}$	$\mathrm{d}(\tanh x) = \dfrac{1}{\cosh^2 x} \mathrm{d}x$

2. 微分的运算法则

同样可以从导数的运算法则推出函数微分的运算法则,求导法则和微分法则的对照见表 4-2,设 u,v 都是 x 的函数且都可微。

表 4-2

求导法则	微分法则
$(u \pm v)' = u' \pm v'$	$\mathrm{d}(u \pm v) = \mathrm{d}u \pm \mathrm{d}v$
$(uv)' = u'v + uv'$	$\mathrm{d}(uv) = v\mathrm{d}u + u\mathrm{d}v$
$(Cu)' = Cu'(C$ 为常数$)$	$\mathrm{d}(Cu) = C\mathrm{d}u(C$ 为常数$)$
$\left(\dfrac{u}{v}\right)' = \dfrac{u'v - uv'}{v^2}(v \neq 0)$	$\mathrm{d}\left(\dfrac{u}{v}\right) = \dfrac{v\mathrm{d}u - u\mathrm{d}v}{v^2}(v \neq 0)$

现在以乘积的微分法则为例来证明表 4-2。

证明:

$$(uv)' = u'v + uv'$$

根据微分的定义,有

$$\mathrm{d}(uv) = (uv)'\mathrm{d}x$$

再根据乘积的求导法则,有

$$(uv)' = u'v + uv'$$

于是

$$\mathrm{d}(uv) = (u'v + uv')\mathrm{d}x = vu'\mathrm{d}x + uv'\mathrm{d}x$$

由于

$$u'\mathrm{d}x = \mathrm{d}u$$
$$v'\mathrm{d}x = \mathrm{d}v$$

所以

$$\mathrm{d}(uv) = v\mathrm{d}u + u\mathrm{d}v$$

其他法则可以用类似的方法证明。

例 4-54 求函数 $y = 2^x + \ln x$ 的微分。

解:
$$\mathrm{d}y = \mathrm{d}(2^x + \ln x) = \mathrm{d}(2^x) + \mathrm{d}(\ln x)$$
$$= 2^x \ln 2 \mathrm{d}x + \frac{1}{x}\mathrm{d}x = \left(2^x \ln 2 + \frac{1}{x}\right)\mathrm{d}x$$

例 4-55　求函数 $y=\dfrac{\sin x}{x}$ 的微分。

解：
$$\mathrm{d}y=\mathrm{d}\left(\frac{\sin x}{x}\right)=\frac{x\mathrm{d}(\sin x)-\sin x\mathrm{d}x}{x^2}$$

$$=\frac{x\cos x\mathrm{d}x-\sin x\mathrm{d}x}{x^2}=\frac{x\cos x-\sin x}{x^2}\mathrm{d}x$$

3. 复合函数的微分

设函数 $y=f(u),u=\varphi(x)$，则函数 $y=f[\varphi(x)]$ 的微分为
$$\mathrm{d}y=y'\mathrm{d}x=f'(u)\varphi'(x)\mathrm{d}x$$
由于
$$\varphi'(x)\mathrm{d}x=\mathrm{d}u$$
因此
$$\mathrm{d}y=f'(u)\mathrm{d}u$$
即对函数 $y=f(u)$ 来说，不管 u 是自变量还是中间变量，总有
$$\mathrm{d}y=f'(u)\mathrm{d}u$$

这个性质称为**微分形式不变性**。

例 4-56　设 $y=\tan x^2$，求微分 $\mathrm{d}y$。

解：　$\mathrm{d}y=\mathrm{d}(\tan x^2)=(\sec^2 x^2)\mathrm{d}x^2=(\sec^2 x^2)\cdot 2x\mathrm{d}x=2x(\sec^2 x^2)\mathrm{d}x$

例 4-57　设 $y=\mathrm{e}^{1-3x}$，求微分 $\mathrm{d}y$。

解：　$\mathrm{d}y=\mathrm{d}(\mathrm{e}^{1-3x})=\mathrm{e}^{1-3x}\mathrm{d}(1-3x)=\mathrm{e}^{1-3x}(-3\mathrm{d}x)=-3\mathrm{e}^{1-3x}\mathrm{d}x$

例 4-58　设 $y=\mathrm{e}^{-2x}\cos 2x$，求微分 $\mathrm{d}y$。

解：
$$\mathrm{d}y=\mathrm{d}(\mathrm{e}^{-2x}\cos 2x)=\mathrm{e}^{-2x}\mathrm{d}(\cos 2x)+\cos 2x\mathrm{d}(\mathrm{e}^{-2x})$$

$$=\mathrm{e}^{-2x}(-2\sin 2x)\mathrm{d}x+\cos 2x(-2\mathrm{e}^{-2x})\mathrm{d}x$$

$$=-2\mathrm{e}^{-2x}(\sin 2x+\cos 2x)\mathrm{d}x$$

例 4-59　已知隐函数 $y=\sin(x+y)$，求微分 $\mathrm{d}y$。

解：对隐函数两边求微分：
$$\mathrm{d}y=\mathrm{d}[\sin(x+y)]=\cos(x+y)(\mathrm{d}x+\mathrm{d}y)$$
可得
$$\mathrm{d}y=\frac{\cos(x+y)}{1-\cos(x+y)}\mathrm{d}x$$

4.6.4　微分在近似计算中的应用

如果函数 $y=f(x)$ 在点 x_0 处的导数 $f'(x_0)\neq 0$，则当 $\Delta x\rightarrow 0$ 时，函数的微分可作为函数改变量的近似值，即
$$\Delta y\approx\mathrm{d}y=f'(x_0)\Delta x \tag{4-9}$$
式(4-9)可以用来求函数改变量 Δy 的近似值。

由于

$$\Delta y = f(x_0 + \Delta x) - f(x_0)$$

因此

$$f(x_0 + \Delta x) - f(x_0) \approx f'(x_0)\Delta x$$

或者

$$f(x_0 + \Delta x) \approx f(x_0) + f'(x_0)\Delta x \tag{4-10}$$

式(4-10)可以用来计算 $f(x_0 + \Delta x)$ 的近似值。

令 $x_0 + \Delta x = x$，即 $\Delta x = x - x_0$，则有

$$f(x) \approx f(x_0) + f'(x_0)(x - x_0) \tag{4-11}$$

式(4-11)可以用来计算 $f(x)$ 的近似值。

例 4-60 有一批半径为 1 cm 的球，为了提高球面的光洁度，需要给它表面镀上一层铜，铜层的厚度为 0.01 cm，估计一下每个球需要用多少克铜(铜的密度是 8.9 g/cm³)。

解： 该题中如果能求出镀层的体积，那再乘以 8.9 g/cm³ 就能得到每个球需要用的铜质量。镀层的体积等于两个球体体积之差。

设球的体积为 V，半径为 R，则

$$V = \frac{4}{3}\pi R^3$$

镀层的体积就是球的半径 R 取得增量 $\Delta R = 0.01$ cm 后球体积的增量 ΔV。

$$V' = 4\pi R^2$$

由式(4-9)，可得

$$\Delta V \approx V'(R_0)\Delta R = 4\pi R_0^2 \Delta R \tag{4-12}$$

将 $R_0 = 1$ cm，$\Delta R = 0.01$ cm 代入式(4-12)，得

$$\Delta V \approx 4 \times 3.14 \times 1^2 \times 0.01 = 0.126 \text{ cm}^3$$

则每个球需要用的铜约为

$$0.126 \times 8.9 \approx 1.12 \text{ g}$$

例 4-61 利用微分计算 $\sin 30°30'$ 的近似值。

解： 把 $30°30'$ 化为弧度，得

$$30°30' = \frac{\pi}{6} + \frac{\pi}{360}$$

设 $f(x) = \sin x$，则 $f'(x) = \cos x$，当 $x_0 = \frac{\pi}{6}$，$\Delta x = \frac{\pi}{360}$ 时。由式(4-10)可得

$$\sin 30°30' = \sin\left(\frac{\pi}{6} + \frac{\pi}{360}\right) \approx \sin\frac{\pi}{6} + \cos\frac{\pi}{3} \times \frac{\pi}{360}$$

$$= \frac{1}{2} + \frac{\sqrt{3}}{2} \times \frac{\pi}{360} \approx 0.5076$$

下面推导一些常用的线性近似公式。在式(4-11)中取 $x_0 = 0$，有 $\Delta x = x$，则

$$f(x) \approx f(0) + f'(0)x \tag{4-13}$$

利用式(4-13)可以推导出下面 5 个工程上常用的近似公式：

(1) $(1+x)^a \approx 1 + ax$(a 是常数)；

(2) $\sin x \approx x$(x 要用弧度作单位来表达)；

(3) $\tan x \approx x$（x 要用弧度作单位来表达）；

(4) $\mathrm{e}^x \approx 1+x$；

(5) $\ln(1+x) \approx x$。

证明近似公式(1)：取 $f(x)=(1+x)^a$，$f'(x)=a(1+x)^{a-1}$，那么
$$f(0)=1$$
$$f'(0)=a(1+x)^{a-1}\big|_{x=0}=a$$

由(4-13)式可得
$$f(x)\approx f(0)+f'(0)x=1+ax$$

证明近似公式(2)：取 $f(x)=\sin x$，$f'(x)=\cos x$，那么
$$f(0)=0$$
$$f'(0)=\cos x\big|_{x=0}=1$$

由式(4-13)可得
$$f(x)\approx f(0)+f'(0)x=x$$

其他几个近似公式可用类似方法证明。

例 4-62　计算 $\sqrt{1.05}$ 的近似值。

解：由于 $\sqrt{1.05}=\sqrt{1+0.05}$，设 $x=0.05$，$a=\dfrac{1}{2}$，利用近似公式(1)可得
$$\sqrt{1.05}\approx 1+\frac{1}{2}\times 0.05=1.025$$

例 4-63　计算 $\ln 1.002$ 的近似值。

解：由于 $\ln 1.002=\ln(1+0.002)$，设 $x=0.002$，利用近似公式(5)可得
$$\ln 1.002=\ln(1+0.002)\approx 0.002$$

练习 4.6

1. 求 $f(x)=\dfrac{x}{1+x^2}$ 在 $x=0,\Delta x=0.01$ 处的微分。

2. 用适当函数填入下列括号内：

(1) $\mathrm{d}(\quad)=\dfrac{1}{1+x}\mathrm{d}x$；　　(2) $\mathrm{d}(\quad)=\dfrac{1}{\sqrt{x}}\mathrm{d}x$；

(3) $\mathrm{d}x=(\quad)\mathrm{d}(8x+5)$；　　(4) $\mathrm{d}(\quad)=\cos 3x\mathrm{d}x$。

3. 求下列函数的微分：

(1) $f(x)=x\mathrm{e}^x$；　　(2) $f(x)=(3x^3+8x)(2x+3)$；

(3) $f(x)=(x+5)\cdot 4^x$；　　(4) $f(x)=(\cos x+\sin x)\mathrm{e}^x$。

4. 半径为 10 cm 的金属圆片，加热后半径伸长 0.05 cm，试求其面积增加的近似值。

5. 求 $f(x)=\dfrac{x}{\sqrt{x^2+9}}$ 当 $x=0.03$ 时的近似值。

习 题 4

1. 填空题

(1) 设 $f'(0)=1$，则 $\lim\limits_{x\to 0}\dfrac{f(2x)-f(0)}{x}=$ _____。

(2) 曲线 $y=x^2-\ln x$ 在点 $(1,1)$ 处的切线方程为 _____。

(3) 设 $f(x)$ 可导且 $f'(1)=2$，则 $\dfrac{\mathrm{d}}{\mathrm{d}x}f(\sqrt{x})\big|_{x=1}=$ _____。

(4) 设 $f(x)=\dfrac{\sqrt{x}}{x+1}$，则 $\mathrm{d}f(x)=$ _____。

(5) 设 $\dfrac{\mathrm{d}}{\mathrm{d}x}f(\ln x)=x$，则 $f''(x)=$ _____。

2. 选择题

(1) 设 $f(x)$ 在点 x_0 可导，则 $\lim\limits_{h\to 0}\dfrac{f(x_0)-f(x_0-h)}{2h}=$ （   ）。

A. $f'(x_0)$　　　　　　　　　　B. $-f'(x_0)$

C. $\dfrac{f'(x_0)}{2}$　　　　　　　　　D. $-\dfrac{f'(x_0)}{2}$

(2) 设 $f(u)$ 可导，则 $\dfrac{\mathrm{d}}{\mathrm{d}x}f(\sin^2 x)=$ （   ）。

A. $2\sin x f'(\sin^2 x)$　　　　　　B. $\cos^2 x f'(\sin^2 x)$

C. $\sin 2x f'(\sin^2 x)$　　　　　　D. $\sin x\cos x f'(\sin^2 x)$

(3) 设 $f(x)$ 在 $x=a$ 的某邻域内有定义，若 $\lim\limits_{x\to a}\dfrac{f(x)-f(a)}{a-x}=\mathrm{e}-1$，则 $f'(a)=$ （   ）。

A. $1-\mathrm{e}$　　　　　　　　　　B. e

C. -1　　　　　　　　　　　D. 0

(4) 若 $f'(x_0)=3$，则 $\lim\limits_{\Delta x\to 0}\dfrac{f(x_0+\Delta x)-f(x_0-\Delta x)}{\Delta x}=$ （   ）。

A. 3　　　　　　　　　　　　B. 3

C. -6　　　　　　　　　　　D. 6

3. 当 x 取何值时，曲线 $f(x)=x^2$ 和 $f(x)=x^3$ 的切线平行？

4. 在曲线 $f(x)=x^3$ 上求一点，使得曲线在该点处的切线斜率为 9。

5. 抛物线 $f(x)=x^2+1$ 上哪一点的切线平行于直线 $f(x)=2x+3$？

6. 求下列函数的导数、微分及二阶导数：

(1) $f(x)=x^3(1+\sqrt{x})$；　　　　　　(2) $f(x)=\dfrac{\mathrm{e}^x-\mathrm{e}^{-x}}{\mathrm{e}^x+\mathrm{e}^{-x}}$；

(3) $f(x)=x\mathrm{e}^x\cos x$；　　　　　　(4) $f(x)=\dfrac{x}{4^x}$；

(5) $f(x)=\mathrm{e}^{2x^2+3x+5}$；

(6) $f(x)=\dfrac{1}{4}\ln\dfrac{1+x}{1-x}$；

(7) $f(x)=1+x\mathrm{e}^x$；

(8) $f(x)=\mathrm{e}^{\ln(x+1)}$。

7. 设某产品的总成本函数和总收入函数分别为

$$C(x)=3+2\sqrt{x}$$

$$R(x)=\frac{5x}{x+1}$$

其中 x 为该产品的产量。求该产品的边际成本、边际收入和边际利润。（注：产品的边际成本等于总成本函数对产量的导数；边际收入等于总收入函数对产量的导数；边际利润等于边际收入与边际成本之差。）

8. 求下列由参数方程所确定函数的一阶导数 $\dfrac{\mathrm{d}y}{\mathrm{d}x}$：

(1) $\begin{cases} x=a\cos^3\theta \\ y=a\sin^3\theta \end{cases}$；

(2) $\begin{cases} x=\ln\sqrt{1+t^2} \\ y=\arctan t \end{cases}$。

第 5 章 中值定理和导数的应用

本章导读

利用函数的导数,可以研究函数及其曲线的特性,并可以利用这些知识解决一些实际的问题。本章介绍应用导数求解未定式极限的方法,研究函数的单调性、最值和极值、凹凸性等。为此,本章先介绍微分学的几个中值定理,它们是微分学的理论基础。

本章学习的基本要求:

(1) 理解罗尔定理、拉格朗日定理和柯西定理的内容;

(2) 熟练掌握用洛必达法则求解特定未定式极限的方法;

(3) 掌握利用导数判定函数单调性的方法;

(4) 理解函数极值和最值的概念,掌握求函数极值和最值的方法;

(5) 掌握判断函数凹凸性的方法,以及求函数拐点的方法。

思维导图

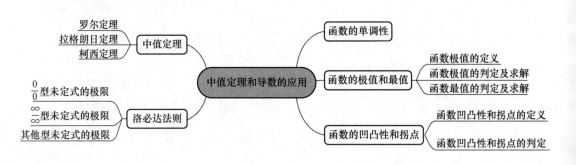

5.1　中　值　定　理

利用导数来研究函数的性质时,首先要了解导数值与函数值之间的联系,反映这些联系的是微分学中的 3 个中值定理:罗尔定理、拉格朗日定理和柯西定理。

5.1.1　罗尔定理

罗尔定理　若函数 $y=f(x)$ 满足
(1) 在闭区间 $[a,b]$ 上连续;
(2) 在开区间 (a,b) 内可导;
(3) $f(a)=f(b)$,
则在 (a,b) 内至少存在一点 $\zeta(a<\zeta<b)$,使得 $f'(\zeta)=0$。

证明:由于函数 $y=f(x)$ 在闭区间 $[a,b]$ 上连续,根据闭区间上连续函数的最大值和最小值定理(定理 3.5),$f(x)$ 在闭区间 $[a,b]$ 上必定取得最大值 M 和最小值 m,而且只有以下两种情况。

情况一:$M=m$,这时 $y=f(x)$ 在闭区间 $[a,b]$ 上必为常数 $y\equiv M$。于是 $f'(x)\equiv 0$。因此可以任取一点 $\zeta\in(a,b)$,都有 $f'(\zeta)=0$。

情况二:$M>m$,这时 $y=f(x)$ 在闭区间 $[a,b]$ 上不恒为常数。由于 $f(a)=f(b)$,所以,M 和 m 至少有一个不等于 $f(a)$,不妨设 $f(a)\neq M$,则在 (a,b) 内存在一点 ζ,使得 $f(\zeta)=M$。

因为 ζ 是 (a,b) 内的点,由罗尔定理的条件(2)可知 $f'(\zeta)$ 存在,即极限

$$\lim_{\Delta x\to 0}\frac{f(\zeta+\Delta x)-f(\zeta)}{\Delta x}$$

存在。由于极限存在,则左、右极限一定存在而且相等,因此有

$$f'(\zeta)=\lim_{\Delta x\to 0^+}\frac{f(\zeta+\Delta x)-f(\zeta)}{\Delta x}=\lim_{\Delta x\to 0^-}\frac{f(\zeta+\Delta x)-f(\zeta)}{\Delta x}$$

由于 $f(\zeta)=M$ 是 $f(x)$ 在闭区间 $[a,b]$ 上的最大值,因此不论 Δx 是什么值,只要 $\zeta+\Delta x$ 在闭区间 $[a,b]$ 上,则总有

$$f(\zeta+\Delta x)\leqslant f(\zeta)$$

即

$$f(\zeta+\Delta x)-f(\zeta)\leqslant 0$$

当 $\Delta x>0$ 时,有

$$\frac{f(\zeta+\Delta x)-f(\zeta)}{\Delta x}\leqslant 0$$

根据函数极限的性质(定理 2.3),有

$$f'(\zeta)=\lim_{\Delta x\to 0^+}\frac{f(\zeta+\Delta x)-f(\zeta)}{\Delta x}\leqslant 0$$

同理,当 $\Delta x < 0$ 时,有

$$\frac{f(\zeta+\Delta x)-f(\zeta)}{\Delta x} \geqslant 0$$

从而有

$$f'(\zeta)=\lim_{\Delta x \to 0^-}\frac{f(\zeta+\Delta x)-f(\zeta)}{\Delta x} \geqslant 0$$

由于既有 $f'(\zeta) \leqslant 0$,又有 $f'(\zeta) \geqslant 0$,因此必有 $f'(\zeta)=0$。

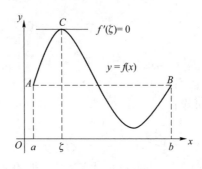

图 5-1

罗尔定理得证。

罗尔定理的几何意义:如果连续曲线 $y=f(x)$ 的弧 $\overset{\frown}{AB}$ 上除端点以外,处处具有不垂直于 x 轴的切线,且两端点的纵坐标相等,则在弧 $\overset{\frown}{AB}$ 上至少有一点 C,使曲线在点 C 处的切线平行于弦 $\overline{AB}$,同时平行于 x 轴,见图 5-1。

例 5-1 验证罗尔定理对函数 $y=x^2-5x+6$ 在区间 $[2,3]$ 上的正确性。

解: (1) 函数 $y=x^2-5x+6$ 的定义域为 $(-\infty,+\infty)$,因此函数 $y=x^2-5x+6$ 在 $(-\infty,+\infty)$ 内连续,从而函数 $y=x^2-5x+6$ 在区间 $[2,3]$ 上也连续;

(2) $y'=2x-5$ 在区间 $(2,3)$ 内有定义,即函数 $y=x^2-5x+6$ 在区间 $(2,3)$ 内可导;

(3) $f(2)=0=f(3)$,

所以函数 $y=x^2-5x+6$ 满足罗尔定理的 3 个条件。

现令 $y'=2x-5=0$,解得 $x=\frac{5}{2}$,而 $2<\frac{5}{2}<3$,即在区间 $(2,3)$ 内有 $\zeta=\frac{5}{2}$ 使得 $f'(\zeta)=0$,从而验证了罗尔定理的正确性。

注意:罗尔定理中的 3 个条件是充分条件,要保证结论成立,3 个条件都是必不可少的。如果缺少其中一个条件,则结论可能不成立。例如,函数 $f(x)=\ln x$ 在区间 $[1,2]$ 上连续,在区间 $(1,2)$ 内可导,且 $f'(x)=\frac{1}{x}$,但 $f(1)=\ln 1=0,f(2)=\ln 2$,即 $f(1) \neq f(2)$,不满足罗尔定理的第 3 个条件,而在区间 $(1,2)$ 内 $f'(x)=\frac{1}{x} \neq 0$,即在区间 $(1,2)$ 内不可能找到一点 ζ 使得 $f'(\zeta)=0$。

5.1.2　拉格朗日定理

很多函数不能满足罗尔定理的条件(3)(即 $f(a)=f(b)$),这就限制了罗尔定理的应

用范围。如果把这个条件取消,保留其余两个条件,并相应地改变结论,那么就得到了十分重要的拉格朗日定理。

拉格朗日定理　如果函数 $y = f(x)$ 满足

(1) 在闭区间 $[a,b]$ 上连续;

(2) 在开区间 (a,b) 内可导,

那么在区间 (a,b) 内至少有一点 $\zeta (a < \zeta < b)$,使等式

$$\frac{f(b) - f(a)}{b - a} = f'(\zeta)$$

成立。

注意:在定理的结论中,如果 $f(b) = f(a)$,则有 $f'(\zeta) = 0$。所以罗尔定理是拉格朗日定理的特殊情形,而拉格朗日定理可看成罗尔定理的推广。

在证明拉格朗日定理之前,先看一下定理的几何意义。

在图 5-2 中,曲线弧 AB 的方程是 $y = f(x)(a \leqslant x \leqslant b)$,由导数的几何意义可知,

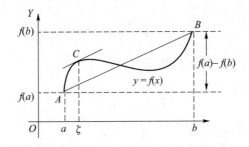

图 5-2

$f'(\zeta)$ 是曲线弧 $\overset{\frown}{AB}$ 在点 $C(\zeta, f(\zeta))$ 处的切线斜率,而 $\dfrac{f(b) - f(a)}{b - a}$ 就是弦 $\overline{AB}$ 的斜率,因此 $\dfrac{f(b) - f(a)}{b - a} = f'(\zeta)$ 表示点 C 处切线的斜率,其等于弦 $\overline{AB}$ 的斜率,即点 C 处的切线平行于弦 $\overline{AB}$。由此可知拉格朗日定理的几何意义:如果连续曲线 $y = f(x)$ 的弧 $\overset{\frown}{AB}$ 上除端点外处处具有不垂直于 x 轴的切线,那么弧 $\overset{\frown}{AB}$ 至少有一点 C,该点处的切线平行于弦 $\overline{AB}$。

由此可见,拉格朗日定理与罗尔定理的几何意义是类似的,只不过罗尔定理中要求弦 $\overline{AB}$ 平行于 x 轴,而拉格朗日定理中没有这一限制,因此拉格朗日定理有更普遍的意义。

下面证明拉格朗日定理。

证明: 引入辅助函数

$$\varphi(x) = f(x) - \frac{f(b) - f(a)}{b - a} x$$

由条件可知 $f(x)$ 在区间 $[a,b]$ 上连续,在区间 (a,b) 内可导,且 $\dfrac{f(b) - f(a)}{b - a} x$ 也在区间 $[a,b]$ 上连续,在区间 (a,b) 上可导,则 $\varphi(x)$ 在区间 $[a,b]$ 上连续,在区间 (a,b) 上可导,且

$$\varphi(a) = \frac{bf(a) - af(b)}{b - a} = \varphi(b)$$

即 $\varphi(x)$ 满足罗尔定理的 3 个条件,故在区间 (a,b) 内至少存在一点 ζ,使得 $\varphi'(\zeta)=0$,即

$$\varphi'(\zeta)=f'(\zeta)-\frac{f(b)-f(a)}{b-a}$$

因此有

$$f'(\zeta)=\frac{f(b)-f(a)}{b-a}$$

例 5-2 验证拉格朗日定理对于函数 $y=5x^2-4x+1$ 在区间 $[0,1]$ 上的正确性。

解:(1)因为 $y=5x^2-4x+1$ 是初等函数,定义域为 $(-\infty,+\infty)$,所以函数在 $(-\infty,+\infty)$ 内连续,从而在区间 $[0,1]$ 上连续。

(2)又因为 $y'=10x-4$,其定义域为 $(-\infty,+\infty)$,即函数在 $(-\infty,+\infty)$ 内可导,所以函数在区间 $(0,1)$ 内可导。

因此,函数 $y=5x^2-4x+1$ 在 $[0,1]$ 上满足拉格朗日定理,现令

$$f'(x)=\frac{f(1)-f(0)}{1-0}=\frac{2-1}{1}=1$$

即

$$10x-4=1$$

解方程得 $x=\frac{1}{2}$,而 $0<x<1$,即在区间 $(0,1)$ 内有 $\zeta=\frac{1}{2}$ 使得

$$f'(\zeta)=\frac{f(1)-f(0)}{1-0}$$

从而验证了拉格朗日定理的正确性。

在 4.1 节中,曾经讲过"常数的导数等于零",反之,"导数为零的函数为常数"。下面用拉格朗日定理证明这个结论。

例 5-3 证明若函数 $f(x)$ 在区间 (a,b) 内的导数恒为零,则函数 $f(x)$ 在区间 (a,b) 内是一个常数。

证明:在 (a,b) 内任取两点 $x_1,x_2(x_1<x_2)$,由于 $f(x)$ 在区间 (a,b) 内可导,则必有 ① $f(x)$ 在区间 $[x_1,x_2]$ 上连续(因为可导必连续);② $f(x)$ 在区间 (x_1,x_2) 内可导。所以由拉格朗日定理知,在 (x_1,x_2) 内至少存在一点 ζ,使得

$$f'(\zeta)=\frac{f(x_2)-f(x_1)}{x_2-x_1}$$

即

$$f(x_2)-f(x_1)=(x_2-x_1)f'(\zeta)$$

由于函数 $f(x)$ 在区间 (a,b) 内的导数恒为零,即 $f'(\zeta)\equiv 0$,从而有

$$f(x_2)-f(x_1)=0$$

即

$$f(x_2)=f(x_1)$$

由于 x_1,x_2 是 (a,b) 内任意两点,上述等式表明,函数 $f(x)$ 在区间 (a,b) 内的函数值总是相等的,即证明了函数 $f(x)$ 在区间 (a,b) 内是一个常数。

例 5-4 证明当 $x>0$ 时,$\dfrac{x}{x+1}<\ln(1+x)<x$。

证明：设 $f(t)=\ln(1+t)$，则 $f(t)$ 在区间 $[0,x]$ 上满足拉格朗日定理的条件，所以有

$$f(x)-f(0)=f'(\zeta)(x-0)(0<\zeta<x) \tag{5-1}$$

由于 $f(x)=\ln(1+x)$，$f(0)=0$，$f'(\zeta)=\dfrac{1}{1+\zeta}$，因此式(5-1)即

$$\ln(1+x)=\frac{x}{1+\zeta}(0<\zeta<x)$$

又由于 $0<\zeta<x$，因为

$$\frac{x}{1+x}<\frac{x}{1+\zeta}<x$$

由此就证得

$$\frac{x}{1+x}<\ln(1+x)<x$$

5.1.3　柯西定理

柯西定理　如果函数 $f(x)$ 及 $F(x)$ 满足
（1）在闭区间 $[a,b]$ 上连续；
（2）在开区间 (a,b) 内可导；
（3）对任意 $x\in(a,b)$，$F'(x)\neq 0$，
那么在区间 (a,b) 内至少有一点 $\zeta(a<\zeta<b)$，使等式

$$\frac{f(b)-f(a)}{F(b)-F(a)}=\frac{f'(\zeta)}{F'(\zeta)} \tag{5-2}$$

成立。

证明：因为 $F(x)$ 满足拉格朗日定理的条件，所以有

$$\frac{F(b)-F(a)}{b-a}=F'(\eta)(a<\eta<b)$$

又因为由柯西定理的条件(3)可知 $F'(\eta)\neq 0$，所以

$$F(b)-F(a)\neq 0$$

引入辅助函数

$$\varphi(x)=f(x)-\frac{f(b)-f(a)}{F(b)-F(a)}F(x)$$

由于 $f(x)$ 和 $F(x)$ 满足柯西定理的条件(1)、(2)，因此 $\varphi(x)$ 也满足柯西定理的条件(1)、(2)，且

$$\varphi(a)=\frac{f(a)F(b)-f(b)F(a)}{F(b)-F(a)}=\varphi(b)$$

因此，$\varphi(x)$ 满足罗尔定理的3个条件，从而在 (a,b) 内至少存在一点 ζ，使得 $\varphi'(\zeta)=0$，即

$$f'(\zeta)-\frac{f(b)-f(a)}{F(b)-F(a)}F'(\zeta)=0$$

由 $F'(\zeta)\neq 0$，有

$$\frac{f(b)-f(a)}{F(b)-F(a)}=\frac{f'(\zeta)}{F'(\zeta)}$$

如果在柯西定理中取 $F(x)=x$，则 $F(b)-F(a)=b-a,F'(\zeta)=1$，则式(5-2)变为

$$\frac{f(b)-f(a)}{b-a}=f'(\zeta) \tag{5-3}$$

式(5-3)即拉格朗日定理的结论，从而说明柯西定理是拉格朗日定理的推广。

罗尔定理、拉格朗日定理和柯西定理都叫中值定理，这是因为这 3 个定理都与自变量的变化区间 (a,b) 内的某个中间值 ζ 有关，虽然定理仅告诉了 ζ 的存在，而没有具体确定是何值，但它们仍有着重要的实践与理论意义，是微分学的理论基础。在下面的章节中会看到，中值定理是很多定理赖以证明的工具。

练习 5.1

1. 验证下列函数在给定区间上满足罗尔定理，并求出 ζ。

(1) $y=x^2-2x-3\ [-1,3]$；

(2) $y=\ln\sin x\ \left[\dfrac{\pi}{6},\dfrac{5\pi}{6}\right]$。

2. 验证拉格朗日定理对于函数 $y=\ln x$ 在区间 $[1,\mathrm{e}]$ 上的正确性。

3. 证明不等式

$$\frac{x}{1+x^2}<\arccos x<x(x>0)$$

5.2 洛必达法则

求函数的极限时，会存在当 $x\to x_0$，函数 $f(x)$ 和函数 $g(x)$ 的极限同时趋向于零或无穷大的情况，其极限 $\lim\limits_{x\to x_0}\dfrac{f(x)}{g(x)}$ 可能存在，也可能不存在，这种类型的极限称为**未定式**。本节介绍求未定式极限的一种有效的方法——**洛必达法则**。

5.2.1 $\dfrac{0}{0}$型未定式的极限

定理 5.1 设函数 $f(x)$ 及 $g(x)$ 满足

(1) $\lim\limits_{x\to a}f(x)=0,\lim\limits_{x\to a}g(x)=0$；

(2) 在点 a 的某个邻域内(点 a 可除外) $f'(x)$ 及 $g'(x)$ 均存在，且 $g'(x)\neq 0$；

(3) $\lim\limits_{x\to a}\dfrac{f'(x)}{g'(x)}=A$(或 ∞)，

则

$$\lim\limits_{x\to a}\frac{f(x)}{g(x)}=\lim\limits_{x\to a}\frac{f'(x)}{g'(x)}=A(或\infty)$$

证明：因为函数 $f(x)$ 和 $g(x)$ 在点 a 邻域内导数存在,所以两函数是连续的。虽然它们在点 a 处可能不连续,甚至可能没有定义,但可以规定 $f(a)=0,g(a)=0$（因为是在 $x \to a$ 过程中研究 $\dfrac{f(x)}{g(x)}$ 的极限问题,与 $f(x)$ 和 $g(x)$ 在点 a 处的值无关）,这样由条件(1)就有

$$\lim_{x \to a} f(x) = f(a)$$
$$\lim_{x \to a} g(x) = g(a)$$

从而 $f(x)$ 和 $g(x)$ 在点 a 处就连续了。

设 x 是 a 邻近一点,则 $f(x)$ 和 $g(x)$ 在区间 $[a,x]$（或 $[x,a]$）上满足柯西定理的全部条件,则有

$$\frac{f(x)}{g(x)} = \frac{f(x)-f(a)}{g(x)-g(a)} = \frac{f'(\zeta)}{g'(\zeta)} (a<\zeta<x)（或 x<\zeta<a） \tag{5-4}$$

对式(5-4)两端取 $x \to a$（此时 $\zeta \to a$）时的极限,再由条件(3)可得

$$\lim_{x \to a} \frac{f(x)}{g(x)} = \lim_{\zeta \to a} \frac{f'(\zeta)}{g'(\zeta)} = \lim_{x \to a} \frac{f'(x)}{g'(x)} = A（或 \infty） \tag{5-5}$$

注：式(5-5)的第二个等号是由于函数的极限与其自变量采用的表示符号无关。

例 5-5　求极限 $\lim\limits_{x \to 2} \dfrac{x^2-4}{x-2}$。

解：当 $x \to 2$ 时,$x^2-4 \to 0,x-2 \to 0$,这是 $\dfrac{0}{0}$ 型未定式,由洛必达法则有

$$\lim_{x \to 2} \frac{x^2-4}{x-2} \left(\frac{0}{0}型\right) = \lim_{x \to 2} \frac{(x^2-4)'}{(x-2)'} = \lim_{x \to 2} \frac{2x}{1} = 4$$

注意：在应用洛必达法则之前,必须检查是否满足定理 5.1 的 3 个条件。

例 5-6　求极限 $\lim\limits_{x \to 1} \dfrac{\ln x}{(1-x)^2}$。

解：当 $x \to 1$ 时,$\ln x \to 0$ 和 $(1-x)^2 \to 0$,这是 $\dfrac{0}{0}$ 型未定式,由洛必达法则有

$$\lim_{x \to 1} \frac{\ln x}{(1-x)^2} \left(\frac{0}{0}型\right) = \lim_{x \to 1} \frac{(\ln x)'}{[(1-x)^2]'} = \lim_{x \to 1} \frac{\frac{1}{x}}{-2(1-x)} = -\frac{1}{2} \lim_{x \to 1} \frac{1}{x(1-x)} = \infty$$

如果 $x \to a$ 时,$\dfrac{f'(x)}{g'(x)}$ 仍为 $\dfrac{0}{0}$ 型未定式,且 $f'(x),g'(x)$ 仍满足定理 5.1 的条件,那么可以继续使用洛必达法则,即

$$\lim_{x \to a} \frac{f(x)}{g(x)} = \lim_{x \to a} \frac{f'(x)}{g'(x)} = \lim_{x \to a} \frac{f''(x)}{g''(x)}$$

例 5-7　求 $\lim\limits_{x \to 0} \dfrac{x-\sin x}{x^3}$。

解：当 $x \to 0$ 时,$x-\sin x \to 0$ 和 $x^3 \to 0$,这是 $\dfrac{0}{0}$ 型未定式,由洛必达法则有

$$\lim_{x \to 0} \frac{x-\sin x}{x^3} \left(\frac{0}{0}型\right) = \lim_{x \to 0} \frac{(x-\sin x)'}{(x^3)'} = \lim_{x \to 0} \frac{1-\cos x}{3x^2} \tag{5-6}$$

当 $x\to0$ 时,$1-\cos x\to0$ 和 $3x^2\to0$,式(5-6)仍是 $\dfrac{0}{0}$ 型未定式,可继续使用洛必达法则,有

$$\lim_{x\to0}\frac{1-\cos x}{3x^2}\left(\frac{0}{0}型\right)=\lim_{x\to0}\frac{(1-\cos x)'}{(3x^2)'}=\lim_{x\to0}\frac{\sin x}{6x}=\frac{1}{6}$$

但要注意使用洛必达法则后,如果函数已经不属于 $\dfrac{0}{0}$ 型未定式,则不能继续使用洛必达法则。

例 5-8 求 $\lim\limits_{x\to1}\dfrac{x^3-3x+2}{x^3-x^2-x+1}$

解:

$$\lim_{x\to1}\frac{x^3-3x+2}{x^3-x^2-x+1}\left(\frac{0}{0}型\right)=\lim_{x\to1}\frac{(x^3-3x+2)'}{(x^3-x^2-x+1)'}=\lim_{x\to1}\frac{3x^2-3}{3x^2-2x-1}\left(\frac{0}{0}型\right)$$

$$=\lim_{x\to1}\frac{(3x^2-3)'}{(3x^2-2x-1)'}=\lim_{x\to1}\frac{6x}{6x-2}=\frac{3}{2} \tag{5-7}$$

式(5-7)中的 $\dfrac{6x}{6x-2}$ 已不是 $\dfrac{0}{0}$ 型未定式,不能再对它用洛必达法则,否则会出现错误。

5.2.2 $\dfrac{\infty}{\infty}$ 型未定式的极限

定理 5.2 设函数 $f(x)$ 及 $g(x)$ 满足:

(1) $\lim\limits_{x\to a}f(x)=\infty$,$\lim\limits_{x\to a}g(x)=\infty$;

(2) 在点 a 的某个邻域内(点 a 可除外)$f'(x)$ 及 $g'(x)$ 均存在,且 $g'(x)\neq0$;

(3) $\lim\limits_{x\to a}\dfrac{f'(x)}{g'(x)}=A$(或 ∞),

则

$$\lim_{x\to a}\frac{f(x)}{g(x)}=\lim_{x\to a}\frac{f'(x)}{g'(x)}=A(或\infty)$$

如果 $x\to a$ 时,$\dfrac{f'(x)}{g'(x)}$ 仍为 $\dfrac{\infty}{\infty}$ 型未定式,且 $f'(x)$,$g'(x)$ 仍满足定理 5.2 的条件,那么可以继续使用洛必达法则,即

$$\lim_{x\to a}\frac{f(x)}{g(x)}=\lim_{x\to a}\frac{f'(x)}{g'(x)}=\lim_{x\to a}\frac{f''(x)}{g''(x)}$$

证明从略。

对于定理 5.1 和定理 5.2,把 $x\to a$ 改为 $x\to\infty$ 时它们仍然成立。

例 5-9 求极限 $\lim\limits_{x\to\infty}\dfrac{x^2+3x-1}{2x^2-3}$。

解: 当 $x\to\infty$ 时,$x^2+3x-1\to\infty$,$2x^2-3\to\infty$,这是 $\dfrac{\infty}{\infty}$ 型未定式,由洛必达法则有

$$\lim_{x\to\infty}\frac{x^2+3x-1}{2x^2-3}\left(\frac{\infty}{\infty}型\right)=\lim_{x\to\infty}\frac{(x^2+3x-1)'}{(2x^2-3)'}$$

$$=\lim_{x\to\infty}\frac{2x+3}{4x}\left(\frac{\infty}{\infty}型\right)=\lim_{x\to\infty}\frac{(2x+3)'}{(4x)'}$$

$$=\frac{1}{2}$$

例 5-10　求极限 $\lim\limits_{x\to+\infty}\dfrac{x^2}{\mathrm{e}^x}$。

解：当 $x\to+\infty$ 时，$x^2\to\infty$ 和 $\mathrm{e}^x\to\infty$，是 $\dfrac{\infty}{\infty}$ 型未定式，由洛必达法则有

$$\lim_{x\to+\infty}\frac{x^2}{\mathrm{e}^x}\left(\frac{\infty}{\infty}型\right)=\lim_{x\to+\infty}\frac{(x^2)'}{(\mathrm{e}^x)'}$$

$$=\lim_{x\to+\infty}\frac{2x}{\mathrm{e}^x}\left(\frac{\infty}{\infty}型\right)=\lim_{x\to+\infty}\frac{(2x)'}{(\mathrm{e}^x)'}$$

$$=\lim_{x\to+\infty}\frac{2}{\mathrm{e}^x}=0$$

在求未定式的极限时，有时会遇到由一种类型变为另一种类型的情形，如下面的例 5-11。

例 5-11　求极限 $\lim\limits_{x\to\frac{\pi}{2}}\dfrac{\tan x}{\cot 2x}$。

解：当 $x\to\dfrac{\pi}{2}$ 时，$\tan x\to\infty$ 和 $\cot 2x\to\infty$，是 $\dfrac{\infty}{\infty}$ 型未定式，由洛必达法则有

$$\lim_{x\to\frac{\pi}{2}}\frac{\tan x}{\cot 2x}\left(\frac{\infty}{\infty}型\right)=\lim_{x\to\frac{\pi}{2}}\frac{(\tan x)'}{(\cot 2x)'}=\lim_{x\to\frac{\pi}{2}}\frac{\sec^2 x}{-2\csc^2 2x}=-\frac{1}{2}\lim_{x\to\frac{\pi}{2}}\frac{\sin^2 2x}{\cos^2 x}$$

当 $x\to\dfrac{\pi}{2}$ 时，$\sin^2 2x\to 0$ 和 $\cos^2 x\to 0$，是 $\dfrac{0}{0}$ 型未定式，由洛必达法则有

$$-\frac{1}{2}\lim_{x\to\frac{\pi}{2}}\frac{\sin^2 2x}{\cos^2 x}\left(\frac{0}{0}型\right)=-\frac{1}{2}\lim_{x\to\frac{\pi}{2}}\frac{(\sin^2 2x)'}{(\cos^2 x)'}=-\frac{1}{2}\lim_{x\to\frac{\pi}{2}}\frac{4\sin 2x\cos 2x}{-2\cos x\sin x}=2\lim_{x\to\frac{\pi}{2}}\cos 2x=-2$$

5.2.3　其他型未定式的极限

除了 $\dfrac{0}{0}$ 型和 $\dfrac{\infty}{\infty}$ 型未定式外，还有 $0\cdot\infty$ 型、$\infty-\infty$ 型、0^0 型、∞^0 型等不定式，求解这些类型未定式的极限时，均可以先将其转化为 $\dfrac{\infty}{\infty}$ 型或 $\dfrac{0}{0}$ 型，然后用洛必达法则求解。

1. $0\cdot\infty$ 型未定式

若 $f(x)g(x)$ 为 $0\cdot\infty$ 型未定式，即 $f(x)\to 0$，$g(x)\to\infty$，则可写成 $f(x)g(x)=\dfrac{f(x)}{1/g(x)}\left(或\dfrac{g(x)}{1/f(x)}\right)$，$f(x)g(x)$ 就化成为 $\dfrac{0}{0}$ 型（或 $\dfrac{\infty}{\infty}$ 型）未定式。

例 5-12　求极限 $\lim\limits_{x\to 0^+}x\ln x$。

解：当 $x\to 0^+$ 时，$x\to 0$ 和 $\ln x\to\infty$，是 $0\cdot\infty$ 型未定式，可将其先转化为 $\dfrac{\infty}{\infty}$ 型未定式，

再利用洛必达法则求解。

$$\lim_{x \to 0^+} x \ln x (0 \cdot \infty \text{型}) = \lim_{x \to 0^+} \frac{\ln x}{x^{-1}} \left(\frac{\infty}{\infty}\text{型}\right) = \lim_{x \to 0^+} \frac{(\ln x)'}{(x^{-1})'} = \lim_{x \to 0^+} \frac{\frac{1}{x}}{-x^{-2}} = -\lim_{x \to 0^+} x = 0$$

2. $\infty - \infty$ 型未定式

若 $f(x) - g(x)$ 为 $\infty - \infty$ 型未定式，即 $f(x) \to \infty$，$g(x) \to \infty$，则可写成

$$f(x) - g(x) = \frac{\dfrac{1}{g(x)} - \dfrac{1}{f(x)}}{\dfrac{1}{f(x)} \cdot \dfrac{1}{g(x)}}$$

$f(x) - g(x)$ 就化成为 $\dfrac{0}{0}$ 型未定式。

例 5-13 求极限 $\lim\limits_{x \to 0}\left(\dfrac{1}{\sin x} - \dfrac{1}{x}\right)$。

解：当 $x \to 0$ 时，$\dfrac{1}{\sin x} \to \infty$ 和 $\dfrac{1}{x} \to \infty$ 是 $\infty - \infty$ 型未定式，可将其先转化为 $\dfrac{0}{0}$ 型未定式，再利用洛必达法则求解。

$$\lim_{x \to 0}\left(\frac{1}{\sin x} - \frac{1}{x}\right)(\infty - \infty \text{型}) = \lim_{x \to 0} \frac{x - \sin x}{x \sin x}\left(\frac{0}{0}\text{型}\right)$$

$$= \lim_{x \to 0} \frac{(x - \sin x)'}{(x \sin x)'} = \lim_{x \to 0} \frac{1 - \cos x}{\sin x + x \cos x}\left(\frac{0}{0}\text{型}\right)$$

$$= \lim_{x \to 0} \frac{(1 - \cos x)'}{(\sin x + x \cos x)'} = \lim_{x \to 0} \frac{\sin x}{2 \cos x - x \sin x} = 0$$

3. 0^0，1^∞ 和 ∞^0 型未定式

若 $f(x)^{g(x)}$ 为 0^0，1^∞ 和 ∞^0 型未定式，即 $f(x) \to 0$，$g(x) \to 0$ 或 $f(x) \to 1$，$g(x) \to \infty$ 或 $f(x) \to \infty$，$g(x) \to 0$，此时可设 $y = f(x)^{g(x)}$，两边取对数 $\ln y = g(x) \cdot \ln f(x)$，则可化成 $0 \cdot \infty$ 型未定式。

例 5-14 求极限 $\lim\limits_{x \to 0^+} x^{\sin x}$。

解：这是 0^0 型，令 $y = x^{\sin x}$，两边取对数得

$$\ln y = \sin x \ln x$$

而

$$\lim_{x \to 0^+} \ln y = \lim_{x \to 0^+} \sin x \ln x (0 \cdot \infty \text{型})$$

$$= \lim_{x \to 0^+} \frac{\ln x}{\dfrac{1}{\sin x}}\left(\frac{\infty}{\infty}\text{型}\right)$$

$$= \lim_{x \to 0^+} \frac{(\ln x)'}{\left(\dfrac{1}{\sin x}\right)'} = \lim_{x \to 0^+} \frac{\dfrac{1}{x}}{-\dfrac{\cos x}{\sin^2 x}} = -\lim_{x \to 0^+} \frac{\sin x}{x} \cdot \frac{\sin x}{\cos x}$$

$$= -\lim_{x \to 0^+} \tan x = 0$$

所以

$$\lim_{x \to 0^+} x^{\sin x} = \lim_{x \to 0^+} y = \lim_{x \to 0^+} e^{\ln y} = e^{\lim\limits_{x \to 0^+} \ln y} = e^0 = 1$$

例 5-15　求极限 $\lim\limits_{x \to 0} (1-x)^{\frac{1}{x}}$。

解：这是 1^∞ 型未定式，令 $y = (1-x)^{\frac{1}{x}}$，两边取对数

$$\ln y = \ln (1-x)^{\frac{1}{x}} = \frac{\ln(1-x)}{x}$$

从而

$$\lim_{x \to 0} \ln y = \lim_{x \to 0} \frac{\ln(1-x)}{x} \left(\frac{0}{0} \text{型} \right) = \lim_{x \to 0} \frac{(\ln(1-x))'}{(x)'} = \lim_{x \to 0} \frac{-\dfrac{1}{1-x}}{1} = -1$$

所以

$$\lim_{x \to 0} (1-x)^{\frac{1}{x}} = \lim_{x \to 0} y = \lim_{x \to 0} e^{\ln y} = e^{\lim\limits_{x \to 0} \ln y} = e^{-1} = \frac{1}{e}$$

例 5-16　求极限 $\lim\limits_{x \to \infty} (1+x)^{\frac{1}{x^2}}$。

解：这是 ∞^0 型未定式，令 $y = (1+x)^{\frac{1}{x^2}}$，两边取对数得

$$\ln y = \frac{\ln(1+x)}{x^2}$$

从而

$$\lim_{x \to \infty} \ln y = \lim_{x \to \infty} \frac{\ln(1+x)}{x^2} \left(\frac{\infty}{\infty} \text{型} \right) = \lim_{x \to \infty} \frac{\dfrac{1}{1+x}}{2x} = 0$$

所以

$$\lim_{x \to \infty} (1+x)^{\frac{1}{x^2}} = \lim_{x \to \infty} y = \lim_{x \to \infty} e^{\ln y} = e^{\lim\limits_{x \to \infty} \ln y} = e^0 = 1$$

注意：洛必达法则并不是万能的，有时也会失效。因为洛必达法则只说明当 $\lim\limits_{x \to a} \dfrac{f'(x)}{g'(x)}$ 存在（或为无穷大）时，有 $\lim\limits_{x \to a} \dfrac{f(x)}{g(x)} = \lim\limits_{x \to a} \dfrac{f'(x)}{g'(x)}$，但并没有说当 $\lim\limits_{x \to a} \dfrac{f'(x)}{g'(x)}$ 不存在时，$\lim\limits_{x \to a} \dfrac{f(x)}{g(x)}$ 是否存在，所以当 $\lim\limits_{x \to a} \dfrac{f'(x)}{g'(x)}$ 不存在时不能应用洛必达法则。例如，极限 $\lim\limits_{x \to \infty} \dfrac{x+\sin x}{x}$ 是 $\dfrac{\infty}{\infty}$ 型未定式，如用洛必达法则，则有

$$\lim_{x \to \infty} \frac{x+\sin x}{x} = \lim_{x \to \infty} \frac{(x+\sin x)'}{x'} = \lim_{x \to \infty} (1+\cos x)$$

而 $\lim\limits_{x \to \infty} (1+\cos x)$ 不存在，此时洛必达法则失效，需改用其他方法求极限。

$$\lim_{x \to \infty} \frac{x+\sin x}{x} = \lim_{x \to \infty} \left(1+\frac{\sin x}{x} \right) = 1 + \lim_{x \to \infty} \frac{\sin x}{x} = 1 + 0 = 1$$

其中 $\lim\limits_{x \to \infty} \dfrac{\sin x}{x} = 0$ 是根据"有界函数与无穷小的乘积仍是无穷小"的结论得出的。

练习 5. 2

求下列各极限：

(1) $\lim\limits_{x\to 0}\dfrac{e^x-e^{-x}}{x}$；

(2) $\lim\limits_{x\to 1}\dfrac{\ln x}{x^2-1}$；

(3) $\lim\limits_{x\to\infty}\dfrac{x-\sin x}{x+\sin x}$；

(4) $\lim\limits_{x\to +\infty}\dfrac{\ln (1+e^x)}{e^x}$；

(5) $\lim\limits_{x\to 1}\left(\dfrac{x}{x-1}-\dfrac{1}{\ln x}\right)$；

(6) $\lim\limits_{x\to 0}\dfrac{x}{\ln \cos x}$；

(7) $\lim\limits_{x\to 0}\dfrac{\tan x-x}{x-\sin x}$；

(8) $\lim\limits_{x\to +\infty}\dfrac{x^n}{e^{2x}}$（$n$ 为正整数）；

(9) $\lim\limits_{x\to 0^+}x^2\ln x$；

(10) $\lim\limits_{x\to 0}\dfrac{x+\sin x}{2x-\ln (1-2x)}$。

5.3 函数的单调性

函数的单调性是函数的一个基本属性，在研究函数图形时往往需要考虑其单调性的变化规律。本节介绍利用函数的导数来判定函数单调性的方法。

从图 5-3(a)可以看出，如果函数 $y=f(x)$ 在区间 $[a,b]$ 上单调增加，则它的图形是沿 x 轴向上升的曲线，此时，曲线上各点处的切线与 x 轴正向的夹角 α 为锐角，斜率是正数，由导数的几何意义知，曲线上各点的导数 $f'(x)>0$。

从图 5-3(b)可以看出，如果函数 $y=f(x)$ 在区间 $[a,b]$ 上单调减少，则它的图形是沿 x 轴向下降的曲线，此时，曲线上各点处的切线与 x 轴正向的夹角 α 为钝角，斜率是负数，由导数的几何意义可知，曲线上各点的导数 $f'(x)<0$。

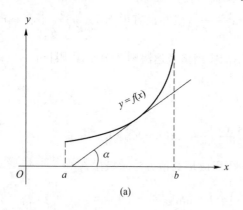
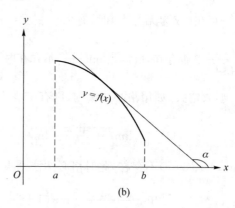

图 5-3

那么反之,能否利用导数 $f'(x)$ 的正、负来判断函数 $f(x)$ 的单调性呢? 答案是可以的,这就是定理 5.3。

定理 5.3(函数单调性的判别方法)　设函数 $y=f(x)$ 在闭区间 $[a,b]$ 上连续,在开区间 (a,b) 内可导,

(1) 如果在开区间 (a,b) 内恒有 $f'(x)>0$,则函数 $y=f(x)$ 在闭区间 $[a,b]$ 上单调增加;

(2) 如果在开区间 (a,b) 内恒有 $f'(x)<0$,则函数 $y=f(x)$ 在闭区间 $[a,b]$ 上单调减少。

注意:若把闭区间 $[a,b]$ 换成其他类型的区间(包括无穷区间),定理 5.3 也成立。

证明:设 x_1,x_2 是闭区间 $[a,b]$ 上任意两点,且 $x_1<x_2$。

因为 $y=f(x)$ 在 $[x_1,x_2]$ 上满足拉格朗日定理的条件,所以有

$$\frac{f(x_2)-f(x_1)}{x_2-x_1}=f'(\zeta)(x_1<\zeta<x_2)$$

即

$$f(x_2)-f(x_1)=f'(\zeta)(x_2-x_1)(x_1<\zeta<x_2) \tag{5-8}$$

(1) 当 $f'(\zeta)>0$ 时,由于在式(5-8)中 $x_2-x_1>0$,则有

$$f'(\zeta)(x_2-x_1)>0$$

所以

$$f(x_2)-f(x_1)>0$$

即

$$f(x_2)>f(x_1)$$

由函数单调性的定义可知,此时函数 $y=f(x)$ 在闭区间 $[a,b]$ 上单调增加。

(2) 当 $f'(\zeta)<0$ 时,由于在式(5-8)中 $x_2-x_1>0$,则有

$$f'(\zeta)(x_2-x_1)<0$$

所以

$$f(x_2)-f(x_1)<0$$

即

$$f(x_2)<f(x_1)$$

由函数单调性的定义可知,此时函数 $y=f(x)$ 在闭区间 $[a,b]$ 上单调减少。

例 5-17　判断函数 $y=x-\sin x$ 在闭区间 $(0,2\pi)$ 内的单调性。

解:因为在区间 $(0,2\pi)$ 内

$$y'=1-\cos x>0$$

所以由判别法可知,函数 $y=x-\sin x$ 在区间 $(0,2\pi)$ 内是单调增加的。

例 5-18　确定函数 $y=x^2$ 的单调性。

解:函数 $y=x^2$ 的定义域是 $(-\infty,+\infty)$,函数的导数为

$$y'=f'(x)=2x$$

当 $x=0$ 时,$y'=0$。在区间 $(-\infty,0)$ 内 $f'(x)<0$,所以函数 $y=x^2$ 在区间 $(-\infty,0)$ 内单调减少。在区间 $(0,+\infty)$ 内 $f'(x)>0$,所以函数 $y=x^2$ 在区间 $(0,+\infty)$ 内单调增加。

由该例题可见,导数为零的点是函数单调减少与单调增加区间的分界点,这一结论对任何具有连续导数的函数都成立。

定义 5.1 使 $f'(x)=0$ 的点称为 $f(x)$ 的**驻点**。

$f(x)$ 的单调增减分界点除了驻点外,还有不可导的点。例如,在例 4-10 中证明了 $y=|x|$ 在点 $x=0$ 处不可导,而在区间 $(-\infty,0)$ 内,函数 $y=|x|=-x$ 是单调减少的,在区间 $(0,+\infty)$ 内,函数 $y=|x|=x$ 是单调增加的,则点 $x=0$ 是函数单调增加和单调减少的分界点。

由上述结论,总结判定 $f(x)$ 单调性的方法:

(1) 确定 $f(x)$ 的定义域并计算函数的导数;

(2) 找出 $f(x)$ 的驻点($f'(x)=0$ 的点)和不可导的点,用这些点将定义区间分成若干个小区间;

(3) 在每个小区间上用 $f'(x)$ 的符号判定函数的单调性。

例 5-19 判定函数 $f(x)=x^3-3x^2-9x+1$ 的单调性。

解: 函数 $f(x)$ 的定义域是 $(-\infty,+\infty)$,

$$f'(x)=3x^2-6x-9=3(x+1)(x-3)$$

令 $f'(x)=0$,可得 $x=-1$ 和 $x=3$ 是函数的两个驻点。导数 $f'(x)$ 的两个驻点将函数的定义域 $(-\infty,+\infty)$ 分成 3 个区间 $(-\infty,-1),(-1,3),(3,+\infty)$,在 3 个区间内分别讨论函数的单调性。

① 在 $(-\infty,-1)$ 内 $f'(x)>0$,因此函数 $f(x)$ 在 $(-\infty,-1)$ 内单调增加;

② 在 $(-1,3)$ 内 $f'(x)<0$,因此函数 $f(x)$ 在 $(-1,3)$ 内单调减少;

③ 在 $(3,+\infty)$ 内 $f'(x)>0$,因此函数 $f(x)$ 在 $(3,+\infty)$ 内单调增加。

函数 $f(x)$ 的单调性见图 5-4。

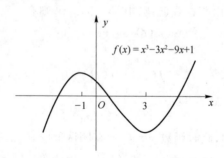

图 5-4

在一般情况下,我们用列表的方法来分析更方便清晰,见表 5-1。

表 5-1

x	$(-\infty,-1)$	-1	$(-1,3)$	3	$(3,+\infty)$
$f'(x)$	$+$	0	$-$	0	$+$
$f(x)$	↗		↘		↗

注:符号↗表示函数在该区间内单调增加,符号↘表示函数在该区间内单调减少。

例 5-20　讨论函数 $y=\sqrt[3]{x^2}$ 的单调区间。

解： 函数 $f(x)$ 的定义域是 $(-\infty,+\infty)$，

$$y'=(\sqrt[3]{x^2})'=\frac{2}{3\sqrt[3]{x}}$$

从中可以看出，没有使 y' 为零的点，但当 $x=0$ 时 y' 不存在，即有不可导的点 $x=0$。函数的单调性见表 5-2。

表 5-2

x	$(-\infty,0)$	0	$(0,+\infty)$
y'	$-$	不存在	$+$
y	↘		↗

函数 $y=\sqrt[3]{x^2}$ 在 $(-\infty,0)$ 内单调减少，在 $(0,+\infty)$ 内单调增加，见图 5-5。

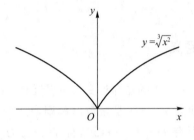

图 5-5

应用函数的单调性的判定法还可以证明一些不等式。

例 5-21　证明当 $x>0$ 时，$x>\ln(1+x)$。

证明： 令

$$f(x)=x-\ln(1+x)$$

因为 $f'(x)=1-\dfrac{1}{1+x}=\dfrac{x}{1+x}$，在区间 $(0,+\infty)$ 内，$f'(x)>0$，因此函数 $f(x)$ 在区间 $(0,+\infty)$ 内是单调增加的。而 $f(0)=0$，所以当 $x>0$ 时，$f(x)>f(0)=0$，即

$$x-\ln(1+x)>0$$

所以

$$x>\ln(1+x)$$

练习 5.3

1. 如果函数 $y=f(x)$ 的导数如下，该函数在什么区间内单调增加？

(1) $f'(x)=x(x-2)$；　　　　　　(2) $f'(x)=(x+1)^2(x+2)$；

(3) $f'(x)=x^3(2x-1)$；　　　　　(3) $f'(x)=\dfrac{2}{(1+x)^3}$。

2．求下列函数的单调区间：

（1）$f(x)=x^3-3x$；

（2）$f(x)=\sqrt[5]{x^4}$；

（3）$f(x)=x^2-5x+6$；

（4）$f(x)=\dfrac{1}{x}$；

（5）$f(x)=2x^2-\ln x$；

（6）$f(x)=x-e^x$。

3．证明下列不等式：

（1）当 $x>0$ 时，$\ln(1+x)>x-\dfrac{x^2}{2}$；

（2）当 $x>1$ 时，$2\sqrt{x}>3-\dfrac{1}{x}$。

5.4　函数的极值和最值

5.4.1　函数极值的定义

在例 5-19 中，当 x 从点 $x=-1$ 的左邻近变为右邻近时，函数 $f(x)=x^3-3x^2-9x+1$ 由单调增加变为单调减少，即点 $x=-1$ 是函数由单调增加变为单调减少的转折点，因此对于点 $x=-1$ 的左右邻近恒有 $f(-1)>f(x)$，称 $f(-1)$ 为 $f(x)$ 在该邻域中的极大值。同理，点 $x=3$ 是函数由单调减少变为单调增加的转折点，因此对于点 $x=3$ 的左右邻近恒有 $f(3)<f(x)$，称 $f(3)$ 为 $f(x)$ 在该邻域中的极小值。

定义 5.2　设函数 $f(x)$ 在区间 (a,b) 内有定义，x_0 是区间 (a,b) 内的一个点，如果存在点 x_0 的一个邻域，对于这个邻域内的任何 $x(x\neq x_0)$，

（1）若总有 $f(x)>f(x_0)$，则称 $f(x_0)$ 为函数 $f(x)$ 的**极小值**，点 x_0 称为函数 $f(x)$ 的**极小值点**；

（2）若总有 $f(x)<f(x_0)$，则称 $f(x_0)$ 为函数 $f(x)$ 的**极大值**，点 x_0 称为函数 $f(x)$ 的**极大值点**，

函数的极大值和极小值统称为函数的**极值**，使函数取得极值的点称为**极值点**。

注意：函数的极值是局部概念。如果 $f(x_0)$ 是函数 $f(x)$ 的一个极大值，仅就点 x_0 两侧附近的一个局部范围而言，$f(x_0)$ 是函数 $f(x)$ 的一个最大值，如果就 $f(x)$ 的整个定义域而言，$f(x_0)$ 不见得是最大值。对于极小值，情况也类似。并且一般来说，极值不是唯一的，见图 5-6，图中有两个极大值和两个极小值。并且可以看出，对同一个函数而言，极大值也可能小于极小值。

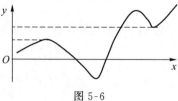

图 5-6

5.4.2　函数极值的判定及求解

定理 5.4(极值存在的必要条件)　若函数 $y=f(x)$ 在点 x_0 处可导,并且在点 x_0 处取得极值,则 $f'(x_0)=0$。

证明:不妨设 $y=f(x)$ 在点 x_0 处取得极大值,由定义可知,在点 x_0 的邻域内,有 $f(x)<f(x_0)$,即 $f(x)-f(x_0)<0$,$y=f(x)$ 在点 x_0 处的导数为

$$f'(x_0)=\lim_{x\to x_0}\frac{f(x)-f(x_0)}{x-x_0},$$

且

$$f'(x_0)=f'_+(x_0)=\lim_{x\to x_0^+}\frac{f(x)-f(x_0)}{x-x_0}\leqslant 0$$

$$f'(x_0)=f'_-(x_0)=\lim_{x\to x_0^-}\frac{f(x)-f(x_0)}{x-x_0}\geqslant 0$$

由 $y=f(x)$ 在点 x_0 可导,得

$$f'(x_0)=f'_+(x_0)=f'_-(x_0)$$

所以

$$f'(x_0)=0$$

注意:

① $f'(x_0)=0$ 是可导函数 $f(x)$ 取得极值的必要条件;在函数可导的条件下,导数不等于零的点一定不是极值点,即极值点一定产生于驻点,但驻点不一定是极值点。例如,对于函数 $y=x^3$,$y'=3x^2$,$x=0$ 是驻点,但不是极值点。

② 若函数 $f(x)$ 在点 x_0 处有定义,在点 x_0 处不可导,即 $f'(x_0)$ 不存在,但点 x_0 也可能是极值点。例如,例 4-10 所证明的 $f(x)=|x|$,在点 $x=0$ 点处不可导,但从图 4-4 可知,点 $x=0$ 是函数取得极小值的点。因此一般来说,函数 $f(x)$ 的极值点产生于驻点和导数不存在的点。

定理 5.5(判别极值的第一充分条件)　设函数 $f(x)$ 在点 x_0 的某邻域内连续且可导(但 $f'(x_0)$ 可以不存在),

(1) 如果当 $x<x_0$ 时,$f'(x)>0$,$x>x_0$ 时,$f'(x)<0$,则函数 $f(x)$ 在点 x_0 取得的是**极大值**;

(2) 如果当 $x<x_0$ 时,$f'(x)<0$,$x>x_0$ 时,$f'(x)>0$,则函数 $f(x)$ 在点 x_0 取得的是**极小值**;

(3) 如果取点 x_0 的左、右两侧的值时,$f'(x)$ 不变号,则函数 $f(x)$ 在点 x_0 无极值。

证明:对于情形(1),根据函数单调性的判断法,当 $x<x_0$ 时,$f'(x)<0$,则 $f(x)$ 在 x_0 左侧邻域内单调增加,有 $f(x)<f(x_0)$,而当 $x>x_0$ 时,$f'(x)<0$,则 $f(x)$ 在 x_0 右侧邻域内单调减少,有 $f(x)<f(x_0)$,即在 x_0 的邻域内有 $f(x)<f(x_0)$($x\neq x_0$),函数 $f(x)$ 在点 x_0 取得极大值。

类似地,可证明情形(2)和情形(3)。

定理 5.5 的意义是当 x 经过点 x_0 时,若导数 $f'(x)$ 的符号由正变负,则点 x_0 是极大

值点;若导数 $f'(x)$ 的符号由负变正,则点 x_0 是极小值点;若导数 $f'(x)$ 不变号,则点 x_0 不是极值点。可以从图 5-7 来理解定理 5.5。

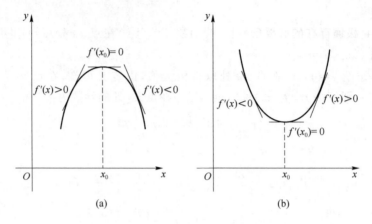

图 5-7

如图 5-7(a)所示,自变量 x 沿 x 轴从点 x_0 左侧经过点 x_0 到点 x_0 右侧,当 $x<x_0$ 时,$f'(x)>0$,函数 $f(x)$ 单调增加,曲线上升,函数 $f(x)$ 在点 x_0 达到峰值,当 $x>x_0$ 时,$f'(x)<0$,函数 $f(x)$ 单调减少,曲线下降。因此点 x_0 是函数的极大值点,可以验证定理 5.5 的情形(1)。同理,图 5-7(b)可以验证定理 5.5 的情形(2)。

而当自变量 x 沿 x 轴从点 x_0 左侧经过点 x_0 到点 x_0 右侧时,$f'(x)$ 不变号,见图 5-8,点 x_0 两侧函数 $f(x)$ 的单调性不变,点 x_0 不是极值点,可以验证定理 5.5 的情形(3)。

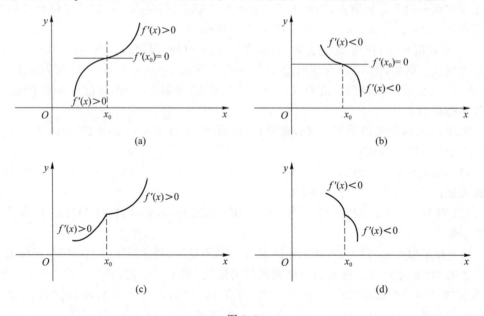

图 5-8

综合定理 5.4 和定理 5.5,如果函数 $f(x)$ 在所讨论的区间内可导,可按如下步骤求函数极值:

① 确定函数 $f(x)$ 的定义域,求出导函数 $f'(x)$;

② 令 $f'(x)=0$,找到函数的所有驻点及所有 $f'(x)$ 不存在的点;

③ 检查上述各点两侧邻近 $f'(x)$ 的符号(可列表),按定理 5.5 确定极值点;

④ 求各极值点的函数值,可得函数 $f(x)$ 的全部极值。

例 5-22　求函数 $y=(x-1)^2\,(x+1)^3$ 的极值。

解：函数的定义域为 $(-\infty,+\infty)$,

$$y'=2(x-1)(x+1)^3+3\,(x-1)^2\,(x+1)^2=(x+1)^2(x-1)(5x-1)$$

令 $y'=0$,可得函数的驻点为 $x=-1,x=\dfrac{1}{5},x=1$(没有使 y' 不存在的点),列表见表 5-3。

表 5-3

x	$(-\infty,-1)$	-1	$\left(-1,\dfrac{1}{5}\right)$	$\dfrac{1}{5}$	$\left(\dfrac{1}{5},1\right)$	1	$(1,+\infty)$
y'	$+$	0	$+$	0	$-$	0	$+$
y	↗	无极值	↗	极大值	↘	极小值	↗

根据定理 5.5 可知,函数的极大值点为 $x=\dfrac{1}{5}$,函数的极大值为 $y\left(\dfrac{1}{5}\right)=\dfrac{3\,456}{3\,125}$;函数的极小值点为 $x=1$,函数的极小值为 $y(1)=0$。

由例 5-22 可以看出,可导函数的极值点一定是驻点,因此求解极值时,先要找出函数的全部驻点,再逐一判断函数的驻点是否是函数的极值点。反之,函数的驻点未必是函数的极值点。例如,例 5-22 中的点 $x=-1$ 是驻点,但函数在该点无极值。

例 5-23　设 $f(x)=(x-2)^2\,(x+1)^{\frac{2}{3}}$,求极值。

解：函数的定义域为 $(-\infty,+\infty)$,

$$f'(x)=2(x-2)(x+1)^{\frac{2}{3}}+\frac{2}{3}\,(x-2)^2\,(x+1)^{\frac{2}{3}}=\frac{2(x-2)(4x+1)}{3\sqrt[3]{x+1}}$$

令 $f'(x)=0$,可得函数的驻点为 $x=2$ 及 $x=-\dfrac{1}{4}$,使 $f'(x)$ 不存在的点为 $x=-1$,列表见表 5-4。

表 5-4

x	$(-\infty,-1)$	-1	$\left(-1,-\dfrac{1}{4}\right)$	$-\dfrac{1}{4}$	$\left(-\dfrac{1}{4},2\right)$	2	$(2,+\infty)$
y'	$-$	不存在	$+$	0	$-$	0	$+$
y	↘	极小值	↗	极大值	↘	极小值	↗

根据定理 5.5 可知,函数的极小值点为 $x=-1$ 和 $x=2$,函数的极小值为 $f(-1)=0$,$f(2)=0$;函数的极大值点为 $x=-\dfrac{1}{4}$,函数的极大值为 $f\left(-\dfrac{1}{4}\right)=\left(\dfrac{9}{4}\right)^2\left(\dfrac{3}{4}\right)^{\frac{2}{3}}$。

由例 5-23 可见,函数的极值点除了是函数的驻点外,还有可能是函数导数不存在的点,因此在确定函数的极值点时,除了找出函数的驻点外,还要找出函数导数不存在的点。

在某些情况下,判别 $f'(x)$ 的符号比较困难,则在二阶可导的条件下,可以考虑利用函数的二阶导数 $f''(x)$ 进行判别。

定理 5.6(判别极值的第二充分条件) 设函数 $y=f(x)$ 在点 x_0 处二阶可导,且 $f'(x_0)=0$,若 $f''(x_0)\neq0$,则点 x_0 是极值点,且

(1) $f''(x_0)>0$ 时,函数 $f(x)$ 在点 x_0 处取得极小值,点 x_0 是极小值点;

(2) $f''(x_0)<0$ 时,函数 $f(x)$ 在点 x_0 处取得极大值,点 x_0 是极大值点。

证明:对于情形(1),因为 $f''(x_0)>0$,根据二阶导数的定义有

$$f''(x_0)=\lim_{x\to x_0}\frac{f'(x)-f'(x_0)}{x-x_0}>0$$

根据函数极限的性质(定理 2.2),必存在 x_0 的某一个邻域,使当 x 在该邻域内时(但 $x\neq x_0$),有

$$\frac{f'(x)-f'(x_0)}{x-x_0}>0 \tag{5-9}$$

而 $f'(x_0)=0$,所以式(5-9)为

$$\frac{f'(x)}{x-x_0}>0$$

因此在 x_0 的邻域内 $f'(x)$ 与 $x-x_0$ 同号,因此,当 $x-x_0<0$,即 $x<x_0$ 时,$f'(x)<0$;当 $x-x_0>0$,即 $x>x_0$ 时,$f'(x)>0$。由定理 5.5 可知,函数 $f(x)$ 在 x_0 处取得极小值,点 x_0 是极小值点。

同理,可证明情形(2)。

注意:只有二阶导数 $f''(x_0)$ 存在且 $f''(x_0)\neq0$ 不为零的驻点才可以用定理 5.6 判断极值,此时点 x_0 一定是极值点。若 $f''(x_0)=0$,则点 x_0 可能是极值点,也可能不是极值点,此时只能用定理 5.5 判断极值,而不能用定理 5.6 判断极值。

例 5-24 求函数 $f(x)=x^3-3x$ 的极值。

解:函数 $f(x)$ 的定义域为 $(-\infty,+\infty)$,

$$f'(x)=3x^2-3=3(x+1)(x-1)$$

令 $f'(x)=0$,可得函数的驻点为 $x=-1$ 和 $x=1$,

$$f''(x)=6x$$

因为 $f''(-1)=-6<0$,所以 $f(x)$ 在点 $x=-1$ 处取得极大值,函数的极大值为 $f(-1)=2$;因为 $f''(1)=6>0$,所以 $f(x)$ 在点 $x=1$ 处取得极小值,函数的极大值为 $f(1)=-2$。

例 5-25 求函数 $f(x)=e^x\cos x$ 的极值。

解:函数 $f(x)$ 的定义域为 $(-\infty,+\infty)$,

$$f'(x)=e^x(\cos x-\sin x)$$

令 $f'(x)=0$,可得函数的所有驻点:$x_k=k\pi+\frac{\pi}{4}$,$k=0,\pm1,\pm2,\cdots$。又 $f''(x)=-2e^x\sin x$,故

$$f''(x_k) = -2e^{x_k}\sin x_k = \begin{cases} -2e^{k\pi+\frac{\pi}{4}}\sin\left(k\pi+\frac{\pi}{4}\right) < 0, & k=0, \pm 2, \pm 4, \cdots \\ -2e^{k\pi+\frac{\pi}{4}}\sin\left(k\pi+\frac{\pi}{4}\right) > 0, & k=\pm 1, \pm 3, \cdots \end{cases}$$

函数的极大值为

$$f\left(2n\pi+\frac{\pi}{4}\right) = e^{2n\pi+\frac{\pi}{4}}\cos\left(2n\pi+\frac{\pi}{4}\right) = \frac{\sqrt{2}}{2}e^{2n\pi+\frac{\pi}{4}}$$

极小值为

$$f\left[(2n+1)\pi+\frac{\pi}{4}\right] = e^{(2n+1)\pi+\frac{\pi}{4}}\cos\left[(2n+1)\pi+\frac{\pi}{4}\right] = -\frac{\sqrt{2}}{2}e^{(2n+1)\pi+\frac{\pi}{4}}$$

5.4.3　函数最值的判定及求解

一般来说,函数的最值和极值是两个不同的概念。函数的极值是函数在局部区间的最大值或最小值,函数的最值是对整个区间而言的,是全局性的。另外,最值可以在区间的端点取得,而极值只能在区间内的点取得。

在闭区间 $[a,b]$ 上连续的函数 $f(x)$ 必能在区间上取得最大值以及最小值,并且 $f(x)$ 的最大值和最小值只能在闭区间 $[a,b]$ 的端点或开区间 (a,b) 内的极值点取得。因为极值点只能是驻点及导数不存在的点,因此求闭区间上连续函数的最大值、最小值可按如下步骤进行:

① 确定函数 $f(x)$ 的定义域;

② 求 $f'(x)=0$ 以及使 $f'(x)$ 不存在的点;

③ 计算以上各点中的函数值以及区间端点的函数值;

④ 比较上述函数值的大小,其中最大的就是函数 $f(x)$ 的闭区间 $[a,b]$ 上的最大值,最小的就是函数 $f(x)$ 在闭区间 $[a,b]$ 上的最小值。

例 5-26　求函数 $f(x)=x(x-1)^{\frac{1}{3}}$ 在闭区间 $[-2,2]$ 上的最值。

解：指定的区间为 $[-2,2]$,

$$f'(x) = (x-1)^{\frac{1}{3}} + \frac{1}{3}x(x-1)^{-\frac{2}{3}} = \frac{4x-3}{3\sqrt[3]{(x-1)^2}}$$

令 $f'(x)=0$,可得函数的驻点为 $x=\frac{3}{4}$。使 $f'(x)$ 不存在的点为 $x=1$。

计算区间 $[-2,2]$ 的端点及点 $x=\frac{3}{4}$ 和点 $x=1$ 的函数值:

$$f(-2) = 2\sqrt[3]{3}$$
$$f\left(\frac{3}{4}\right) = -\frac{3}{4\sqrt[3]{4}}$$
$$f(1) = 0$$
$$f(2) = 2$$

比较可得,$f(x)$ 在闭区间 $[-2,2]$ 上的最大值为 $M=2\sqrt[3]{3}$,最小值为 $m=-\frac{3}{4\sqrt[3]{4}}$。

特殊情况:设函数 $f(x)$ 在闭区间 $[a,b]$(有限或无限)上可导且只有一个驻点 x_0,若点 x_0 是极值点,则点 x_0 也是函数的最值点,即若点 x_0 是函数在闭区间 $[a,b]$ 上的极大值点,则也是函数在闭区间 $[a,b]$ 上的最大值点,如图 5-9(a)所示,而若 x_0 是函数在闭区间 $[a,b]$ 上的极小值点,则也是函数在区间 $[a,b]$ 上的最小值点,如图 5-9(b)所示。

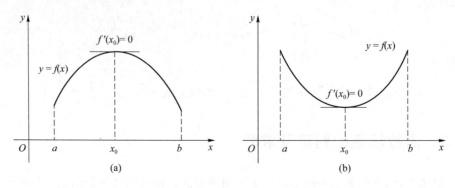

图 5-9

例 5-27 求函数 $y=2x^2-3x$ 在闭区间 $[-1,4]$ 上的最值。

解:指定的区间为 $[-1,4]$,

$$y'=(2x^2-3x)'=4x-3$$

令 $f'(x)=0$,可得函数的驻点为 $x=\dfrac{3}{4}$,没有 $f'(x)$ 不存在的点。即函数 $y=2x^2-3x$ 在区间内可导且只有一个驻点 $x=\dfrac{3}{4}$,由定理 5.5 可判断,该驻点为函数的极小值点,也就是函数的最小值点。函数在闭区间 $[-1,4]$ 上的最小值为

$$y\big|_{x=\frac{3}{4}}=-\frac{9}{8}$$

函数的最大值在端点处,

$$y\big|_{x=-1}=5$$
$$y\big|_{x=4}=20$$

因此函数在闭区间 $[-1,4]$ 上的最大值为 $y\big|_{x=4}=20$。

在生产实践中经常会遇到在一定的条件下怎样使效率最高、成本最低、用料最省等问题,这类问题都可以转化为求函数最值的问题。在解决类似实际应用类的问题时,应首先根据问题的具体意义,建立一个函数,并确定函数的定义域,然后应用上述求最值的方法,确定该函数的最值。

例 5-28 将一个边长为 a 的正方形铁皮,从每个角截去同样的小正方形,然后把四边折起来,做成一个无盖的方盒,为了使这个方盒的体积最大,问截去的小正方形的边长应为多少?

解:如图 5-10 所示,设截去的小正方形的边长为 x,则所做成的方盒的体积为

$$V=(a-2x)^2 x$$

x 的变化范围为 $\left(0,\dfrac{a}{2}\right)$,求导得

$$V'=[(a-2x)^2 x]'=(a-2x)(a-6x)$$

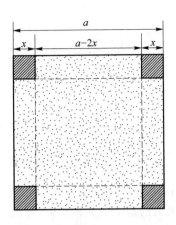

图 5-10

令 $V'=0$，可得 $x=\dfrac{a}{2},x=\dfrac{a}{6}$，只有 $x=\dfrac{a}{6}$ 在 $\left(0,\dfrac{a}{2}\right)$ 区间内。

当 $x<\dfrac{a}{6}$ 时，$V'>0$，而当 $x>\dfrac{a}{6}$ 时，$V'<0$，由定理 5.5 可判断，$x=\dfrac{a}{6}$ 是体积函数的极大值点。

因为 $x=\dfrac{a}{6}$ 是在区间 $\left(0,\dfrac{a}{2}\right)$ 内的唯一极大值点，所以根据上述提到的特殊情况可知，$x=\dfrac{a}{6}$ 也是体积函数的最大值点，即当截去的小正方形的边长为 $\dfrac{a}{6}$ 时做成的方盒体积最大。

在解决实际问题时，上述求最大值、最小值的方法还可以简化。设根据问题的性质可判断函数 $f(x)$ 在定义区间内确有最大值或最小值，若函数 $f(x)$ 在定义区间内只有唯一个驻点 x_0，则不必讨论 $f(x_0)$ 是不是极值，就可断定 $f(x_0)$ 是最大值还是最小值。

在例 5-28 中，已求出体积函数 $V=(a-2x)^2 x$ 在区间 $\left(0,\dfrac{a}{2}\right)$ 内只有一个驻点 $x=\dfrac{a}{6}$，由于盒子的最大体积是客观存在的，且必在区间 $\left(0,\dfrac{a}{2}\right)$ 内取得，则可断定点 $x=\dfrac{a}{6}$ 就是体积函数的最大值点。

例 5-29　某工厂每批生产 x 单位某种产品的费用为 $C(x)=5x+200$ 元，得到的收益为 $R(x)=10x-0.01x^2$ 元，问每批生产多少单位时，才能使利润 $y=R(x)-C(x)$ 最大？

解：根据已知条件，产品的利润函数为
$$y=R(x)-C(x)=-0.01x^2+5x-200,\ x>0$$
现在问题转化为求函数 y 在区间 $(0,+\infty)$ 上的最大值点，
$$y'=(-0.01x^2+5x-200)'=-0.02x+5$$
令 $y'=0$，解得函数在区间 $(0,+\infty)$ 上有唯一驻点 $x=250$，由实际问题的性质可知区间 $(0,+\infty)$ 内确有利润函数的最大值点，则可断定点 $x=250$ 为利润函数的最大值点。即每批生产 250 单位时，能使利润最大。

练习 5.4

1. 求下列函数的极值：

(1) $f(x) = \dfrac{3}{4}x^{\frac{4}{3}} - x$；　　　　　(2) $f(x) = x^3 - 3x^2 - 9x + 1$；

(3) $f(x) = x^2 + \dfrac{16}{x}$；　　　　　(4) $f(x) = \dfrac{x}{1+x^2}$；

(5) $f(x) = x - \ln(1+x)$；　　　　　(6) $f(x) = x^2 \mathrm{e}^{-x}$。

2. 求下列函数在指定区间上的最大值和最小值：

(1) $f(x) = \ln(x^2+1)$，$[-1,2]$；　(2) $f(x) = x + \sqrt{1-x}$，$[-5,1]$；

(3) $f(x) = \dfrac{x^2}{1+x}$，$\left[-\dfrac{1}{2},1\right]$；　　(4) $f(x) = \mathrm{e}^{|x-3|}$，$[-5,5]$。

3. 函数 $f(x) = x^2 - \dfrac{54}{x}(x<0)$ 在何处取得最小值？

4. 某车间靠墙壁的地方要盖一间长方形小屋，现有存砖只够砌 20 m 长的墙壁，问应围成怎样的长方形才能使这间小屋的面积最大？

5. 有一直流电源，其电动势为 E，内阻为 r，问当负载电阻 R 等于多少时，负载所获得的功率最大？

6. 要制作一个圆柱形油罐，体积为 V，问底半径 r 和高等于多少时，才能使表面积最小？

5.5　函数的凹凸性和拐点

5.3、5.4 节研究了函数的单调性和极值，由此可知函数曲线的升降情况，但其仍不能反映函数图形的全貌，见图 5-11。

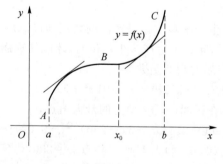

图 5-11

函数 $f(x)$ 在区间 (a,b) 内都是单调增加的，但弧 $\overset{\frown}{AB}$ 和弧 $\overset{\frown}{BC}$ 的图形有明显的差别，弧 $\overset{\frown}{AB}$ 是向上凸的，弧 $\overset{\frown}{BC}$ 是向下凸的(也称是凹的)，因此要描绘函数图形的全貌时，还需

研究函数的凹凸性。

5.5.1　函数凹凸性和拐点的定义

定义 5.3　设函数 $f(x)$ 在区间 (a,b) 内可导,如果曲线 $y=f(x)$ 上任意一点处的切线都在曲线的上方,则称曲线 $y=f(x)$ 在这个区间内是**凸的**;如果曲线 $y=f(x)$ 上任意一点处的切线都在曲线的下方,则称曲线 $y=f(x)$ 在这个区间内是**凹的**。曲线凹与凸的分界点称为**拐点**。

如图 5-11 所示,弧 $\overgroup{AB}$ 是凸的,而弧 $\overgroup{BC}$ 是凹的,B 点为拐点。

5.5.2　函数凹凸性和拐点的判定

曲线的凹凸性可利用二阶导数来判定。

定理 5.7　设函数 $f(x)$ 在区间 (a,b) 内二阶可导,则有

(1) 若在区间 (a,b) 内有 $f''(x)>0$,则曲线 $y=f(x)$ 在 (a,b) 内是凹的;

(2) 若在区间 (a,b) 内有 $f''(x)<0$,则曲线 $y=f(x)$ 在 (a,b) 内是凸的。

拐点是曲线凹与凸的分界点,所以在拐点两侧 $f''(x)$ 必然是异号,在拐点处 $f''(x)=0$ 或 $f''(x)$ 不存在。

判断曲线的凹凸性及拐点的主要步骤如下:

① 明确定义域或指定区间,计算二阶导数 $f''(x)$;

② 求出二阶导数 $f''(x)=0$ 及 $f''(x)$ 不存在的点;

③ 讨论上述各点两侧 $f''(x)$ 的符号,确定函数的凹凸区间及拐点。

例 5-30　求曲线 $y=x^4-2x^3+1$ 的凹凸性及拐点。

解：函数定义域为 $(-\infty,+\infty)$,

$$y'=4x^3-6x^2$$
$$y''=12x^2-12x=12x(x-1)$$

令 $y''=0$,得 $x=0$ 和 $x=1$。

表 5-5 说明了曲线的凹凸性及拐点。

表 5-5

x	$(-\infty,0)$	0	$(0,1)$	1	$(1,+\infty)$
y''	+	0	−	0	+
y	∪	点 $(0,1)$ 是拐点	∩	点 $(1,0)$ 是拐点	∪

注:符号 ∪ 表示曲线在该区间是凹的,符号 ∩ 表示曲线在该区间是凸的。

由表 5-5 可见,曲线在区间 $(-\infty,0)$ 和 $(1,+\infty)$ 内是凹的,在区间 $(0,1)$ 内是凸的,曲线的拐点是 $(0,1)$ 和 $(1,0)$。

例 5-31　求曲线 $y=(x-1)x^{\frac{2}{3}}$ 的凹凸性及拐点。

解：函数定义域为 $(-\infty,+\infty)$,

$$y=x^{\frac{5}{3}}-x^{\frac{2}{3}}$$

$$y' = \frac{5}{3}x^{\frac{2}{3}} - \frac{2}{3}x^{-\frac{1}{3}}$$

$$y'' = \frac{10}{9}x^{-\frac{1}{3}} + \frac{2}{9}x^{-\frac{4}{3}} = \frac{2(5x+1)}{9\sqrt[3]{x^4}}$$

令 $y''=0$，得 $x=-\frac{1}{5}$，y'' 不存在的点为 $x=0$。

曲线的凹凸性及拐点见表 5-6。

表 5-6

x	$\left(-\infty, -\frac{1}{5}\right)$	$-\frac{1}{5}$	$\left(-\frac{1}{5}, 0\right)$	0	$(0, +\infty)$
y''	$-$	0	$+$	不存在	$+$
y	$\cap$	点 $\left(-\frac{1}{5}, -\frac{6\sqrt[3]{5}}{25}\right)$ 是拐点	$\cup$		$\cup$

由表 5-6 可见，曲线在区间 $\left(-\frac{1}{5}, +\infty\right)$ 内是凹的，在区间 $\left(-\infty, -\frac{1}{5}\right)$ 内是凸的，曲线的拐点是 $\left(-\frac{1}{5}, -\frac{6\sqrt[3]{5}}{25}\right)$。

练习 5.5

1. 确定下列函数的凹凸区间和拐点：

(1) $f(x) = (x-2)^{\frac{5}{3}}$；

(2) $f(x) = x^2 - x^3$；

(3) $f(x) = \ln(1+x^2)$；

(4) $f(x) = xe^{-x}$；

(5) $f(x) = \frac{2x}{1+x^2}$；

(6) $f(x) = 3x^{\frac{1}{3}} - \frac{3}{4}x^{\frac{4}{3}}$。

2. 求当 a, b 为何值时，点 $(1,3)$ 为曲线 $f(x) = ax^3 + bx^2$ 的拐点。

习 题 5

1. 填空题

(1) 若 $\lim\limits_{x \to 0} \dfrac{f(2) - f(2-x)}{3x} = 2$，则 $f'(2) = $ _____。

(2) 函数 $y = x - e^x$ 的单调增加区间为 _____。

(3) 若 $f(x)$ 在点 x_0 处有极大值且 $f'(x_0)$ 存在，则 $f'(x_0) = $ _____。

(4) 曲线 $y = x^3 - 6x^2 + 9x - 5$ 的拐点为 _____。

2. 单项选择题

(1) 已知 $f(0)=0$，$f'(0)=3$，则 $\lim\limits_{x \to 0}\dfrac{f(2x)}{x}=($ 　　$)$。

A. 3　　　　　　B. -3　　　　　　C. -6　　　　　　D. 6

(2) 若 $f'(x_0)$ 存在，则 $\lim\limits_{t \to 0}\dfrac{f(x_0+\alpha t)-f(x_0+\beta t)}{t}=($ 　　$)$。

A. $2f'(x_0)$　　　B. $(\alpha+\beta)f'(x_0)$　　C. $(\alpha-\beta)f'(x_0)$　　D. 0

(3) 函数 $y=8x^2-\ln x$ 的单调减少区间为($ 　　$)$。

A. $\left(0,\ \dfrac{1}{4}\right)$　　B. $\left(-\dfrac{1}{4},\ 0\right)$　　C. $(-\infty, 0)$　　D. $(0, +\infty)$

(4) 设 $f(x)$ 存在二阶导数，如果在区间 (a,b) 内恒有($ 　　$)$，则在区间 (a,b) 内曲线 $y=f(x)$ 是凹的。

A. $f''(x)=0$　　B. $f''(x)<0$　　C. $f''(x)>0$　　D. $f''(x)\geqslant 0$

3. 求下列各极限：

(1) $\lim\limits_{x \to 0}\dfrac{x^2}{1-\sqrt{1+x^2}}$；

(2) $\lim\limits_{x \to -3}\dfrac{x^2-9}{x^2+5x+6}$；

(3) $\lim\limits_{x \to +\infty}\left(\sqrt{x^2+x+1}-\sqrt{x^2-x+1}\right)$；

(4) $\lim\limits_{x \to 1}\dfrac{x^3-1}{x-1}$；

(5) $\lim\limits_{x \to \infty}\left(1-\dfrac{2}{x}\right)^x$；

(6) $\lim\limits_{x \to \infty}\left(\dfrac{x+1}{x-1}\right)^x$。

4. 讨论函数 $y=2x^3-3x^2$ 的单调性与极值。

5. 求函数 $y=2\mathrm{e}^x+\mathrm{e}^{-x}$ 的极值。

6. 求函数 $f(x)=x^3-3x^2-9x$ 的单调区间及极值。

7. 求函数 $f(x)=x-\ln(1+x)$ 的单调区间及极值。

8. 求函数 $f(x)=\mathrm{e}^x-x$ 的单调区间及极值。

9. 甲船以 20 km/h 的速度向东行使，同一时间乙船在甲船正北 82 km 处以 16 km/h 的速度向南行驶，问经过多长时间两船距离最近？

10. 欲做一个底为正方形、容积为 108 m³ 的开口容器，怎样做用料最省？

11. 某产品的收入 R（单位：元）是产量 q（单位：kg）的函数 $R(q)=800q-\dfrac{q^2}{4}$（$q\geqslant 0$），求：

(1) 生产 200 kg 该产品时的总收入；

(2) 生产 200 kg 到 300 kg 该产品时总收入的平均变化率；

(3) 生产 200 kg 该产品时的边际收入。

第6章 不定积分

本章导读

第4章和第5章讨论了怎样求一个已知函数导数(或微分)的问题,在很多时候还会遇到相反的问题,即通过已知函数的导数求该函数的问题,这就是本章要讲述的内容——不定积分。

本章学习的基本要求:

(1) 理解原函数和不定积分的概念;

(2) 掌握不定积分的基本性质;

(3) 熟练掌握不定积分的基本公式;

(4) 熟练掌握不定积分的第一类换元法,以及使用第二类换元法求简单根式不定积分的方法;

(5) 熟练掌握不定积分的分部积分法;

(6) 熟悉特殊类型函数的积分方法。

思维导图

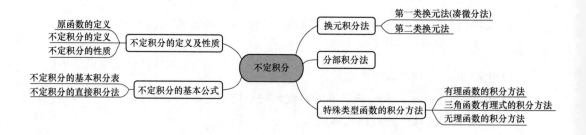

6.1 不定积分的定义和性质

6.1.1 原函数的定义

定义 6.1 设 $f(x)$ 为定义在某区间 I 上的函数,如果存在函数 $F(x)$,使在该区间上的任意一点都有

$$F'(x)=f(x)$$

则称 $F(x)$ 为 $f(x)$ 在该区间上的一个**原函数**。

例如:$f(x)=2x$,因 $(x^2)'=2x$,则 $F(x)=x^2$ 是 $f(x)=2x$ 的一个原函数;$f(x)=\sin x$,因 $(-\cos x)'=\sin x$,则 $F(x)=-\cos x$ 是 $f(x)=\sin x$ 的一个原函数。

那么具备什么条件的函数必有原函数?下面给出原函数存在定理。

原函数存在定理 如果函数 $f(x)$ 在区间 I 上连续,那么在区间 I 上必定存在可导函数 $F(x)$,使得对每一个 $x\in I$,都有

$$F'(x)=f(x)$$

即连续函数必定存在原函数。

我们已知初等函数在其定义区间内连续,因此每个初等函数在其定义区间内的任一区间内都有原函数。

定义 6.1 给出 $F(x)$ 为 $f(x)$ 的一个原函数,那么,一个函数的原函数有多少个?如果某函数有多个原函数,那么这些原函数之间存在什么关系?由求导公式和求导法则可知

$$(x^2)'=2x$$
$$(x^2+1)'=2x$$
$$(x^2-1)'=2x$$
$$(x^2+C)'=2x(C\text{ 为任意常数})$$

显然 x^2,x^2+1,x^2-1,x^2+C 都是函数 $f(x)=2x$ 的原函数。说明 $f(x)$ 的原函数不是唯一的。

一般来说,如果 $F(x)$ 是 $f(x)$ 的一个原函数,则 $F(x)+C(C$ 为任意常数$)$也是 $f(x)$ 的原函数,由 C 的任意性可知,如果 $f(x)$ 存在原函数,则应有无穷多个,不同原函数之间相差一个常数 C。那么,$F(x)+C$ 是否包含了 $f(x)$ 的所有原函数呢?或者说除了 $F(x)+C$ 外,$f(x)$ 是否还有其他形式的的原函数呢?不妨设 $G(x)$ 是 $f(x)$ 的任意一个原函数,下面证明 $G(x)$ 一定包含在 $F(x)+C$ 中。因为

$$F'(x)=f(x)$$
$$G'(x)=f(x)$$

所以

$$[G(x)-F(x)]'=G'(x)-F'(x)=f(x)-f(x)=0$$

根据 4.1 节给出的结论可知,导数恒为零的函数为常数,所以有

$$G(x) - F(x) = C(C\text{ 为常数})$$

即

$$G(x) = F(x) + C$$

以上内容证明了如下定理。

定理 6.1 如果 $F(x)$ 和 $G(x)$ 都是 $f(x)$ 在某区间 I 上的原函数,则有
$$F(x) = G(x) + C$$

即若已知函数 $f(x)$ 的一个原函数 $F(x)$,则其他原函数均可以表示为 $F(x)$ 与某个常数之和,那么 $F(x) + C(C$ 为任意常数)包含了 $f(x)$ 的所有原函数。

6.1.2 不定积分的定义

定义 6.2 设 $F(x)$ 是 $f(x)$ 在某区间 I 上的一个原函数,则 $f(x)$ 的全体原函数 $F(x) + C(C$ 为任意常数)称为 $f(x)$ 在该区间 I 上的**不定积分**,记为

$$\int f(x)\mathrm{d}x = F(x) + C$$

其中,$\int$ 叫积分号,$f(x)$ 叫被积函数,$f(x)\mathrm{d}x$ 叫被积表达式,x 叫积分变量,C 叫积分常数。

由此可知,求一个函数的不定积分时,只需求出它的一个原函数,然后再加上任意常数即可。

例 6-1 求 $\int \cos x\mathrm{d}x$。

解:因为 $(\sin x)' = \cos x$,所以 $\sin x$ 是 $\cos x$ 的一个原函数,因此有
$$\int \cos x\mathrm{d}x = \sin x + C$$

注意:在求函数的不定积分时,其中的常数 C 不能漏掉。

例 6-2 求 $\int x^a\mathrm{d}x$。

解:由前面的求导公式可知
$$\left(\frac{1}{a+1}x^{a+1}\right)' = x^a$$

则有
$$\int x^a\mathrm{d}x = \frac{1}{a+1}x^{a+1} + C(a \neq -1)$$

例 6-3 求 $\int \frac{1}{x}\mathrm{d}x(x \neq 0)$。

解:因为当 $x > 0$ 时,$(\ln x)' = \frac{1}{x}$,所以 $\ln x$ 是 $\frac{1}{x}$ 在区间 $(0, +\infty)$ 内的一个原函数,从而在区间 $(0, +\infty)$ 内有
$$\int \frac{1}{x}\mathrm{d}x = \ln x + C$$

当 $x < 0(-x > 0)$ 时,

$$[\ln(-x)]' = \frac{1}{-x} \times (-1) = \frac{1}{x}$$

所以 $\ln(-x)$ 是 $\frac{1}{x}$ 在区间 $(-\infty, 0)$ 内的一个原函数,从而在区间 $(-\infty, 0)$ 内有

$$\int \frac{1}{x} dx = \ln(-x) + C$$

将上述两种情况合起来,可得到当 $x \neq 0$ 时,$\frac{1}{x}$ 的原函数的统一表达式:

$$\int \frac{1}{x} dx = \ln|x| + C$$

例 6-4 设曲线通过点 $(1,2)$,且曲线上任一点处的切线斜率等于这点横坐标的两倍,求此曲线的方程。

解:设所求曲线的方程为 $y = f(x)$,由题意可知,曲线上任一点 (x,y) 处的切线斜率为

$$f'(x) = 2x$$

即 $f(x)$ 是 $2x$ 的一个原函数,$2x$ 的原函数为

$$\int 2x dx = x^2 + C$$

故必存在某个常数 C,使得 $f(x) = x^2 + C$。由于所求曲线通过点 $(1,2)$,因此有

$$2 = 1^2 + C$$

得 $C = 1$,于是所求曲线的方程为

$$f(x) = x^2 + 1$$

需要注意的是,原函数和不定积分是两个不同的概念,请不要混淆。原函数是"个别",而不定积分是"全部",这个"全部"就体现在任意常数 C 上。原函数和不定积分的区别也可体现在它们的图形上。$f(x)$ 的一个原函数 $F(x)$ 的图形一般是一条曲线,叫作 $f(x)$ 的积分曲线,它的方程是 $y = F(x)$。而 $f(x)$ 的不定积分 $\int f(x) dx$ 在几何上表示一族曲线(当 C 取不同的数值时,可得到不同的曲线),叫作 $f(x)$ 的积分曲线族,见图 6-1,它的方程是 $y = F(x) + C$。

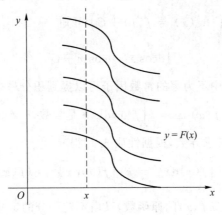

图 6-1

积分曲线族中各曲线的方程之间只相差一个常数 C，各曲线都可以由 $y = F(x)$ 曲线沿 y 轴方向上下平移而得到。

6.1.3 不定积分的性质

由不定积分的定义，可以推得不定积分有以下性质。

性质 6.1

(1) $\left[\displaystyle\int f(x)\mathrm{d}x\right]' = f(x)$ 或 $\mathrm{d}\left[\displaystyle\int f(x)\mathrm{d}x\right] = f(x)\mathrm{d}x$；

(2) $\displaystyle\int f'(x)\mathrm{d}x = f(x) + C$ 或 $\displaystyle\int \mathrm{d}f(x) = f(x) + C$。

证明： (1) 设 $F(x)$ 是 $f(x)$ 的一个原函数，即设 $F'(x) = f(x)$，由于 $\displaystyle\int f(x)\mathrm{d}x = F(x) + C$，因此

$$\left[\int f(x)\mathrm{d}x\right]' = [F(x) + C]' = F'(x) = f(x)$$

性质 1 的(1)得证。

(2) 由于 $f'(x)\mathrm{d}x = \mathrm{d}f(x)$，而 $f(x)$ 是 $f'(x)$ 的一个原函数，因此

$$\int f'(x)\mathrm{d}x = \int \mathrm{d}f(x) = f(x) + C$$

由该性质可知，如果积分号和微分号相遇，那么两者就恰好相互抵消了，只不过如果是先微分再积分，则抵消后要相差一个常数 C。

例 6-5 求 $\left[\displaystyle\int \cos x\mathrm{d}x\right]'$。

解： 由性质 6.1 的(1) $\left(\left[\displaystyle\int f(x)\mathrm{d}x\right]' = f(x)\right)$ 可知

$$\left[\int \cos x\mathrm{d}x\right]' = \cos x$$

例 6-6 求 $\displaystyle\int \mathrm{d}\cos x$。

解： 由性质 1 的(2) $\left(\displaystyle\int \mathrm{d}f(x) = f(x) + C\right)$ 可知

$$\int \mathrm{d}\cos x = \cos x + C$$

性质 6.2 被积函数中不为零的常数因子可以提到积分号外，即

$$\int kf(x)\mathrm{d}x = k\int f(x)\mathrm{d}x \quad (k\ \text{是常数}, k \neq 0) \tag{6-1}$$

证明： 将式(6-1)右端求导数，根据性质 6.1，得

$$\left[k\int f(x)\mathrm{d}x\right]' = k\left[\int f(x)\mathrm{d}x\right]' = kf(x) \tag{6-2}$$

式(6-2)表明 $k\displaystyle\int f(x)\mathrm{d}x$ 是 $kf(x)$ 的原函数，又由不定积分的定义可知，$kf(x)$ 的原函数可

写为 $\int kf(x)\mathrm{d}x$，则有

$$\int kf(x)\mathrm{d}x = k\int f(x)\mathrm{d}x \tag{6-3}$$

式(6-3)两端都有积分号，表示其中已含有任意常数。

性质 6.2 得证。

例 6-7　求 $\int 5\cos x\mathrm{d}x$。

解： 由性质 6.2 可知，

$$\int 5\cos x\mathrm{d}x = 5\int \cos x\mathrm{d}x = 5\sin x + C$$

性质 6.3　函数和的不定积分等于函数不定积分的和，即

$$\int [f(x) \pm g(x)]\mathrm{d}x = \int f(x)\mathrm{d}x \pm \int g(x)\mathrm{d}x \tag{6-4}$$

证明： 将式(6-4)右端求导数，根据性质 6.1，得

$$\left[\int f(x)\mathrm{d}x \pm \int g(x)\mathrm{d}x\right]' = \left[\int f(x)\mathrm{d}x\right]' \pm \left[\int g(x)\mathrm{d}x\right]' = f(x) \pm g(x) \tag{6-5}$$

式(6-5)表明 $\int f(x)\mathrm{d}x \pm \int g(x)\mathrm{d}x$ 是 $f(x) \pm g(x)$ 的原函数，由不定积分的定义可知，

$f(x) \pm g(x)$ 的原函数又可表示为 $\int [f(x) \pm g(x)]\mathrm{d}x$，因此有

$$\int [f(x) \pm g(x)]\mathrm{d}x = \int f(x)\mathrm{d}x \pm \int g(x)\mathrm{d}x$$

性质 6.3 得证。

例 6-8　求 $\int (2x + \cos x)\mathrm{d}x$。

解： 由性质 6.3 可知，

$$\int (2x + \cos x)\mathrm{d}x = \int 2x\mathrm{d}x + \int \cos x\mathrm{d}x = x^2 + \sin x + C$$

性质 6.3 可以推广到有限多个函数代数和的情况，即

$$\int [f_1(x) \pm f_2(x) \pm \cdots \pm f_n(x)]\mathrm{d}x = \int f_1(x)\mathrm{d}x \pm \int f_2(x)\mathrm{d}x \pm \cdots \pm \int f_n(x)\mathrm{d}x$$

例 6-9　求 $\int (x^4 + 3^x + \frac{2}{x} - 3\cos x + 1)\mathrm{d}x$。

解： 由性质 6.3 可知，

$$\int (x^4 + 3^x + \frac{2}{x} - 3\cos x + 1)\mathrm{d}x$$
$$= \int x^4\mathrm{d}x + \int 3^x\mathrm{d}x + \int \frac{2}{x}\mathrm{d}x - \int 3\cos x\mathrm{d}x + \int \mathrm{d}x$$
$$= \frac{1}{5}x^5 + \frac{3^x}{\ln 3} + 2\ln|x| - 3\sin x + x + C$$

练习 6.1

1. 利用求导的结果求不定积分。

(1) (　　)$' = 3x^2$;　　　　$\int 3x^2 \mathrm{d}x = ($　　$)$;

(2) (　　)$' = \mathrm{e}^x$;　　　　$\int \mathrm{e}^x \mathrm{d}x = ($　　$)$;

(3) (　　)$' = \sin x$;　　　　$\int \sin x \mathrm{d}x = ($　　$)$;

(4) (　　)$' = 4x^3$;　　　　$\int 4x^3 \mathrm{d}x = ($　　$)$。

2. 求下列函数的一个原函数:

(1) $x^2 - 1$;　　　　　　　　(2) $\dfrac{1}{x}$;

(3) $2\mathrm{e}^{2x}$。

3. 利用不定积分的性质填空。

(1) $\dfrac{\mathrm{d}}{\mathrm{d}x} \int f(x) \mathrm{d}x = ($　　$)$;　　　　(2) $\int f'(x) \mathrm{d}x = ($　　$)$;

(3) $\mathrm{d} \int f(x) \mathrm{d}x = ($　　$)$;　　　　(4) $\int \mathrm{d}f(x) = ($　　$)$。

6.2　不定积分的基本公式

　　求一个函数的原函数的方法叫作不定积分法,简称积分法。那么如何求一个函数的不定积分?

　　既然求不定积分和求导互为逆运算,那么对于一个导数公式,就可以得出一个相应的积分公式。例如,因为 $\left(\dfrac{a^x}{\ln a}\right)' = a^x$,所以 $\dfrac{a^x}{\ln a}$ 是 a^x 的一个原函数,因此有

$$\int a^x \mathrm{d}x = \frac{a^x}{\ln a} + C, \ a > 0 \ \text{且} \ a \neq 1$$

类似地,可以得到其他积分公式。

6.2.1　不定积分的基本积分表

　　由第 4 章的基本导数公式,可以验证以下基本积分公式(式中 C 为任意常数),这些公式称为基本积分表。

$$\int 0 \mathrm{d}x = C \tag{6-6}$$

$$\int k \mathrm{d}x = kx + C (k \text{ 是常数})\qquad(6\text{-}7)$$

$$\int x^a \mathrm{d}x = \frac{1}{a+1}x^{a+1} + C,\ a \neq -1\qquad(6\text{-}8)$$

$$\int \frac{1}{x}\mathrm{d}x = \ln|x| + C\qquad(6\text{-}9)$$

$$\int a^x \mathrm{d}x = \frac{a^x}{\ln a} + C,\ a > 0 \text{ 且 } a \neq 1\qquad(6\text{-}10)$$

$$\int \mathrm{e}^x \mathrm{d}x = \mathrm{e}^x + C\qquad(6\text{-}11)$$

$$\int \sin x \mathrm{d}x = -\cos x + C\qquad(6\text{-}12)$$

$$\int \cos x \mathrm{d}x = \sin x + C\qquad(6\text{-}13)$$

$$\int \sec^2 x \mathrm{d}x = \tan x + C\qquad(6\text{-}14)$$

$$\int \csc^2 x \mathrm{d}x = -\cot x + C\qquad(6\text{-}15)$$

$$\int \frac{1}{1+x^2}\mathrm{d}x = \arctan x + C\qquad(6\text{-}16)$$

$$\int \frac{1}{\sqrt{1-x^2}}\mathrm{d}x = \arcsin x + C\qquad(6\text{-}17)$$

$$\int \sec x \tan x \mathrm{d}x = \sec x + C\qquad(6\text{-}18)$$

$$\int \csc x \cot x \mathrm{d}x = -\csc x + C\qquad(6\text{-}19)$$

不定积分的基本积分表是求不定积分时的最基本公式,请熟记它们。

6.2.2　不定积分的直接积分法

直接利用不定积分的性质和基本积分公式求简单函数的不定积分的方法称为**直接积分法**。

例 6-10　求不定积分 $\displaystyle\int \sqrt[3]{x^2}\,\mathrm{d}x$。

解: 由基本积分公式(6-8)可得

$$\int \sqrt[3]{x^2}\,\mathrm{d}x = \int x^{\frac{2}{3}}\mathrm{d}x = \frac{1}{\frac{2}{3}+1}x^{\frac{2}{3}+1} + C = \frac{3}{5}x^{\frac{5}{3}} + C$$

例 6-11　求不定积分 $\displaystyle\int 5^x \mathrm{d}x$。

解: 由基本积分公式(6-10)可得

$$\int 5^x \mathrm{d}x = \frac{1}{\ln 5}5^x + C$$

例 6-12 求不定积分 $\int 2^x e^x dx$。

解：由于 $2^x e^x = (2e)^x$，因此可以把 $2e$ 看成常数，由基本积分公式(6-10)可得

$$\int 2^x e^x dx = \int (2e)^x dx = \frac{(2e)^x}{\ln(2e)} + C = \frac{2^x e^x}{\ln 2 + 1} + C$$

例 6-13 求不定积分 $\int (x^2 - \frac{2}{x^3}) dx$。

解：由不定积分的性质 6.2、性质 6.3 和基本积分公式(6-8)可得

$$\int \left(x^2 - \frac{2}{x^3}\right) dx = \int x^2 dx - 2\int x^{-3} dx = \frac{x^3}{3} + \frac{1}{x^2} + C$$

例 6-13 在分成两个积分以后，每个不定积分的结果都含有任意常数，由于任意常数之和仍为任意常数，因此只需要总体写一个常数即可。

例 6-14 求不定积分 $\int \frac{\cos 2x}{\sin x + \cos x} dx$。

解：由不定积分的性质 6.3 和基本积分公式(6-12)和(6-13)可得

$$\int \frac{\cos 2x}{\sin x + \cos x} dx = \int \frac{\cos^2 x - \sin^2 x}{\sin x + \cos x} dx = \int (\cos x - \sin x) dx$$
$$= \int \cos x dx - \int \sin x dx = \sin x + \cos x + C$$

例 6-15 求不定积分 $\int \frac{x^4}{1+x^2} dx$。

解：先把被积函数化为基本积分表中所列的类型。

$$\int \frac{x^4}{1+x^2} dx = \int \frac{(x^4-1)+1}{1+x^2} dx$$
$$= \int \left(\frac{(x^2-1)(x^2+1)}{1+x^2} + \frac{1}{1+x^2}\right) dx$$
$$= \int (x^2 - 1 + \frac{1}{1+x^2}) dx$$

再根据不定积分的性质 6.3 和上述基本积分公式(6-8) 和(6-16)，可得

$$\int (x^2 - 1 + \frac{1}{1+x^2}) dx = \int x^2 dx - \int dx + \int \frac{1}{1+x^2} dx = \frac{x^3}{3} - x + \arctan x + C$$

例 6-16 求不定积分 $\int \tan^2 x dx$。

解：先用三角恒等式 $\tan^2 x = \sec^2 x - 1$ 把被积函数变形，再根据不定积分的性质 6.3 和基本积分公式(6-7)和(6-14)，可得

$$\int \tan^2 x dx = \int (\sec^2 x - 1) dx = \int \sec^2 x dx - \int dx = \tan x - x + C$$

例 6-17 求不定积分 $\int \left(\frac{2\sqrt{1-x^2}}{1-x^2} - \frac{\cos x}{\sin^2 x}\right) dx$。

解：先用三角公式 $\frac{1}{\sin x} = \csc x$ 和 $\frac{\cos x}{\sin x} = \cot x$ 把被积函数化为基本积分表中所列的类型，再根据不定积分的性质 6.3 和基本积分公式(6-17)和(6-19)，可得

$$\int \left(\frac{2\sqrt{1-x^2}}{1-x^2} - \frac{\cos x}{\sin^2 x} \right) \mathrm{d}x = \int \left(\frac{2}{\sqrt{1-x^2}} - \csc x \cot x \right) \mathrm{d}x$$

$$= 2\int \frac{1}{\sqrt{1-x^2}} \mathrm{d}x - \int \csc x \cot x \, \mathrm{d}x$$

$$= 2\arcsin x + \csc x + C$$

练习 6.2

求下列不定积分：

(1) $\int (3x^2 + x + 1)\mathrm{d}x$；

(2) $\int \frac{x-1}{\sqrt{x}}\mathrm{d}x$；

(3) $\int \frac{x^2}{1+x^2}\mathrm{d}x$；

(4) $\int \left(\frac{3}{\cos^2 x} + \frac{4}{\sqrt{1-x^2}} \right)\mathrm{d}x$；

(5) $\int \left(\frac{2}{x} - 3^x + 4\sin x \right)\mathrm{d}x$；

(6) $\int 2^x \mathrm{e}^x \mathrm{d}x$；

(7) $\int \sin^2 \frac{x}{2}\mathrm{d}x$；

(8) $\int \left(\frac{1-x}{x} \right)^2 \mathrm{d}x$；

(9) $\int \left(2\sin x - \frac{1}{2}\cos x \right)\mathrm{d}x$；

(10) $\int \frac{2 \cdot 3^x - 5 \cdot 2^x}{3^x}\mathrm{d}x$。

6.3 换元积分法

在求函数的不定积分时会发现有些函数的不定积分无法利用直接积分法求得，因此还需要寻求其他更有效的积分方法。将复合函数求导的方法反过来用于求不定积分时，可得到两个非常有效的积分方法——第一类换元法和第二类换元法。换元法的基本思想是，通过适当的变量变换将某些较难计算的不定积分化为容易计算的积分。

6.3.1 第一类换元法(凑微分法)

定理 6.2 如果积分 $\int g(x)\mathrm{d}x$ 可化为 $\int f[\varphi(x)]\varphi'(x)\mathrm{d}x$ 的形式，设 $u = \varphi(x)$ 可导，

$$\int g(x)\mathrm{d}x = \int f[\varphi(x)]\varphi'(x)\mathrm{d}x = \int f(u)\mathrm{d}u$$

若 $f(u)$ 有原函数 $F(u)$，即 $F'(u) = f(u)$，则有

$$\int f(u)\mathrm{d}u = F(u) + C$$

则有第一类换元积分法：

$$\int g(x)\mathrm{d}x = F(u) + C = F[\varphi(x)] + C$$

定理 6.2 表明：如果 $\int g(x)\mathrm{d}x$ 不易求，则把积分变量 x 换成 u（即设 $u = \varphi(x)$），就可以把上述积分化为 $\int f(u)\mathrm{d}u$，若这个积分容易利用基本积分公式求得，那么 $\int g(x)\mathrm{d}x$ 便可求了。

证明： 根据复合函数的求导法则，

$$\frac{\mathrm{d}F[\varphi(x)]}{\mathrm{d}x} = F'(u)\varphi'(x) = f(u)\varphi'(x) = f[\varphi(x)]\varphi'(x)$$

由原函数的定义可知

$$\int f[\varphi(x)]\varphi'(x)\mathrm{d}x = F[\varphi(x)] + C$$

即

$$\int g(x)\mathrm{d}x = F[\varphi(x)] + C$$

第一类换元积分法也叫凑微分法，具体步骤可表示为

$$\int g(x)\mathrm{d}x = \int f[\varphi(x)]\varphi'(x)\mathrm{d}x = \int f[\varphi(x)]\mathrm{d}\varphi(x) \quad (令\ u = \varphi(x))$$

$$= \int f(u)\mathrm{d}u = F(u) + C$$

$$= F[\varphi(x)] + C \quad (代回\ u = \varphi(x))$$

例 6-18 求 $\int \sin 3x\mathrm{d}x$。

解： 将其化为基本积分公式(6-12)，令 $u = 3x$，$\mathrm{d}x = \frac{1}{3}\mathrm{d}u$，

$$\int \sin 3x\mathrm{d}x = \int \frac{1}{3}\sin u\mathrm{d}u = -\frac{1}{3}\cos u + C = -\frac{1}{3}\cos 3x + C$$

例 6-19 求 $\int \frac{\mathrm{d}x}{x-2}$。

解： 将其化为基本积分公式(6-9)，令 $x - 2 = u$，$\mathrm{d}x = \mathrm{d}u$，

$$\int \frac{\mathrm{d}x}{x-2} = \int \frac{1}{u}\mathrm{d}u = \ln|u| + C = \ln|x-2| + C$$

例 6-20 求 $\int 2x\mathrm{e}^{x^2}\mathrm{d}x$。

解： 将其化为基本积分公式(6-11)，令 $u = x^2$，$\mathrm{d}u = 2x\mathrm{d}x$，

$$\int 2x\mathrm{e}^{x^2}\mathrm{d}x = \int \mathrm{e}^u\mathrm{d}u = \mathrm{e}^u + C = \mathrm{e}^{x^2} + C$$

例 6-21 求 $\int \frac{x}{\sqrt{2-3x^2}}\mathrm{d}x$。

解： 将其化为基本积分公式(6-8)，令 $u = 2 - 3x^2$，$\mathrm{d}u = -6x\mathrm{d}x$，

$$\int \frac{x}{\sqrt{2-3x^2}}\mathrm{d}x = \frac{1}{2}\int \frac{\mathrm{d}x^2}{\sqrt{2-3x^2}}$$

$$= -\frac{1}{6}\int (2-3x^2)^{-\frac{1}{2}}\mathrm{d}(2-3x^2)$$

$$= -\frac{1}{6}\int (u)^{-\frac{1}{2}}\mathrm{d}u$$

$$= -\frac{1}{3}\sqrt{u}+C$$

$$= -\frac{1}{3}\sqrt{2-3x^2}+C$$

从上述例题可以看出，换元的目的是通过适当的变量代换，把积分函数转化到基本积分公式形式。在解题时务必把握这个方向，避免漫无目的地换元。

例 6-22　求 $\displaystyle\int \frac{\mathrm{d}x}{a^2+x^2}$。

解：先把分母中的 a^2 提出，并令 $u=\dfrac{x}{a}$，

$$\int \frac{\mathrm{d}x}{a^2+x^2} = \int \frac{1}{a^2}\cdot\frac{\mathrm{d}x}{1+\left(\frac{x}{a}\right)^2} = \frac{1}{a}\int \frac{\mathrm{d}\left(\frac{x}{a}\right)}{1+\left(\frac{x}{a}\right)^2} = \frac{1}{a}\int \frac{\mathrm{d}u}{1+u^2}$$

利用基本积分公式(6-16)，可得

$$\int \frac{\mathrm{d}x}{a^2+x^2} = \frac{1}{a}\int \frac{\mathrm{d}u}{1+u^2} = \frac{1}{a}\arctan u+C = \frac{1}{a}\arctan \frac{x}{a}+C$$

例 6-23　求 $\displaystyle\int \frac{\mathrm{d}x}{\sqrt{a^2-x^2}}(a>0)$。

解：先把分母中的 a^2 提出，并令 $u=\dfrac{x}{a}$，

$$\int \frac{\mathrm{d}x}{\sqrt{a^2-x^2}} = \int \frac{1}{a}\cdot\frac{\mathrm{d}x}{\sqrt{1-\left(\frac{x}{a}\right)^2}} = \int \frac{\mathrm{d}\left(\frac{x}{a}\right)}{\sqrt{1-\left(\frac{x}{a}\right)^2}} = \int \frac{\mathrm{d}u}{\sqrt{1-u^2}}$$

利用基本积分公式(6-17)，可得

$$\int \frac{\mathrm{d}x}{\sqrt{a^2-x^2}} = \int \frac{\mathrm{d}u}{\sqrt{1-u^2}} = \arcsin u+C = \arcsin \left(\frac{x}{a}\right)+C$$

例 6-22 和例 6-23 的结果在今后的解题中会经常用到，可以把它们当作公式记住。

例 6-24　求 $\displaystyle\int \frac{\mathrm{d}x}{\sqrt{12-4x-x^2}}$。

解：先把 $12-4x-x^2$ 表示成 $4^2-(x+2)^2$，再根据例 6-23 的结果，可得

$$\int \frac{\mathrm{d}x}{\sqrt{12-4x-x^2}} = \int \frac{\mathrm{d}(x+2)}{\sqrt{4^2-(x+2)^2}} = \arcsin \frac{x+2}{4}+C$$

例 6-25　求 $\displaystyle\int x\sin x^2\,\mathrm{d}x$。

解：注意到 $x\mathrm{d}x=\dfrac{1}{2}\mathrm{d}(x^2)$，令 $u=x^2$，$\mathrm{d}u=2x\mathrm{d}x$，$x\mathrm{d}x=\dfrac{1}{2}\mathrm{d}u$，

$$\int x\sin x^2\mathrm{d}x=\frac{1}{2}\int\sin u\mathrm{d}u=-\frac{1}{2}\cos u+C=-\frac{1}{2}\cos x^2+C$$

例 6-26　求 $\displaystyle\int\frac{1}{x^2}\sec^2\frac{1}{x}\mathrm{d}x$。

解：注意到 $\dfrac{1}{x^2}\mathrm{d}x=-\mathrm{d}\left(\dfrac{1}{x}\right)$，令 $u=\dfrac{1}{x}$，$\mathrm{d}u=-\dfrac{1}{x^2}\mathrm{d}x$，$\dfrac{1}{x^2}\mathrm{d}x=-\mathrm{d}u$，

$$\int\frac{1}{x^2}\sec^2\frac{1}{x}\mathrm{d}x=-\int\sec^2\frac{1}{x}\cdot\left(-\frac{1}{x^2}\right)\mathrm{d}x$$
$$=-\int\sec^2\frac{1}{x}\mathrm{d}\left(\frac{1}{x}\right)$$
$$=-\tan\frac{1}{x}+C$$

熟练掌握第一类换元法后，可以省略换元的过程，不必写成变量 u 的积分，利用公式直接积分即可。

例 6-27　求 $\displaystyle\int\frac{1}{1+\mathrm{e}^x}\mathrm{d}x$。

解：$\displaystyle\int\frac{1}{1+\mathrm{e}^x}\mathrm{d}x=-\int\frac{\mathrm{d}\mathrm{e}^{-x}}{1+\mathrm{e}^{-x}}=\int\frac{\mathrm{d}(1+\mathrm{e}^{-x})}{1+\mathrm{e}^{-x}}=-\ln|1+\mathrm{e}^{-x}|+C$

例 6-28　求 $\displaystyle\int\tan x\mathrm{d}x$。

解：因为

$$\tan x=\frac{\sin x}{\cos x}$$

所以

$$\int\tan x\mathrm{d}x=\int\frac{\sin x}{\cos x}\mathrm{d}x=-\int\frac{\mathrm{d}\cos x}{\cos x}=-\ln|\cos x|+C$$

类似地，可求得

$$\int\cot x\mathrm{d}x=\ln|\sin x|+C$$

例 6-29　求 $\displaystyle\int\sec x\mathrm{d}x$。

解：因为

$$\sec x=\frac{1}{\cos x}$$

所以

$$\int \sec x \mathrm{d}x = \int \frac{1}{\cos x} \mathrm{d}x = \int \frac{\cos x}{\cos^2 x} \mathrm{d}x = \int \frac{\mathrm{d}(\sin x)}{1-\sin^2 x}$$

$$= \frac{1}{2}\int \Big(\frac{1}{1+\sin x}+\frac{1}{1-\sin x}\Big)\mathrm{d}(\sin x)$$

$$= \frac{1}{2}\Big[\int \frac{\mathrm{d}(1+\sin x)}{1+\sin x}-\int \frac{\mathrm{d}(1-\sin x)}{1-\sin x}\Big]$$

$$= \frac{1}{2}(\ln|1+\sin x|-\ln|1-\sin x|)+C$$

$$= \frac{1}{2}\ln\Big|\frac{1+\sin x}{1-\sin x}\Big|+C = \frac{1}{2}\ln\frac{(1+\sin x)^2}{\cos^2 x}+C$$

$$= \ln\Big|\frac{1+\sin x}{\cos x}\Big|+C = \ln|\sec x+\tan x|+C$$

类似地，可求得

$$\int \csc x \mathrm{d}x = \ln|\csc x-\cot x|+C$$

例 6-30　求 $\displaystyle\int \tan^2 x \sec^4 x \mathrm{d}x$。

解：

$$\int \tan^2 x \sec^4 x \mathrm{d}x = \int \tan^2 x \sec^2 x \sec^2 x \mathrm{d}x$$

$$= \int \tan^2 x(1+\tan^2 x)\mathrm{d}(\tan x)$$

$$= \int (\tan^2 x+\tan^4 x)\mathrm{d}(\tan x)$$

$$= \frac{1}{3}\tan^3 x+\frac{1}{5}\tan^5 x+C$$

例 6-31　求 $\displaystyle\int \sin 3x \cos 4x \mathrm{d}x$。

解：可先通过三角函数的积化和差，将被积函数化作两项之和，再分项积分。因为

$$\sin 3x \cos 4x = \frac{1}{2}[\sin(3+4)x+\sin(3-4)x] = \frac{1}{2}[\sin 7x+\sin(-x)]$$

所以

$$\int \sin 3x \cos 4x \mathrm{d}x = \frac{1}{2}\int [\sin 7x+\sin(-x)]\mathrm{d}x$$

$$= \frac{1}{2}\Big(\int \sin 7x \mathrm{d}x-\int \sin x \mathrm{d}x\Big)$$

$$= \frac{1}{2}\Big(\frac{1}{7}\int \sin 7x \mathrm{d}(7x)-\int \sin x \mathrm{d}x\Big)$$

$$= \frac{1}{2}\cos x-\frac{1}{14}\cos 7x+C$$

例 6-32　求 $\displaystyle\int \sin^3 x \cos^2 x \mathrm{d}x$。

解：

$$\int \sin^3 x \cos^2 x \mathrm{d}x = \int \sin^2 x \cos^2 x \cdot \sin x \mathrm{d}x$$

$$= \int (1 - \cos^2 x) \cos^2 x \cdot (-1) \mathrm{d}(\cos x)$$

$$= \int (\cos^4 x - \cos^2 x) \mathrm{d}(\cos x)$$

$$= \frac{1}{5} \cos^5 x - \frac{1}{3} \cos^3 x + C$$

例 6-33 求 $\int \sin^2 x \cos^2 x \mathrm{d}x$。

解： 利用倍角公式，有

$$\int \sin^2 x \cos^2 x \mathrm{d}x = \int \frac{1}{4} \sin^2 2x \mathrm{d}x$$

$$= \frac{1}{4} \int \frac{1 - \cos 4x}{2} \mathrm{d}x$$

$$= \frac{1}{8} \int \mathrm{d}x - \frac{1}{32} \int \cos 4x \mathrm{d}(4x)$$

$$= \frac{x}{8} - \frac{1}{32} \sin 4x + C$$

一般地，对于形如 $\int \sin^m x \cos^n x \mathrm{d}x \, (m, n \in N)$ 的积分，可仿照例 6-32 和例 6-33 的方法处理。

例 6-34 求 $\int \frac{1}{x^2 - a^2} \mathrm{d}x$。

解： 因为

$$\frac{1}{x^2 - a^2} = \frac{1}{2a} \left(\frac{1}{x-a} - \frac{1}{x+a} \right)$$

所以

$$\int \frac{1}{x^2 - a^2} \mathrm{d}x = \frac{1}{2a} \int \left(\frac{1}{x-a} - \frac{1}{x+a} \right) \mathrm{d}x$$

$$= \frac{1}{2a} \left[\int \frac{\mathrm{d}(x-a)}{x-a} - \int \frac{\mathrm{d}(x+a)}{x+a} \right]$$

$$= \frac{1}{2a} [\ln |x-a| - \ln |x+a|] + C$$

$$= \frac{1}{2a} \ln \left| \frac{x-a}{x+a} \right| + C$$

类似地，可以得到

$$\int \frac{1}{a^2 - x^2} \mathrm{d}x = \frac{1}{2a} \ln \left| \frac{a+x}{a-x} \right| + C$$

例 6-35 求 $\int \frac{6x-1}{3x^2 - x + 8} \mathrm{d}x$。

解： 注意到分子是分母的导数，因此可令 $u = 3x^2 - x + 8$，则 $\mathrm{d}u = \mathrm{d}(3x^2 - x + 8) =$

$(6x-1)\mathrm{d}x$,

$$\int \frac{6x-1}{3x^2-x+8}\mathrm{d}x = \int \frac{\mathrm{d}u}{u} = \ln|u|+C = \ln|3x^2-x+8|+C$$

例 6-36 求 $\int \dfrac{x+5}{x^2+2x-6}\mathrm{d}x$。

解:因为 $(x^2+2x-6)'=2x+2=2(x+1)$,所以可先把分子 $x+5$ 分成 $x+1$ 和 4,有

$$\int \frac{x+5}{x^2+2x-6}\mathrm{d}x = \int \frac{x+1}{x^2+2x-6}\mathrm{d}x + \int \frac{4}{x^2+2x-6}\mathrm{d}x$$

而

$$\int \frac{x+1}{x^2+2x-6}\mathrm{d}x = \frac{1}{2}\int \frac{\mathrm{d}(x^2+2x-6)}{x^2+2x-6} = \frac{1}{2}\ln|x^2+2x-6|+C$$

对于 $\int \dfrac{4}{x^2+2x-6}\mathrm{d}x$,可先将 x^2+2x-6 表示成 $x^2+2x-6=(x+1)^2-(\sqrt{7})^2$,再利用例 6-34 的结果,可得

$$\int \frac{4}{x^2+2x-6}\mathrm{d}x = 4\int \frac{\mathrm{d}(x+1)}{(x+1)^2-(\sqrt{7})^2}$$

$$= 4\times\frac{1}{2\times\sqrt{7}}\ln\left|\frac{x+1-\sqrt{7}}{x+1+\sqrt{7}}\right|+C$$

$$= \frac{2}{\sqrt{7}}\ln\left|\frac{x+1-\sqrt{7}}{x+1+\sqrt{7}}\right|+C$$

所以有

$$\int \frac{x+5}{x^2+2x-6}\mathrm{d}x = \frac{1}{2}\ln|x^2+2x-6|+\frac{2}{\sqrt{7}}\ln\left|\frac{x+1-\sqrt{7}}{x+1+\sqrt{7}}\right|+C$$

由以上例题可以看出,可利用第一类换元法计算的积分种类很多,运用第一类换元积分法解题时需要特别灵活的技巧,关键是要在被积表达式中观察出适用的复合函数并凑出相应的微分因子,进而进行变量代换。因此灵活掌握并记住一些常用的微分形式对积分的计算很有帮助,如

(1) $\mathrm{d}x=\dfrac{1}{a}\mathrm{d}(ax)=\dfrac{1}{a}\mathrm{d}(ax+b)$;

(2) $x^{n-1}\mathrm{d}x=\dfrac{1}{n}\mathrm{d}(x^n)$;

(3) $\mathrm{e}^x\mathrm{d}x=\mathrm{d}(\mathrm{e}^x)$;

(4) $\dfrac{1}{x}\mathrm{d}x=\mathrm{d}(\ln x)$;

(5) $\dfrac{1}{x^2}\mathrm{d}x=-\mathrm{d}\left(\dfrac{1}{x}\right)$;

(6) $\dfrac{1}{\sqrt{x}}\mathrm{d}x=2\mathrm{d}(\sqrt{x})$;

(7) $\sin x\mathrm{d}x=-\mathrm{d}(\cos x)$;

(8) $\cos x\mathrm{d}x=\mathrm{d}(\sin x)$;

(9) $\dfrac{1}{\cos^2 x}\mathrm{d}x = \mathrm{d}(\tan x)$；

(10) $\mathrm{d}\varphi(x) = \mathrm{d}[\varphi(x) \pm b]$。

6.3.2　第二类换元法

在第一类换元法中，通过变量代换 $u = \varphi(x)$，将不定积分

$$\int f[\varphi(x)]\varphi'(x)\mathrm{d}x$$

化为

$$\int f(u)\mathrm{d}u$$

若 $\int f(u)\mathrm{d}u$ 为基本积分公式的形式，则可计算出不定积分。但是常常还会遇到一类问题，即积分 $\int f(x)\mathrm{d}x$ 不符合基本积分公式的形式。这时必须用一个新变量 t 去替换 x，即令 $x = \varphi(t)$，把积分 $\int f(x)\mathrm{d}x$ 化成可以利用基本公式进行计算的形式，这种积分方法称为**第二类换元法**。

定理 6.3　设 $f(x)$ 连续，如果在积分 $\int f(x)\mathrm{d}x$ 中，令 $x = \varphi(t)$，$\varphi(t)$ 可导，$\varphi'(t)$ 连续且 $\varphi'(t) \neq 0$，则有

$$\int f(x)\mathrm{d}x = \int f[\varphi(t)]\varphi'(t)\mathrm{d}t \tag{6-20}$$

若式(6-20)右端可求出原函数 $F(t)$，则第二类换元积分公式为

$$\int f(x)\mathrm{d}x = F[\varphi^{-1}(x)] + C$$

其中 $\varphi^{-1}(x)$ 为 $x = \varphi(t)$ 的反函数，即

$$t = \varphi^{-1}(x)$$

证明：因 $\varphi'(t)$ 连续且不为零，故 $\varphi'(t)$ 不变号，于是函数 $x = \varphi(x)$ 单调，从而它的反函数 $t = \varphi^{-1}(x)$ 存在，并有

$$\frac{\mathrm{d}t}{\mathrm{d}x} = \frac{1}{\varphi'(t)}$$

因为 $f(x)$，$\varphi(x)$，$\varphi'(x)$ 均连续，所以 $f[\varphi(t)]\varphi'(t)$ 连续，因而它的原函数存在，设它的原函数为 $F(t)$，即 $F'(t) = f[\varphi(t)]\varphi'(t)$，于是

$$\int f[\varphi(t)]\varphi'(t)\mathrm{d}t = F(t) + C = F[\varphi^{-1}(x)] + C$$

由

$$\frac{\mathrm{d}}{\mathrm{d}x}F[\varphi^{-1}(x)] = F'(t)\frac{\mathrm{d}t}{\mathrm{d}x} = f[\varphi(t)]\varphi'(t)\frac{1}{\varphi'(t)} = f[\varphi(t)] = f(x)$$

可知，$F[\varphi^{-1}(x)]$ 是 $f(x)$ 的原函数。

使用第二类换元法的关键是选择 $x=\varphi(t)$，常用的方法有如下几种。

1. 无理代换

当被积函数含有无理式 $\sqrt[n]{ax+b}$ 时，只需作代换 $\sqrt[n]{ax+b}=t$，就可以将无理式化为有理式，然后求积分。

例 6-37　求 $\displaystyle\int \frac{x}{\sqrt{x+1}}\mathrm{d}x$。

解： 令 $t=\sqrt{x+1}$，则 $x=t^2-1$，$\mathrm{d}x=2t\mathrm{d}t$，因此

$$\int \frac{x}{\sqrt{x+1}}\mathrm{d}x = \int \frac{t^2-1}{t}\cdot 2t\mathrm{d}t = 2\int (t^2-1)\mathrm{d}t = \frac{2}{3}t^3-2t+C \qquad (6\text{-}21)$$

然后将 $t=\sqrt{x+1}$ 代回式(6-21)，可得

$$\int \frac{x}{\sqrt{x+1}}\mathrm{d}x = \frac{2}{3}t^3-2t+C = \frac{2}{3}\sqrt{(x+1)^3}-2\sqrt{x+1}+C$$

例 6-38　求 $\displaystyle\int \frac{1}{\sqrt{x}(1+\sqrt[3]{x})}\mathrm{d}x$。

解： 令 $t=\sqrt[6]{x}$，则 $x=t^6$，$\mathrm{d}x=6t^5\mathrm{d}t$，因此

$$\int \frac{1}{\sqrt{x}(1+\sqrt[3]{x})}\mathrm{d}x = \int \frac{6t^2}{1+t^2}\mathrm{d}t$$

$$= \int \left(6-\frac{6}{1+t^2}\right)\mathrm{d}t$$

$$= 6t-6\arctan t+C$$

$$= 6\sqrt[6]{x}-6\arctan\sqrt[6]{x}+C$$

2. 三角代换

第二类换元法中最常用的是三角代换法，可用来消去被积函数中的二次根式。如果被积函数中含有无理式 $\sqrt{a^2-x^2}$，可令 $x=a\sin t$；如果被积函数中含有无理式 $\sqrt{x^2-a^2}$，可令 $x=a\sec t$；如果被积函数中含有无理式 $\sqrt{x^2+a^2}$，可令 $x=a\tan t$，即先将无理式化为有理式，然后求积分。

例 6-39　求 $\displaystyle\int \sqrt{a^2-x^2}\mathrm{d}x\,(a>0)$。

解： 作三角代换，$x=a\sin t$，则 $\sqrt{a^2-x^2}=a\cos t$，$\mathrm{d}x=a\cos t\mathrm{d}t$，于是

$$\int \sqrt{a^2-x^2}\mathrm{d}x = \int a\cos t\cdot a\cos t\mathrm{d}t = a^2\int \cos^2 t\mathrm{d}t$$

$$= a^2\int \frac{1+\cos 2t}{2}\mathrm{d}t = a^2\left(\frac{t}{2}+\frac{\sin 2t}{4}\right)+C$$

$$= \frac{a^2}{2}t+\frac{a^2}{2}\sin t\cos t+C \qquad (6\text{-}22)$$

因为 $x=a\sin t$，所以

$$t=\arcsin \frac{x}{a} \qquad (6\text{-}23)$$

$$\cos t = \sqrt{1 - \sin^2 t} = \sqrt{1 - \left(\frac{x}{a}\right)^2} = \frac{\sqrt{a^2 - x^2}}{a} \qquad (6\text{-}24)$$

将式(6-23)和式(6-24)代回式(6-22),可得

$$\int \sqrt{a^2 - x^2}\,\mathrm{d}x = \frac{a^2}{2}\arcsin\frac{x}{a} + \frac{x}{2}\sqrt{a^2 - x^2} + C$$

例 6-40　求 $\displaystyle\int \frac{1}{\sqrt{x^2 - a^2}}\mathrm{d}x (a > 0)$。

解:作三角代换,$x = a\sec t$,则 $\sqrt{x^2 - a^2} = a\tan t$,$\mathrm{d}x = a\sec t\tan t\,\mathrm{d}t$,因此

$$\int \frac{1}{\sqrt{x^2 - a^2}}\mathrm{d}x = \int \frac{a\sec t\tan t}{a\tan t}\mathrm{d}t = \int \sec t\,\mathrm{d}t = \ln|\sec t + \tan t| + C_1$$

然后把 $\sec t$ 和 $\tan t$ 换成 x 的函数,由于 $x = a\sec t$,因此 $\sec t = \dfrac{x}{a}$,作辅助三角形(见图 6-2),从而可知

$$\tan t = \frac{\sqrt{x^2 - a^2}}{a}$$

故

$$\int \frac{1}{\sqrt{x^2 - a^2}}\mathrm{d}x = \ln|\sec t + \tan t| + C_1 = \ln\left|\frac{x}{a} + \frac{\sqrt{x^2 - a^2}}{a}\right| + C_1$$

$$= \ln\left|x + \sqrt{x^2 - a^2}\right| - \ln a + C_1 = \ln\left|x + \sqrt{x^2 - a^2}\right| + C$$

其中 $C = C_1 - \ln a$。

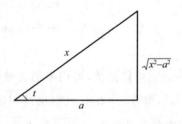

图 6-2

例 6-41　求 $\displaystyle\int \frac{1}{\sqrt{x^2 + a^2}}\mathrm{d}x (a > 0)$。

解:作三角代换,$x = a\tan t$,则 $\sqrt{x^2 + a^2} = a\sec t$,$\mathrm{d}x = a\sec^2 t\,\mathrm{d}t$,因此

$$\int \frac{1}{\sqrt{x^2 + a^2}}\mathrm{d}x = \int \frac{a\sec^2 t}{a\sec t}\mathrm{d}t = \int \sec t\,\mathrm{d}t = \ln|\sec t + \tan t| + C_1 \qquad (6\text{-}25)$$

与例 6-40 类似,要把 $\sec t$ 和 $\tan t$ 换成 x 的函数,由于 $x = a\tan t$,因此 $\tan t = \dfrac{x}{a}$,作辅助三角形(见图 6-3),可得

$$\sec t = \frac{\sqrt{x^2 + a^2}}{a}$$

将其代回式(6-25)

$$\int \frac{\mathrm{d}x}{\sqrt{x^2+a^2}} = \ln \left| \frac{\sqrt{x^2+a^2}}{a} + \frac{x}{a} \right| + C_1$$

$$= \ln \left| x + \sqrt{x^2+a^2} \right| - \ln a + C_1$$

$$= \ln \left| x + \sqrt{x^2+a^2} \right| + C$$

其中 $C = C_1 - \ln a$。

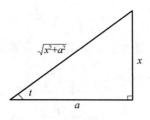

图 6-3

注意：不定积分的问题经常可以一题多解，所以应该根据被积函数的具体情况，选取尽可能简便的代换。

例 6-42 求 $\displaystyle\int \frac{x}{(\sqrt{x^2-a^2})^3}\mathrm{d}x (a > 0)$。

解：方法一：作三角代换，$x = a\sec t$，则 $\sqrt{x^2-a^2} = a\tan t$，$\mathrm{d}x = a\sec t\tan t\mathrm{d}t$，因此

$$\int \frac{x}{(\sqrt{x^2-a^2})^3}\mathrm{d}x = \int \frac{a\sec t}{(a\tan t)^3} \cdot a\sec t\tan t\mathrm{d}t$$

$$= \frac{1}{a}\int \frac{\sec^2 t}{\tan^2 t}\mathrm{d}t = \frac{1}{a}\int \tan^{-2} t\mathrm{d}(\tan t)$$

$$= -\frac{1}{a\tan t} + C$$

利用图 6-2 中的辅助三角形，可得

$$\tan t = \frac{\sqrt{x^2-a^2}}{a}$$

$$\int \frac{x}{(\sqrt{x^2-a^2})^3}\mathrm{d}x = \int \frac{a\sec t}{(a\tan t)^3} \cdot a\sec t\tan t\mathrm{d}t = -\frac{1}{\sqrt{x^2-a^2}} + C$$

方法二：设 $x^2-a^2=t$，则 $2x\mathrm{d}x = \mathrm{d}t$，

$$\int \frac{x}{(\sqrt{x^2-a^2})^3}\mathrm{d}x = \frac{1}{2}\int t^{-\frac{3}{2}}\mathrm{d}t = -\frac{1}{\sqrt{t}} + C = -\frac{1}{\sqrt{x^2-a^2}} + C$$

方法三：

$$\int \frac{x}{(\sqrt{x^2-a^2})^3}\mathrm{d}x = \int \frac{\frac{x}{\sqrt{x^2-a^2}}}{(\sqrt{x^2-a^2})^2}\mathrm{d}x = \int \frac{\mathrm{d}\sqrt{x^2-a^2}}{(\sqrt{x^2-a^2})^2} = -\frac{1}{\sqrt{x^2-a^2}} + C$$

显然后两种方法要简便一些。

3. 倒代换

利用倒代换常常可消去被积函数分母中的变量因子 x。

例 6-43 求 $\displaystyle\int \frac{\mathrm{d}x}{x\sqrt{3x^2-2x-1}}(x>0)$。

解：设 $x=\dfrac{1}{t}$，于是

$$\int \frac{\mathrm{d}x}{x\sqrt{3x^2-2x-1}}=-\int \frac{\dfrac{1}{t^2}\mathrm{d}t}{\dfrac{1}{t}\sqrt{\dfrac{3}{t^2}-\dfrac{2}{t}-1}}=-\int \frac{\mathrm{d}t}{\sqrt{3-2t-t^2}}$$

通过倒代换，消去了分母中的变量因子 x，再用配平方差的方法，即得

$$\int \frac{\mathrm{d}x}{x\sqrt{3x^2-2x-1}}=-\int \frac{\mathrm{d}t}{\sqrt{3-2t-t^2}}=-\int \frac{\mathrm{d}(t+1)}{\sqrt{2^2-(t+1)^2}}$$

$$=-\arcsin\frac{t+1}{2}+C$$

$$=-\arcsin\frac{\dfrac{1}{x}+1}{2}+C$$

$$=-\arcsin\frac{1+x}{2x}+C$$

有一些本节例题的结果以后学习时会用到，因此在积分积分表中添加下列几个公式，以便熟记。

$$\int \tan x\,\mathrm{d}x=-\ln|\cos x|+C$$

$$\int \cot x\,\mathrm{d}x=\ln|\sin x|+C$$

$$\int \sec x\,\mathrm{d}x=\ln|\sec x+\tan x|+C$$

$$\int \csc x\,\mathrm{d}x=\ln|\csc x-\cot x|+C$$

$$\int \frac{\mathrm{d}x}{a^2+x^2}=\frac{1}{a}\arctan\frac{x}{a}+C$$

$$\int \frac{\mathrm{d}x}{x^2-a^2}=\frac{1}{2a}\ln\left|\frac{x-a}{x+a}\right|+C$$

$$\int \frac{\mathrm{d}x}{a^2-x^2}=\frac{1}{2a}\ln\left|\frac{a+x}{a-x}\right|+C$$

$$\int \frac{\mathrm{d}x}{\sqrt{a^2-x^2}}=\arcsin\frac{x}{a}+C$$

$$\int \frac{\mathrm{d}x}{\sqrt{x^2\pm a^2}}=\ln\left|x+\sqrt{x^2\pm a^2}\right|+C \tag{6-26}$$

$$\int \sqrt{a^2-x^2}\,\mathrm{d}x=\frac{a^2}{2}\arcsin\frac{x}{a}+\frac{x}{2}\sqrt{a^2-x^2}+C$$

例 6-44 求 $\displaystyle\int \frac{\mathrm{d}x}{\sqrt{4x^2+9}}$。

解：因为

$$\int \frac{\mathrm{d}x}{\sqrt{4x^2+9}} = \int \frac{\mathrm{d}x}{\sqrt{(2x)^2+3^2}}$$

所以可直接利用式(6-26)求出

$$\int \frac{\mathrm{d}x}{\sqrt{4x^2+9}} = \frac{1}{2}\ln\left|2x+\sqrt{4x^2+9}\right|+C$$

练习 6.3

1. 利用第一类换元法计算下列不定积分：

(1) $\int (x-2)^6 \mathrm{d}x$；　　　　(2) $\int \frac{1}{7x+3}\mathrm{d}x$；

(3) $\int \frac{\mathrm{e}^x}{1+\mathrm{e}^x}\mathrm{d}x$；　　　　(4) $\int \frac{\ln^3 x}{x}\mathrm{d}x$；

(5) $\int \frac{1}{x^2}\sin\frac{1}{x}\mathrm{d}x$；　　　　(6) $\int \frac{\cos\sqrt{x}}{\sqrt{x}}\mathrm{d}x$。

2. 利用第二类换元法计算下列不定积分：

(1) $\int \frac{1}{1+\sqrt{x}}\mathrm{d}x$；　　　　(2) $\int \frac{1}{\sqrt{x}+\sqrt[3]{x}}\mathrm{d}x$；

(3) $\int \frac{\sqrt{x^2-1}}{x}\mathrm{d}x$；　　　　(4) $\int \frac{1}{\sqrt[3]{3-2x}}\mathrm{d}x$。

6.4　分部积分法

换元积分法通过换元的方法，将不易求解的积分转化为易求解的积分。但仍有一些积分 $\left(\text{如}\int x\mathrm{e}^x\mathrm{d}x, \int x^2\sin x\mathrm{d}x, \int\ln x\mathrm{d}x\ \text{等}\right)$ 不能用换元积分法求解，本节介绍求解这些积分的求解方法——**分部积分法**。

定理 6.4　设函数 $u=u(x), v=v(x)$ 具有连续导数，则

$$\int uv'\mathrm{d}x = uv - \int vu'\mathrm{d}x$$

或者

$$\int u\mathrm{d}v = uv - \int v\mathrm{d}u$$

证明：由函数乘积的求导公式

$$(uv)' = u'v+uv'$$

移项得

$$uv' = (uv)' - u'v$$

两边积分得

$$\int uv'\mathrm{d}x = uv - \int vu'\mathrm{d}x$$

或者

$$\int u\mathrm{d}v = uv - \int v\mathrm{d}u$$

这即分部积分公式。

分部积分的意义在于,当不定积分 $\int u\mathrm{d}v$ 不易求出,而 $\int v\mathrm{d}u$ 容易求出时,利用公式 $\int u\mathrm{d}v = uv - \int v\mathrm{d}u$ 将起到化难为易的作用。

下面通过例题来说明如何运用这个重要的公式。

例 6-45 求 $\int x\cos x\mathrm{d}x$。

解:由于被积函数 $x\cos x$ 是两个函数的乘积,选其中一个为 u,那么另一个即为 v'。

选取 $u=x,v'=\cos x$,则 $u'=1,v=\sin x$,将其代入分部积分公式,得

$$\int x\cos x\mathrm{d}x = x\sin x - \int \sin x\mathrm{d}x$$

而 $\int \sin x\mathrm{d}x$ 容易求出,于是

$$\int x\cos x\mathrm{d}x = x\sin x + \cos x + C$$

注意:如果选 $u=\cos x,v'=x$,则 $u'=-\sin x,v=\frac{1}{2}x^2$,将其代入分部积分公式,得

$$\int x\cos x\mathrm{d}x = \frac{x^2}{2}\sin x + \int \frac{x^2}{2}\sin x\mathrm{d}x \tag{6-27}$$

式(6-27)右端的积分比原来的积分更不容易求出,所以按照这种方法选取 u 和 v' 是不恰当的。由此可见,运用分部积分法的关键是正确选择 u 和 v',选择 u 和 v' 的一般原则如下:①v 要容易求出;②$\int vu'\mathrm{d}x$ 要比 $\int uv'\mathrm{d}x$ 容易求得。

假如被积函数是两类基本初等函数的乘积,在很多情况下可按如下原则选取:选择 u 和 v' 时,可按照反三角函数、对数函数、幂函数、三角函数、指数函数的顺序,把排在前面的那类函数选作 u,而把排在后面的那类函数选作 v'。

例 6-46 求 $\int x\sin 2x\mathrm{d}x$。

解:设 $u=x,v'=\sin 2x$,则 $u'=1,v=-\frac{1}{2}\cos 2x$,将其代入分部积分公式,得

$$\int x\sin 2x\mathrm{d}x = -\frac{1}{2}x\cos 2x + \int \frac{1}{2}\cos 2x\mathrm{d}x$$

$$= -\frac{1}{2}x\cos 2x + \frac{1}{4}\sin 2x + C$$

例 6-47　求 $\int \sqrt{x}\ln x \mathrm{d}x$。

解： 设 $u=\ln x, v'=\sqrt{x}$，则 $u'=\dfrac{1}{x}, v=\dfrac{2}{3}x^{\frac{3}{2}}$，将其代入分部积分公式，得

$$\int \sqrt{x}\ln x \mathrm{d}x = \frac{2}{3}x^{\frac{3}{2}}\ln x - \int \frac{2}{3}x^{\frac{1}{2}}\mathrm{d}x$$
$$= \frac{2}{3}x^{\frac{3}{2}}\ln x - \frac{4}{9}x^{\frac{3}{2}} + C$$

例 6-48　求 $\int x\mathrm{e}^x \mathrm{d}x$。

解： 设 $u=x, v'=\mathrm{e}^x$，则 $u'=1, v=\mathrm{e}^x$，将其代入分部积分公式，得

$$\int x\mathrm{e}^x \mathrm{d}x = x\mathrm{e}^x - \int \mathrm{e}^x \mathrm{d}x = x\mathrm{e}^x - \mathrm{e}^x + C = (x-1)\mathrm{e}^x + C$$

在使用分部积分法时，可以不必按部就班地写出 u 和 v 的表达式，可以直接按公式 $\int u\mathrm{d}v = uv - \int v\mathrm{d}u$ 写出求解过程，如例 6-48 的求解过程可以写作

$$\int x\mathrm{e}^x \mathrm{d}x = \int x\mathrm{d}\mathrm{e}^x = x\mathrm{e}^x - \int \mathrm{e}^x \mathrm{d}x = x\mathrm{e}^x - \mathrm{e}^x + C$$

例 6-49　求 $\int x\arctan x \mathrm{d}x$。

解： 由分部积分公式可得

$$\int x\arctan x \mathrm{d}x = \frac{1}{2}\int \arctan x \mathrm{d}(x^2)$$
$$= \frac{1}{2}x^2\arctan x - \frac{1}{2}\int x^2 \mathrm{d}(\arctan x)$$
$$= \frac{1}{2}x^2\arctan x - \frac{1}{2}\int \frac{x^2}{1+x^2}\mathrm{d}x$$
$$= \frac{1}{2}x^2\arctan x - \frac{1}{2}\int (1-\frac{1}{1+x^2})\mathrm{d}x$$
$$= \frac{1}{2}x^2\arctan x - \frac{1}{2}(x-\arctan x) + C$$
$$= \frac{1}{2}(x^2+1)\arctan x - \frac{1}{2}x + C$$

分部积分法可重复使用，下面看两个例题。

例 6-50　求 $\int x^2\mathrm{e}^{-x}\mathrm{d}x$。

解： 设 $u=x^2, v'=\mathrm{e}^{-x}$，则 $u'=2x, v=-\mathrm{e}^{-x}$，将其代入分部积分公式，得

$$\int x^2\mathrm{e}^{-x}\mathrm{d}x = \int x^2\mathrm{d}(-\mathrm{e}^{-x}) = -x^2\mathrm{e}^{-x} + 2\int x\mathrm{e}^{-x}\mathrm{d}x \qquad (6\text{-}28)$$

式(6-28)右端的积分比原积分容易求得（因为 x 的幂降低了），可对其再使用一次分部积分法，取 $u=x, v'=\mathrm{e}^{-x}$，则 $u'=1, v=-\mathrm{e}^{-x}$，得

$$\int x\mathrm{e}^{-x}\mathrm{d}x = -x\mathrm{e}^{-x} + \int \mathrm{e}^{-x}\mathrm{d}x = -x\mathrm{e}^{-x} - \mathrm{e}^{-x} + C$$

则有

$$\int x^2 e^{-x} dx = -x^2 e^{-x} - 2x e^{-x} - 2e^{-x} + C$$

$$= -(x^2 + 2x + 2)e^{-x} + C$$

注意:重复使用分部积分法时要注意,第一次设某类函数为 u,第二次仍然应设该类函数为 u,否则将得不出结果。

例 6-51 求 $\int e^x \sin x dx$。

解:使用两次分部积分法公式,得

$$\int e^x \sin x dx = \int \sin x d e^x = e^x \sin x - \int e^x \cos x dx$$

$$= e^x \sin x - e^x \cos x - \int e^x \sin x dx \qquad (6\text{-}29)$$

式(6-29)右端的不定积分与原积分相同,把它移到左端与原积分合并,再两端同除以 2,便得

$$\int e^x \sin x dx = \frac{1}{2} e^x (\sin x - \cos x) + C \qquad (6\text{-}30)$$

因式(6-30)右端已不包含积分项,所以必须加上任意常数 C。

例 6-52 求 $\int \sec^3 x dx$。

解:

$$\int \sec^3 x dx = \int \sec x \cdot \sec^2 x dx = \int \sec x d(\tan x)$$

$$= \sec x \tan x - \int \tan x \cdot \sec x \tan x dx$$

$$= \sec x \tan x - \int \sec x (\sec^2 x - 1) dx$$

$$= \sec x \tan x - \int \sec^3 x dx + \int \sec x dx$$

$$= \sec x \tan x + \ln|\sec x + \tan x| - \int \sec^3 x dx \qquad (6\text{-}31)$$

与例 6-51 类似,式(6-31)右端的不定积分与原积分相同,把它移到左端与原积分合并,再两端同除以 2,便得

$$\int \sec^3 x dx = \frac{1}{2} \sec x \tan x + \frac{1}{2} \ln|\sec x + \tan x| + C$$

在积分过程中,往往要兼用换元法与分部积分法,如例 6-53 所示。

例 6-53 求 $\int e^{\sqrt{x}} dx$。

解:首先去掉根号,可令 $\sqrt{x} = t, x = t^2$,则

$$\int e^{\sqrt{x}} dx = 2 \int t e^t dt$$

再利用分部积分法,得

$$\int t e^t dt = \int t d(e^t) = t e^t - \int e^t dt = t e^t - e^t + C = (t-1)e^t + C$$

然后将 $t=\sqrt{x}$ 代回,得

$$\int \mathrm{e}^{\sqrt{x}}\,\mathrm{d}x = 2(\sqrt{x}-1)\mathrm{e}^{\sqrt{x}} + C$$

练习 6.4

利用分部积分法计算下列不定积分:

(1) $\displaystyle\int \ln x\,\mathrm{d}x$;

(2) $\displaystyle\int x\ln x\,\mathrm{d}x$;

(3) $\displaystyle\int x^2 \sin x\,\mathrm{d}x$;

(4) $\displaystyle\int \ln(x^2+1)\,\mathrm{d}x$;

(5) $\displaystyle\int \mathrm{e}^{\sqrt{x}}\,\mathrm{d}x$;

(6) $\displaystyle\int x\mathrm{e}^{3x}\,\mathrm{d}x$;

(7) $\displaystyle\int \frac{\ln x}{x^2}\,\mathrm{d}x$;

(8) $\displaystyle\int (x^2+1)\mathrm{e}^{-x}\,\mathrm{d}x$;

(9) $\displaystyle\int x\sin(x+1)\,\mathrm{d}x$;

(10) $\displaystyle\int \mathrm{e}^{-x}\cos x\,\mathrm{d}x$。

6.5　特殊类型函数的积分方法

前面已经介绍了求不定积分的两个基本方法——换元法和分部积分法。本节研究一些特殊类型函数的积分问题。

6.5.1　有理函数的积分方法

两个多项式的商 $\dfrac{P(x)}{Q(x)}$ 称为有理函数。现只限于研究 $P(x)$ 和 $Q(x)$ 没有公因子的情况。

当分子多项式 $P(x)$ 的次数小于分母多项式 $Q(x)$ 的次数时,称该有理式是真分式,否则称其为假分式。

利用多项式的除法,总可以将一个假分式化成多项式与一个真分式之和的形式,例如,

$$\frac{x^3}{x+3} = (x^2-3x+9) - \frac{27}{x+3}$$

而多项式的积分是容易求的,所以有理函数的积分问题就归结为求真分式的积分了。

真分式有时还可以分解为一些简单的分式之和,如

$$\frac{2}{x^2-1} = \frac{1}{x-1} - \frac{1}{x+1}$$

真分式$\dfrac{P(x)}{Q(x)}$的分母有时可分解为两个多项式的乘积：

$$Q(x)=Q_1(x) \cdot Q_2(x)$$

若 $Q_1(x)$ 和 $Q_2(x)$ 无公因式，那么它可以拆分成两个真分式之和：

$$\frac{P(x)}{Q(x)}=\frac{P_1(x)}{Q_1(x)}+\frac{P_2(x)}{Q_2(x)}$$

因此求有理函数的积分时，若其为假分式，则先将其化为真分式，然后将其分解为简单的真分式之和，最后积分。

例 6-54 求 $\displaystyle\int\frac{\mathrm{d}x}{x\,(x-1)^2}$。

解：多项式 $\dfrac{1}{x\,(x-1)^2}$ 为真分式，先将其分解为简单真分式之和：

$$\frac{1}{x\,(x-1)^2}=\frac{A}{x}+\frac{B}{x-1}+\frac{C}{(x-1)^2} \qquad (6\text{-}32)$$

其中 A,B,C 是待定常数，可用如下的待定系数求出。

式(6-32)右端通分后得

$$\frac{1}{x\,(x-1)^2}=\frac{A\,(x-1)^2+Bx(x-1)+Cx}{x\,(x-1)^2}$$

则有

$$A\,(x-1)^2+Bx(x-1)+Cx=1 \qquad (6\text{-}33)$$

在式(6-33)中，令 $x=0$，得 $A=1$；令 $x=1$，得 $C=1$；把 $A=1$ 和 $C=1$ 代入式(6-33)，并令 $x=2$，得 $B=-1$。于是有

$$\frac{1}{x\,(x-1)^2}=\frac{1}{x}-\frac{1}{x-1}+\frac{1}{(x-1)^2}$$

因此积分变为

$$
\begin{aligned}
\int\frac{\mathrm{d}x}{x\,(x-1)^2} &= \int\left(\frac{1}{x}-\frac{1}{x-1}+\frac{1}{(x-1)^2}\right)\mathrm{d}x \\
&= \int\frac{\mathrm{d}x}{x}-\int\frac{\mathrm{d}x}{x-1}+\int\frac{\mathrm{d}x}{(x-1)^2} \\
&= \ln|x|-\ln|x-1|-\frac{1}{x-1}+C \\
&= \ln\left|\frac{x}{x-1}\right|-\frac{1}{x-1}+C
\end{aligned}
$$

例 6-55 求 $\displaystyle\int\frac{3}{x^3-1}\mathrm{d}x$。

解：因 $x^3-1=(x-1)(x^2+x+1)$，多项式 $\dfrac{3}{x^3-1}=\dfrac{1}{x-1}-\dfrac{x+2}{x^2+x+1}$，于是

$$\int \frac{3}{x^3-1}\mathrm{d}x = \int \Big(\frac{1}{x-1} - \frac{x+2}{x^2+x+1}\Big)\mathrm{d}x$$

$$= \int \frac{1}{x-1}\mathrm{d}x - \int \frac{x+2}{x^2+x+1}\mathrm{d}x$$

$$= \ln|x-1| - \frac{1}{2}\int \frac{\mathrm{d}(x^2+x+1)}{x^2+x+1} - \frac{3}{2}\int \frac{\mathrm{d}\big(x+\frac{1}{2}\big)}{\big(x+\frac{1}{2}\big)^2 + \big(\frac{\sqrt{3}}{2}\big)^2}$$

$$= \ln|x-1| - \frac{1}{2}\ln|x^2+x+1| - \frac{3}{2}\times\frac{2}{\sqrt{3}}\arctan\frac{x+\frac{1}{2}}{\frac{\sqrt{3}}{2}} + C$$

$$= \frac{1}{2}\ln\Big|\frac{(x-1)^2}{x^2+x+1}\Big| - \sqrt{3}\arctan\frac{2x+1}{\sqrt{3}} + C$$

6.5.2　三角函数有理式的积分方法

由三角函数和常数经过有限次的四则运算所得到的函数叫作三角函数有理式,如 $\sin^2 x\cos^2 x,\sec^3 x,\dfrac{1}{1+\sin x+\cos x}$ 等。关于这些函数的积分,前面已经求解过一些。例 如,$\displaystyle\int \sin^2 x\cos^2 x\mathrm{d}x$ 可利用倍角公式降低次后再求解;$\displaystyle\int \sec^3 x\mathrm{d}x$ 可利用分部积分法求解。下面介绍求三角函数有理式积分的一般方法。

令 $\tan\dfrac{x}{2}=t$,则

$$\sin x = 2\sin\frac{x}{2}\cos\frac{x}{2} = \frac{2\sin\frac{x}{2}\cos^2\frac{x}{2}}{\cos\frac{x}{2}} = \frac{2\tan\frac{x}{2}}{1+\tan^2\frac{x}{2}} = \frac{2t}{1+t^2}$$

$$\cos x = \cos^2\frac{x}{2} - \sin^2\frac{x}{2} = \frac{1-\tan^2\frac{x}{2}}{\sec^2\frac{x}{2}} = \frac{1-\tan^2\frac{x}{2}}{1+\tan^2\frac{x}{2}} = \frac{1-t^2}{1+t^2}$$

$$\mathrm{d}x = \mathrm{d}(2\arctan t) = \frac{2}{1+t^2}\mathrm{d}t$$

由于任何三角函数都可以用正弦函数与余弦函数表示,因此作该代换后可以把三角函数有理式的积分问题化为有理函数的积分问题,这样理论上三角函数有理式的积分都可以计算出,因此常称 $\tan\dfrac{x}{2}=t$ 为**万能代换**。

例 6-56　求 $\displaystyle\int \frac{\mathrm{d}x}{1+\sin x+\cos x}$。

解:这是三角函数有理式的积分问题。

令 $\tan \dfrac{x}{2}=t$，则 $\sin x=\dfrac{2t}{1+t^2}$，$\cos x=\dfrac{1-t^2}{1+t^2}$，$\mathrm{d}x=\dfrac{2}{1+t^2}\mathrm{d}t$，于是

$$\int \frac{\mathrm{d}x}{1+\sin x+\cos x}=\int \frac{\dfrac{2}{1+t^2}\mathrm{d}t}{1+\dfrac{2t}{1+t^2}+\dfrac{1-t^2}{1+t^2}}=\int \frac{\mathrm{d}t}{t+1}$$

$$=\ln|t+1|+C$$

$$=\ln\left|\tan\frac{x}{2}+1\right|+C$$

例 6-57 求 $\displaystyle\int \dfrac{\mathrm{d}x}{5+4\sin 2x}$。

解：这是三角函数有理式的积分问题。可以先将 $\sin 2x$ 表示为 $2\sin x\cos x$，再用万能代换来计算，但这样比较烦琐。可先设 $2x=t$，则

$$\int \frac{\mathrm{d}x}{5+4\sin 2x}=\frac{1}{2}\int \frac{\mathrm{d}t}{5+4\sin t}$$

再用万能代换，即令 $\tan\dfrac{t}{2}=u$，于是

$$\int \frac{\mathrm{d}x}{5+4\sin 2x}=\frac{1}{2}\int \frac{\mathrm{d}t}{5+4\sin t}$$

$$=\frac{1}{2}\int \frac{\dfrac{2}{1+u^2}\mathrm{d}u}{5+4\dfrac{2u}{1+u^2}}$$

$$=\int \frac{\mathrm{d}u}{5+5u^2+8u}$$

$$=\frac{1}{5}\int \frac{\mathrm{d}u}{u^2+\dfrac{8}{5}u+1}$$

$$=\frac{1}{5}\int \frac{\mathrm{d}(u+\dfrac{4}{5})}{(u+\dfrac{4}{5})^2+\left(\dfrac{3}{5}\right)^2}$$

$$=\frac{1}{5}\times\frac{5}{3}\arctan \frac{u+\dfrac{4}{5}}{\dfrac{3}{5}}+C$$

$$=\frac{1}{3}\arctan \frac{5u+4}{3}+C$$

$$=\frac{1}{3}\arctan \frac{5\tan \dfrac{t}{2}+4}{3}+C$$

$$=\frac{1}{3}\arctan \frac{5\tan x+4}{3}+C$$

注意：虽然从理论上讲用万能代换可以解决一切三角函数有理式的积分问题，但在

实际计算时,往往是用其他方法更为简捷。例如,求 $\int \dfrac{\cos x}{1+\sin x}\mathrm{d}x$ 时,可以用第一类换元法来求解:

$$\int \frac{\cos x}{1+\sin x}\mathrm{d}x = \int \frac{\mathrm{d}(1+\sin x)}{1+\sin x} = \ln|1+\sin x| + C$$

这种方法比万能代换要简捷得多。

6.5.3 无理函数的积分方法

对于无理函数的积分,前面已经讲解过一些例题。例如,当被积函数含有根式 $\sqrt{a^2+x^2}$,$\sqrt{a^2-x^2}$ 或 $\sqrt{x^2-a^2}$ 时,可用三角函数代换法,即令 $x=a\tan t$,$x=a\sin t$ 或 $x=a\sec t$,去掉根号后再积分。又例如,当被积函数含有根式 $\sqrt{ax^2+bx+C}$ 时,可用配方的方法来求解。这里我们研究被积函数含有根式 $\sqrt[n]{\dfrac{ax+b}{cx+d}}$(其中 a,b,c,d 都是常数,并且 c,d 不同时为零,n 是大于 1 的正整数)的情况,可以令 $\sqrt[n]{\dfrac{ax+b}{cx+d}}=t$,去掉根号后再积分。

例 6-58 求 $\int \dfrac{\sqrt{x-1}}{x}\mathrm{d}x$。

解: 由于被积函数含有根式 $\sqrt{x-1}$,属于含有根式 $\sqrt[n]{\dfrac{ax+b}{cx+d}}$ 的情况,所以令 $\sqrt{x-1}=t$,则 $x=t^2+1$,$\mathrm{d}x=2t\mathrm{d}t$,于是

$$\begin{aligned}
\int \frac{\sqrt{x-1}}{x}\mathrm{d}x &= \int \frac{t}{t^2+1}2t\mathrm{d}t = 2\int \frac{(t^2+1)-1}{t^2+1}\mathrm{d}t \\
&= 2\int \left(1-\frac{1}{t^2+1}\right)\mathrm{d}t \\
&= 2(t-\arctan t) + C \\
&= 2(\sqrt{x-1}-\arctan\sqrt{x-1}) + C
\end{aligned}$$

例 6-59 求 $\int \dfrac{\sqrt{x}}{(\sqrt[4]{x})^3+1}\mathrm{d}x$。

解: 被积函数中出现了两个根式 $\sqrt{x}$ 和 $\sqrt[4]{x}$,属于含有根式 $\sqrt[n]{\dfrac{ax+b}{cx+d}}$ 的情况,为了能同时消去这两个根式,令 $\sqrt[4]{x}=t$,则 $x=t^4$,$\sqrt{x}=t^2$,$\mathrm{d}x=4t^3\mathrm{d}t$,于是

$$\begin{aligned}
\int \frac{\sqrt{x}}{(\sqrt[4]{x})^3+1}\mathrm{d}x &= \int \frac{t^2}{t^3+1}4t^3\mathrm{d}t = 4\int \frac{t^2(t^3+1)-t^2}{t^3+1}\mathrm{d}t \\
&= 4\int \left(t^2-\frac{t^2}{t^3+1}\right)\mathrm{d}t \\
&= \frac{4}{3}t^3 - \frac{4}{3}\ln|t^3+1| + C \\
&= \frac{4}{3}\left(x^{\frac{3}{4}}-\ln|x^{\frac{3}{4}}+1|\right) + C
\end{aligned}$$

练习 6.5

1. 求下列有理函数的不定积分：

(1) $\displaystyle\int \frac{x^3}{x+3}\mathrm{d}x$；

(2) $\displaystyle\int \frac{x+3}{(x-2)(x-3)}\mathrm{d}x$；

(3) $\displaystyle\int \frac{4x+3}{(x-2)^3}\mathrm{d}x$；

(4) $\displaystyle\int \frac{\mathrm{d}x}{(1+2x)(1+x^2)}$。

2. 求下列三角函数有理式的不定积分：

(1) $\displaystyle\int \frac{\mathrm{d}x}{1-\cos x}$；

(2) $\displaystyle\int \frac{\mathrm{d}x}{2+\sin x}$；

(3) $\displaystyle\int \frac{1+\sin x}{\sin x(1+\cos x)}\mathrm{d}x$；

(4) $\displaystyle\int \frac{\mathrm{d}x}{2\sin x-\cos x+5}$。

3. 求下列无理函数的不定积分：

(1) $\displaystyle\int \frac{1}{x}\sqrt{\frac{1+x}{x}}\mathrm{d}x$；

(2) $\displaystyle\int \sqrt{\frac{1-x}{1+x}}\mathrm{d}x$；

(3) $\displaystyle\int \frac{\mathrm{d}x}{1+\sqrt[3]{x+1}}$；

(4) $\displaystyle\int \frac{\mathrm{d}x}{(1+\sqrt[3]{x})\sqrt{x}}$。

习 题 6

1. 填空题

(1) 设 $f(x)$ 的一个原函数为 $\ln x$，则 $f'(x)=$ _____。

(2) 设 $\displaystyle\int f(x)\mathrm{d}x=\frac{1}{1+x^2}+C$，则 $f(x)=$ _____。

(3) $\displaystyle\int xf''(x)\mathrm{d}x=$ _____。

(4) $\mathrm{d}\displaystyle\int x\mathrm{d}f(x)=$ _____ $\mathrm{d}x$。

(5) 若 $\arctan x$ 是 $f(x)$ 的一个原函数，则 $\displaystyle\int xf'(x)\mathrm{d}x=$ _____。

(6) 若 $F(x)=\mathrm{e}^x\arctan x$，则 $\displaystyle\int F'(x)\mathrm{d}x=$ _____。

2. 单项选择题

(1) $f(x)=$ _____ 是 $x\sin x^2$ 的一个原函数。

A. $\dfrac{1}{2}\cos x^2$

B. $2\cos x^2$

C. $-2\cos x^2$

D. $-\dfrac{1}{2}\cos x^2$

(2) 若 $f(x) = e^{-x}$，$\displaystyle\int \frac{f'(\ln x)}{x}dx = ($　　　$)$。

A. $\dfrac{1}{x}$　　　　　　　　　　　B. $-\dfrac{1}{x}$

C. $\dfrac{1}{x} + c$　　　　　　　　　D. $x + c$

3. 计算下列不定积分：

(1) $\displaystyle\int \frac{\cos 2x}{\cos x + \sin x}dx$；　　　　　　(2) $\displaystyle\int \frac{1}{1 - \sin x}dx$；

(3) $\displaystyle\int \frac{1}{x\sqrt{1 + \ln x}}dx$；　　　　　　(4) $\displaystyle\int \frac{x}{1 + x^2}dx$；

(5) $\displaystyle\int \frac{1}{x^2\sqrt{1 - x^2}}dx$；　　　　　　(6) $\displaystyle\int \frac{1 + \sin\sqrt{x}}{\sqrt{x}}dx$。

4. 求一个函数 $f(x)$，使其满足条件 $f'(x) = 3^x + 1$，且 $f(0) = 2$。

5. 设曲线在任一点 x 处的切线斜率为 $\dfrac{1}{\sqrt{x}} + 3$，且过 $(1,5)$ 点，试求该曲线的方程。

6. 已知某产品产量的生产速率为 $f(t) = 50t + 200$，其中 t 为时间，求此产品在 t 时刻的产量 $p(t)$（已知 $p(0) = 0$）。

第 7 章　定积分及其应用

　　定积分是解决科技与经济领域中许多实际问题的重要工具。定积分和不定积分在概念上有根本的区别,但它们又有密切的联系。本章介绍定积分的概念及性质、定积分与不定积分的关系、定积分的计算方法等内容。

　　本章学习的基本要求:

　　(1)掌握定积分的定义,理解定积分的几何意义;

　　(2)掌握定积分的性质;

　　(3)熟悉积分上限函数的概念,熟练掌握牛顿-莱布尼茨公式;

　　(4)熟练掌握定积分的换元积分法和分部积分法;

　　(5)掌握定积分的元素法,熟悉定积分在几何和物理中的应用;

　　(6)熟悉两类广义积分,了解 Γ 函数。

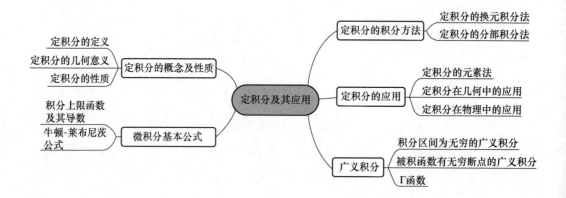

7.1 定积分的概念及性质

7.1.1 定积分的定义

首先看一个求曲边梯形面积的实例。

如图 7-1 所示,有平面连续曲线 $y=f(x)\geqslant 0(a\leqslant x\leqslant b)$,该曲线 $y=f(x)$ 和 $x=a$、$x=b$、x 轴四条线围成的平面图形 $AabB$ 是一个**曲边梯形**。因曲边梯形的边 $y=f(x)$ 是一条曲线,无法用熟知的规则图形的面积公式来求其面积,那么如何来求解该曲边梯形的面积?

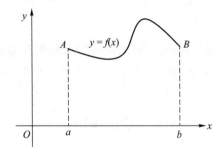

图 7-1

可以用一组垂直于 x 轴的直线将曲边梯形 $AabB$ 分割成 n 个小曲边梯形,然后对每一个小曲边梯形都作一个相应的小矩形,当分割得比较细时,小矩形的面积和小曲边梯形的面积很相近,见图 7-2。这样就可以用 n 个矩形的面积之和近似地代替曲边梯形 $AabB$ 的面积。显然,分割得越细,近似程度就越好。若这种分割无限细,即把区间 $[a,b]$ 无限细分,则所有小矩形的面积之和的极限就是曲边梯形 $AabB$ 的面积。根据这个思路,可按如下步骤来计算曲边梯形 $AabB$ 的面积。

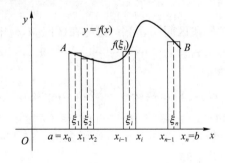

图 7-2

1. 分割

用分点 $a=x_0<x_1<x_2<\cdots<x_{n-1}<x_n=b$，将区间 $[a,b]$ 分成 n 个小区间 $[x_0,x_1]$，$[x_1,x_2]$，$\cdots$，$[x_{n-1},x_n]$，这些小区间的长度为 $\Delta x_i=x_i-x_{i-1}(i=1,2,\cdots,n)$，过各分点分别作 x 轴的垂线，将曲边梯形 $AabB$ 分成 n 个小曲边梯形，见图 7-2，若每个小曲边梯形的面积记为 $\Delta S_i(i=1,2,\cdots,n)$，则有

$$S=\Delta S_1+\Delta S_2+\cdots+\Delta S_n=\sum_{i=1}^{n}\Delta S_i$$

2. 取近似

在每个小区间 $[x_{i-1},x_i](i=1,2,\cdots,n)$ 上任取一点 $\xi_i(x_{i-1}\leqslant\xi_i\leqslant x_i)$，作以 $f(\xi_i)$ 为高，底边为 Δx_i 的小矩形，用此矩形的面积 $f(\xi_i)\Delta x_i$ 来近似代替相应的小曲边梯形的面积 ΔS_i，即

$$\Delta S_i\approx f(\xi_i)\Delta x_i(i=1,2,\cdots,n)$$

3. 求和

把这 n 个小矩形的面积加起来，就得到曲边梯形面积 S 的近似值，即
$$S\approx f(\xi_1)\Delta x_1+f(\xi_2)\Delta x_2+\cdots+f(\xi_n)\Delta x_n$$
即

$$S\approx\sum_{i=1}^{n}f(\xi_i)\Delta x_i$$

4. 取极限

若用 $\Delta x=\max\{\Delta x_i\}$ 表示所有区间 $\Delta x_i(i=1,2,\cdots,n)$ 中长度最大者，当分点数 n 无限增大，$\Delta x\to0$ 时，$\sum\limits_{i=1}^{n}f(\xi_i)\Delta x_i$ 的极限就是曲边梯形 $AabB$ 的面积，即

$$S=\lim_{\Delta x\to0}\sum_{i=1}^{n}f(\xi_i)\Delta x_i$$

在这个实例中，把求曲边梯形面积的问题转化为求一个和式极限的问题，在实际中还有很多问题可以采用这样的思想来求解，数学家们根据这类问题抽象出定积分的概念。

定义 7.1 设函数 $f(x)$ 在区间 $[a,b]$ 上有界，在区间 $[a,b]$ 中任意插入 $n-1$ 个分点
$$a=x_0<x_1<x_2<\cdots<x_{i-1}<x_i\cdots<x_{n-1}<x_n=b$$
将区间 $[a,b]$ 分成 n 个小区间
$$[x_0,x_1],[x_1,x_2],\cdots,[x_{i-1},x_i],\cdots,[x_{n-1},x_n]$$
各小区间的长度为 $\Delta x_1=x_1-x_0,\Delta x_2=x_2-x_1,\cdots,\Delta x_i=x_i-x_{i-1},\cdots,\Delta x_n=x_n-x_{n-1}$，在每个小区间 $[x_i,x_{i-1}]$ 上任取一点 $\xi_i\in\Delta x_i$，作函数值 $f(\xi_i)$ 与小区间长度 Δx_i 的乘积 $f(\xi_i)\Delta x_i(i=1,2,\cdots,n)$，并求和

$$\sum_{i=1}^{n}f(\xi_i)\Delta x_i$$

记 $\lambda=\max\{\Delta x_1,\Delta x_2,\cdots\}$，如果不论 $[a,b]$ 的分法，也不论小区间 $[x_i,x_{i-1}]$ 上的点 ξ_i 的取

法，只要当 $\lambda \to 0$ 时，和 $\sum\limits_{i=1}^{n} f(\xi_i)\Delta x_i$ 总趋于确定的极限，则称这个极限为函数 $f(x)$ 在区间 $[a,b]$ 上的**定积分**，记作 $\int_a^b f(x)\mathrm{d}x$，即

$$\int_a^b f(x)\mathrm{d}x = \lim_{\lambda \to 0} \sum_{i=1}^{n} f(\xi_i)\Delta x_i$$

此时称 $f(x)$ 在区间 $[a,b]$ 上可积。其中 $f(x)$ 叫**被积函数**，$f(x)\mathrm{d}x$ 叫**被积表达式**，x 叫**积分变量**，a 叫**积分下限**，b 叫**积分上限**，$[a,b]$ 叫**积分区间**，$\sum\limits_{i=1}^{n} f(\xi_i)\Delta x_i$ 叫**积分和式**。

根据定义 7.1 可知，前面的曲边梯形的面积可记为 $A = \int_a^b f(x)\mathrm{d}x$。

注意：由定义 7.1 可知，定积分 $\int_a^b f(x)\mathrm{d}x$ 是一个和式的极限，所以它是一个确定的值，它只与被积函数和积分区间有关，而与积分变量用什么字母表示无关，所以

$$\int_a^b f(x)\mathrm{d}x = \int_a^b f(u)\mathrm{d}u = \int_a^b f(t)\mathrm{d}t$$

7.1.2　定积分的几何意义

由前面的讨论可知，在区间 $[a,b]$ 上 $f(x) \geqslant 0$ 时，$\int_a^b f(x)\mathrm{d}x$ 表示曲线 $y=f(x)$、两条直线 $x=a$、$x=b$ 与 x 轴所围成的曲边梯形面积；在区间 $[a,b]$ 上 $f(x) \leqslant 0$ 时，则 $-f(x) \geqslant 0$，此时由曲线 $y=f(x)$、两条直线 $x=a$、$x=b$ 与 x 轴所围成的曲边梯形面积（此时曲边梯形在 x 轴的下方）为

$$A = \lim_{\lambda \to 0} \sum_{i=1}^{n} [-f(\zeta_i)]\Delta x_i = -\lim_{\lambda \to 0} \sum_{i=1}^{n} f(\zeta_i)\Delta x_i = -\int_a^b f(x)\mathrm{d}x$$

因此

$$\int_a^b f(x)\mathrm{d}x = -A$$

也就是说，当 $f(x) \leqslant 0$ 时，定积分 $\int_a^b f(x)\mathrm{d}x$ 在几何上表示曲边梯形面积的负值，见图 7-3。

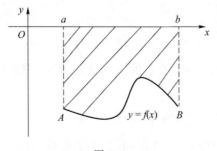

图 7-3

一般地,如果 $f(x)$ 在区间 $[a,b]$ 上有时取正值,有时取负值,就需要对面积赋予正负号,见图 7-4,x 轴上方的面积赋予正号,x 轴下方的面积赋予负号,则有

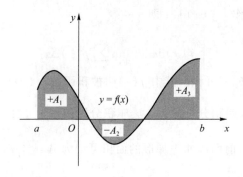

图 7-4

$$\int_a^b f(x)\mathrm{d}x = A_1 - A_2 + A_3$$

因此,在一般情形下,定积分 $\int_a^b f(x)\mathrm{d}x$ 的几何意义为:曲线 $y = f(x)$、两条直线 $x=a$、$x=b$ 与 x 轴所围成的曲边梯形各部分面积的代数和。

从图 7-4 中可以看出,如果 $f(x)$ 在区间 $[a,b]$ 上连续,则由曲线 $y=f(x)$、两条直线 $x=a$、$x=b$ 与 x 轴所围成的曲边梯形面积一定存在,所以定积分存在。

定理 7.1 设函数 $f(x)$ 在区间 $[a,b]$ 上连续,则 $f(x)$ 在区间 $[a,b]$ 可积。

定理 7.1 可简略地说成连续必可积。

需要指出的是连续只是可积的充分条件,而非必要条件。例如,若 $f(x)$ 在区间 $[a,b]$ 上有限个第一类间断点,但 $f(x)$ 在区间 $[a,b]$ 上仍可积。

例 7-1 利用定积分的几何意义写出图 7-5 中阴影部分的面积。

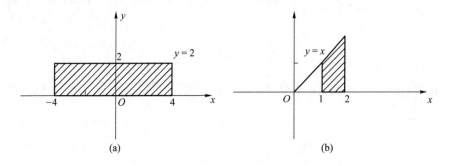

(a)　　　　　　　　　　　　(b)

图 7-5

(1) 在图 7-5(a)中,$f(x)=2$ 在区间 $[-4,4]$ 上连续,且 $f(x)>0$,根据积分的几何意义,得

$$A = \int_{-4}^4 2\mathrm{d}x = 2 \times 8 = 16$$

(2) 在图 7-5(b)中,$f(x)=x$ 在区间 $[1,2]$ 上连续,且 $f(x)>0$,根据积分的几何意义,得

$$A = \int_1^2 x \mathrm{d}x = \frac{(1+2) \times 1}{2} = \frac{3}{2}$$

例 7-2　利用定义计算定积分 $\int_0^1 x^2 \mathrm{d}x$。

解： 如图 7-6 所示，因为被积函数 $f(x) = x^2$ 在积分区间 $[0,1]$ 上连续，由定理 7.1 可知，连续函数必可积。

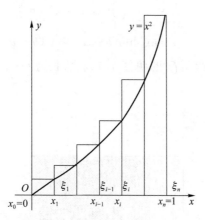

图 7-6

因所求定积分的值与区间 $[0,1]$ 的分法以及点 ζ_i 的取法无关。为便于计算，不妨把 $[0,1]$ 分成 n 等份，分点为 $x_i = \dfrac{i}{n}(i=1,\cdots,n)$，则每个小区间的长度都为 $\Delta x_i = \dfrac{1}{n}(i=1,\cdots,n)$，为便于计算，仍然取 $\zeta_i = x_i(i=1,\cdots,n)$，于是得和式

$$\sum_{i=1}^{n} f(\zeta_i) \Delta x_i = \sum_{i=1}^{n} \zeta_i^2 \Delta x_i = \sum_{i=1}^{n} x_i^2 \Delta x_i = \sum_{i=1}^{n} \left(\frac{i}{n}\right)^2 \frac{1}{n}$$

$$= \frac{1}{n^2} \sum_{i=1}^{n} i^2 = \frac{1}{n^2} \cdot \frac{1}{6} n(n+1)(2n+1)$$

$$= \frac{1}{6}\left(1 + \frac{1}{n}\right)\left(2 + \frac{1}{n}\right)$$

当 $\| \Delta x_i \| = \dfrac{1}{n} \to 0$ 时，$n \to \infty$，所以由定积分的定义即得

$$\int_0^1 x^2 \mathrm{d}x = \lim_{\| \Delta x_i \| \to 0} \sum_{i=1}^{n} \zeta_i^2 \Delta x_i = \lim_{n \to \infty} \frac{1}{6}\left(1 + \frac{1}{n}\right)\left(2 + \frac{1}{n}\right) = \frac{1}{3}$$

由例 7.2 可以看出，用定义求定积分十分困难，因此一般不用定义去求定积分，后面将介绍更为简便的计算方法。

7.1.3　定积分的性质

在下面的讨论中，假定函数 $f(x), g(x)$ 在所讨论的区间上都是可积的。

性质 7.1　若积分函数为常数，则

$$\int_a^b C \mathrm{d}x = C(b-a) \quad (C \text{ 为常数})$$

证明：被积函数 $f(x) \equiv C$ 是常数，由定积分的定义可得

$$\int_a^b C \mathrm{d}x = \lim_{\lambda \to 0} \sum_{i=1}^n f(\zeta_i) \Delta x_i = \lim_{\lambda \to 0} \sum_{i=1}^n C \Delta x_i$$

$$= \lim_{\lambda \to 0} \sum_{i=1}^n C \Delta x_i = C \lim_{\lambda \to 0} \sum_{i=1}^n \Delta x_i$$

$$= C \lim_{\lambda \to 0} (b-a) = C(b-a)$$

该性质可从定积分的几何意义看出，见图 7-7，底边长为 $b-a$，高为 C 的矩形的面积当然等于 $C(b-a)$。

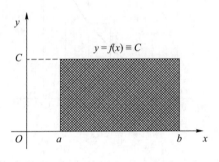

图 7-7

性质 7.2　两个函数代数和/差的定积分等于各个函数定积分的代数和/差，即

$$\int_a^b [f(x) \pm g(x)] \mathrm{d}x = \int_a^b f(x) \mathrm{d}x \pm \int_a^b g(x) \mathrm{d}x$$

证明：根据定积分的定义，得

$$\int_a^b [f(x) \pm g(x)] \mathrm{d}x = \lim_{\lambda \to 0} \sum_{i=1}^n [f(\zeta_i) \pm g(\zeta_i)] \Delta x_i$$

$$= \lim_{\lambda \to 0} \sum_{i=1}^n f(\zeta_i) \Delta x_i \pm \lim_{\lambda \to 0} \sum_{i=1}^n g(\zeta_i) \Delta x_i$$

$$= \int_a^b f(x) \mathrm{d}x \pm \int_a^b g(x) \mathrm{d}x$$

即

$$\int_a^b [f(x) \pm g(x)] \mathrm{d}x = \int_a^b f(x) \mathrm{d}x \pm \int_a^b g(x) \mathrm{d}x$$

性质 7.2 可以推广到有限多个函数的代数和情形。

性质 7.3　被积函数中的常数因子可以提到积分号外面，即

$$\int_a^b k f(x) \mathrm{d}x = k \int_a^b f(x) \mathrm{d}x$$

证明：根据定积分的定义，得

$$\int_a^b kf(x)\mathrm{d}x = \lim_{\lambda \to 0} \sum_{i=1}^n kf(\zeta_i)\Delta x_i$$

$$= k \lim_{\lambda \to 0} \sum_{i=1}^n f(\zeta_i)\Delta x_i$$

$$= k \int_a^b f(x)\mathrm{d}x$$

即

$$\int_a^b kf(x)\mathrm{d}x = k \int_a^b f(x)\mathrm{d}x$$

性质 7.4　规定:交换定积分的上下限时,绝对值保持不变,只是改变符号,即

$$\int_a^b f(x)\mathrm{d}x = -\int_b^a f(x)\mathrm{d}x$$

当 $a=b$ 时,规定:

$$\int_a^a f(x)\mathrm{d}x = 0$$

这样,在 $a=b$ 时,性质 7.4 也成立,这一规定可从定积分的几何意义来理解,因为当底边缩成一点时,曲边梯形的面积当然等于零。

性质 7.5(定积分对区间的可加性)　如果把积分区间 $[a,b]$ 分成两部分 $[a,c]$ 和 $[c,b]$,则有

$$\int_a^b f(x)\mathrm{d}x = \int_a^c f(x)\mathrm{d}x + \int_c^b f(x)\mathrm{d}x$$

性质 7.5 可以从定积分的几何意义看出,见图 7-8,曲边梯形的面积 A 显然等于左、右两个小曲边梯形的面积 A_1 与 A_2 的和。

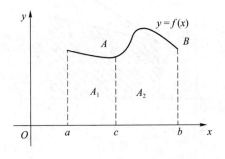

图 7-8

注意:①性质 7.5 说明积分区间可以分割。

② 不论 a,b,c 的相对位置如何,性质 7.5 总成立。例如,若 $a<b<c$,由于

$$\int_a^c f(x)\mathrm{d}x = \int_a^b f(x)\mathrm{d}x + \int_b^c f(x)\mathrm{d}x$$

根据性质 7.4 可知

$$\int_b^c f(x)\mathrm{d}x = -\int_c^b f(x)\mathrm{d}x$$

于是

$$\int_a^c f(x)\mathrm{d}x = \int_a^b f(x)\mathrm{d}x - \int_c^b f(x)\mathrm{d}x$$

移项,得

$$\int_a^b f(x)\mathrm{d}x = \int_a^c f(x)\mathrm{d}x + \int_c^b f(x)\mathrm{d}x$$

例 7-3 已知 $\int_0^1 x^3\mathrm{d}x = \dfrac{1}{4}, \int_0^2 x^3\mathrm{d}x = 4,$ 求 $\int_1^2 x^3\mathrm{d}x$。

解: 根据性质 7.3,得

$$\int_0^2 x^3\mathrm{d}x = \int_0^1 x^3\mathrm{d}x + \int_1^2 x^3\mathrm{d}x$$

移项,得

$$\int_1^2 x^3\mathrm{d}x = \int_0^2 x^3\mathrm{d}x - \int_0^1 x^3\mathrm{d}x = 4 - \frac{1}{4} = \frac{15}{4}$$

性质 7.6 如果在区间 $[a,b]$ 上,恒有 $f(x) \leqslant g(x)$,则

$$\int_a^b f(x)\mathrm{d}x \leqslant \int_a^b g(x)\mathrm{d}x$$

该性质的证明从略。

性质 7.6 也可从定积分的几何意义看出,见图 7-9,由 $y=f(x), x=a, x=b$ 和 x 轴所围成的曲边梯形的面积显然要小于 $y=g(x), x=a, x=b$ 和 x 轴所围成的曲边梯形的面积。

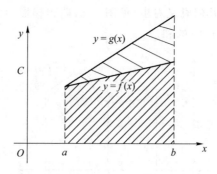

图 7-9

性质 7.7 若 M 和 m 分别是函数 $f(x)$ 在区间 $[a,b]$ 上的最大值和最小值,则

$$m(b-a) \leqslant \int_a^b f(x)\mathrm{d}x \leqslant M(b-a)$$

证明: 因为在区间 $[a,b]$ 上,有

$$m \leqslant f(x) \leqslant M$$

所以根据性质 7.6,可得

$$\int_a^b m\mathrm{d}x \leqslant \int_a^b f(x)\mathrm{d}x \leqslant \int_a^b M\mathrm{d}x$$

再根据性质 7.1,可得

$$m(b-a) \leqslant \int_a^b f(x)\mathrm{d}x \leqslant M(b-a)$$

性质 7.8(定积分中值定理)　如函数 $f(x)$ 在闭区间 $[a,b]$ 上连续,则在 (a,b) 内至少存在一点 ζ,使式(7-1)成立:

$$\int_a^b f(x)\mathrm{d}x = f(\zeta)(b-a) \quad (a<\zeta<b) \tag{7-1}$$

证明: 由于 $f(x)$ 在 $[a,b]$ 上连续,所以在 $[a,b]$ 上必有最大值 M 和最小值 m(定理 3.5),由性质 7.7 知,有不等式

$$m(b-a) \leqslant \int_a^b f(x)\mathrm{d}x \leqslant M(b-a) \tag{7-2}$$

式(7-2)各边除以 $b-a$,得

$$m \leqslant \frac{\int_a^b f(x)\mathrm{d}x}{b-a} \leqslant M$$

因为 $b-a$ 和 $\int_a^b f(x)\mathrm{d}x$ 都是确定的常数,所以 $\dfrac{\int_a^b f(x)\mathrm{d}x}{b-a}$ 也是确定的常数,不妨把该常数

记作 k,即 $\dfrac{\int_a^b f(x)\mathrm{d}x}{b-a} = k$。$k$ 介于 $f(x)$ 的最大值 M 和最小值 m 之间,根据闭区间上连续

数的介值定理(见推论 3.2),在 (a,b) 内至少有一点 ζ,使 $f(\zeta)=k(a<\zeta<b)$,也就是使得

$$f(\zeta) = \frac{\int_a^b f(x)\mathrm{d}x}{b-a} \tag{7-3}$$

式(7-3)两边各乘以 $b-a$,得

$$\int_a^b f(x)\mathrm{d}x = f(\zeta)(b-a)$$

性质 7.8 的几何意义:在区间 (a,b) 内至少有一点 ζ,使得由 $y=f(x)$,$x=a$,$x=b$ 和 x 轴围成的曲边梯形的面积等于同一底边而高为 $f(\zeta)$ 的矩形的面积,见图 7-10。

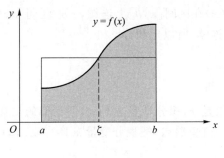

图 7-10

练习 7.1

1. 利用定积分的几何意义解释下列各式：

(1) $\int_0^1 x \mathrm{d}x = \dfrac{1}{2}$；

(2) $\int_{-1}^1 \sqrt{1-x^2}\, \mathrm{d}x = \dfrac{\pi}{2}$；

(3) $\int_0^{2\pi} \sin x \mathrm{d}x = 0$；

(4) $\int_{-\frac{\pi}{2}}^{\frac{\pi}{2}} \cos x \mathrm{d}x = \int_0^{\frac{\pi}{2}} \cos x \mathrm{d}x$。

2. 不计算积分值，比较下列各组积分值的大小：

(1) $\int_1^2 x \mathrm{d}x$ 和 $\int_1^2 x^2 \mathrm{d}x$；

(2) $\int_0^1 \mathrm{e}^x \mathrm{d}x$ 和 $\int_0^1 \mathrm{e}^{x^2} \mathrm{d}x$；

(3) $\int_1^2 \ln x \mathrm{d}x$ 和 $\int_1^2 (\ln x)^2 \mathrm{d}x$；

(4) $\int_0^{\frac{\pi}{2}} \sin x \mathrm{d}x$ 和 $\int_0^{\frac{\pi}{2}} \sin^2 x \mathrm{d}x$。

3. 估计下列各积分值：

(1) $\int_1^2 (x^3 + 1)\mathrm{d}x$；

(2) $\int_0^2 \mathrm{e}^{x^2 - x}\mathrm{d}x$；

(3) $\int_1^2 (2x^3 - x^4)\mathrm{d}x$；

(4) $\int_{\mathrm{e}}^{\mathrm{e}^2} \ln x \mathrm{d}x$。

7.2 微积分基本公式

直接利用定积分的定义计算定积分的是很烦琐的，那么有没有更简便的计算定积分的方法呢？本节通过建立不定积分和定积分的关系，得到简便而有效的计算定积分的公式——牛顿-莱布尼茨公式。

7.2.1 积分上限函数及其导数

定义 7.2 若函数 $f(x)$ 在区间 $[a,b]$ 上连续，x 是区间 $[a,b]$ 上的任意一点，则函数 $f(x)$ 在子区间 $[a,x]$ 上也连续，所以定积分

$$\int_a^x f(x)\mathrm{d}x$$

一定存在。

注意：这里的积分上限是 x，积分变量也是 x，但它们的意义不同。由于定积分的值与积分变量的记号无关，为避免混淆，把积分变量 x 换写成 t，即有

$$\int_a^x f(x)\mathrm{d}x = \int_a^x f(t)\mathrm{d}t$$

当 x 在区间 $[a,b]$ 上变动时，可构成了一个以 x 为自变量的函数，称为 $f(x)$ 的**积分上限函数**，记作 $\Phi(x)$，即

$$\varPhi(x) = \int_a^x f(t)\mathrm{d}t \quad (a \leqslant x \leqslant b)$$

积分上限函数遵循定理 7.2。

定理 7.2　如果函数 $f(x)$ 在区间 $[a,b]$ 上连续,则积分上限函数 $\varPhi(x) = \int_a^x f(t)\mathrm{d}t$ 在区间 $[a,b]$ 上具有导数,且导数是 $f(x)$,即

$$\varPhi'(x) = \left(\int_a^x f(t)\mathrm{d}t\right)' = f(x)(a \leqslant x \leqslant b)$$

证明: 由于 $\varPhi(x) = \int_a^x f(t)\mathrm{d}t$,所以

$$\varPhi(x + \Delta x) = \int_a^{x+\Delta x} f(t)\mathrm{d}t$$

从而

$$\Delta\varPhi = \varPhi(x + \Delta x) - \varPhi(x) = \int_a^{x+\Delta x} f(t)\mathrm{d}t - \int_a^x f(t)\mathrm{d}t \tag{7-4}$$

由定积分的性质 7.5 可得

$$\int_a^{x+\Delta x} f(t)\mathrm{d}t = \int_a^x f(t)\mathrm{d}t + \int_x^{x+\Delta x} f(t)\mathrm{d}t \tag{7-5}$$

将式(7-5)代入式(7-4),得

$$\Delta\varPhi = \int_x^{x+\Delta x} f(t)\mathrm{d}t$$

根据定积分中值定理(性质 7.8),必有 $\zeta(x < \zeta < x + \Delta x)$,使

$$\Delta\varPhi = \int_x^{x+\Delta x} f(t)\mathrm{d}t = f(\zeta)\Delta x \tag{7-6}$$

式(7-6)两边除以 Δx,再取当 $\Delta x \to 0$ 时的极限,得

$$\lim_{\Delta x \to 0} \frac{\Delta\varPhi}{\Delta x} = \lim_{\Delta x \to 0} f(\zeta) \tag{7-7}$$

根据导数得定义,式(7-7)左边即 $\varPhi'(x)$,即

$$\varPhi'(x) = \lim_{\Delta x \to 0} \frac{\Delta\varPhi}{\Delta x}$$

由于 ζ 在 x 和 $x + \Delta x$ 之间,所以当 $\Delta x \to 0$ 时,$\zeta \to x$,式(7-7)右边为

$$\lim_{\Delta x \to 0} f(\zeta) = \lim_{\zeta \to x} f(\zeta) = f(x)$$

则有

$$\varPhi'(x) = \left(\int_a^x f(t)\mathrm{d}t\right)' = f(x) \tag{7-8}$$

由原函数的定义可知,$\varPhi(x)$ 是连续函数 $f(x)$ 的一个原函数,因此,式(7-7)揭示了定积分与原函数之间的联系。

定理 7.3(原函数存在定理)　如果 $f(x)$ 在区间 $[a,b]$ 上连续,则积分上限函数 $\varPhi(x) = \int_a^x f(t)\mathrm{d}t$ 为 $f(x)$ 在区间 $[a,b]$ 上的一个原函数。

例 7-4　求下列函数的导数:

(1) $\Phi(x) = \int_a^x \sin t \mathrm{d}t$；　　　　　　　(2) $\Phi(x) = \int_x^{-1} \ln(1+t^2) \mathrm{d}t$。

解：(1) 由定理 7.2 可知，

$$\Phi'(x) = \left(\int_a^x \sin t \mathrm{d}t\right)' = \sin x$$

(2) 由性质 7.4 和定理 7.2 可知，

$$\Phi'(x) = \left(\int_x^{-1} \ln(1+t^2)\mathrm{d}t\right)' = -\left(\int_{-1}^x \ln(1+t^2)\mathrm{d}t\right)' = -\ln(1+x^2)$$

例 7-5　求函数 $\Phi(x) = \int_0^{x^2} \sqrt{1+t^2}\,\mathrm{d}t$ 的导数。

解：令 $u = x^2$，则

$$\Phi(x) = \int_0^{x^2} \sqrt{1+t^2}\,\mathrm{d}t = \int_0^u \sqrt{1+t^2}\,\mathrm{d}t$$

也就是说，Φ 是 u 的函数，u 是 x 的函数，所以 Φ 是 x 的复合函数，根据复合函数求导的法则有

$$(\Phi(x))'_x = \left(\int_0^u \sqrt{1+t^2}\,\mathrm{d}t\right)'_x = \left(\int_0^u \sqrt{1+t^2}\,\mathrm{d}t\right)'_u \cdot u'_x$$

根据定理 7.2，有

$$\left(\int_0^u \sqrt{1+t^2}\,\mathrm{d}t\right)'_u = \sqrt{1+u^2}$$

所以

$$(\Phi(x))'_x = \sqrt{1+u^2} \cdot 2x = \sqrt{1+x^4} \cdot 2x = 2x\sqrt{1+x^4}$$

例 7-6　求函数 $\Phi(x) = \int_{2x}^{x^2} \sin t \mathrm{d}t$ 的导数。

解：由性质 7.5，可得

$$\Phi(x) = \int_{2x}^{x^2} \sin t \mathrm{d}t = \int_{2x}^a \sin t \mathrm{d}t + \int_a^{x^2} \sin t \mathrm{d}t$$

再由复合函数的求导法则，可得

$$\left(\int_a^{x^2} \sin t \mathrm{d}t\right)' = \sin x^2 \cdot (x^2)' = 2x\sin x^2$$

$$\left(\int_{2x}^a \sin t \mathrm{d}t\right)' = \left(-\int_a^{2x} \sin t \mathrm{d}t\right)' = -2\sin 2x$$

因此有

$$\Phi'(x) = 2x\sin x^2 - 2\sin 2x$$

例 7-7　求由参数方程

$$\begin{cases} x = \int_1^u \sin t \mathrm{d}t \\ y = \int_u^0 \cos t \mathrm{d}t \end{cases}$$

所确定函数 $y = f(x)$ 的导数。

解：根据性质 7.4，有

$$y = \int_u^0 \cos t \mathrm{d}t = -\int_0^u \cos t \mathrm{d}t$$

根据定理 7.2,得

$$x'_u = \left(\int_1^u \sin t \mathrm{d}t\right)' = \sin u$$

$$y'_u = \left(-\int_0^u \cos t \mathrm{d}t\right)' = -\cos u$$

再根据参数方程所确定函数的求导公式(见 4.5.3 节),即得

$$y'_x = \frac{y'_u}{x'_u} = \frac{-\cos u}{\sin u} = -\cot u$$

7.2.2　牛顿-莱布尼茨公式

由定理 7.2 可以得到一个重要的定理,它给出了计算定积分的公式。

定理 7.4　设函数 $f(x)$ 在区间 $[a,b]$ 上连续,函数 $F(x)$ 是函数 $f(x)$ 在区间 $[a,b]$ 上的一个原函数,则

$$\int_a^b f(x)\mathrm{d}x = F(b) - F(a)$$

即一个连续函数在区间 $[a,b]$ 上的定积分等于它的任意一个原函数在该区间上的增量,该公式称为**牛顿-莱布尼茨公式**,也称为**微积分基本公式**。

为书写方便,上式中的 $F(b) - F(a)$ 通常记为 $[F(x)]_a^b$ 或 $F(x)\Big|_a^b$,因此上式也可以写为

$$\int_a^b f(x)\mathrm{d}x = [F(x)]_a^b = F(x)\Big|_a^b$$

证明：已知 $F(x)$ 是函数 $f(x)$ 在区间 $[a,b]$ 上的一个原函数,而

$$\Phi(x) = \int_a^x f(t)\mathrm{d}t$$

也是函数 $f(x)$ 在区间 $[a,b]$ 上的一个原函数,故有

$$\Phi(x) = \int_a^x f(t)\mathrm{d}t = F(x) + C$$

将 $x = a$ 代入

$$\Phi(a) = \int_a^a f(t)\mathrm{d}t = F(a) + C = 0$$

即

$$C = -F(a)$$

所以有

$$\Phi(x) = \int_a^x f(t)\mathrm{d}t = F(x) - F(a)$$

将 $x = b$ 代入上式,得

$$\Phi(b) = \int_a^b f(t)\mathrm{d}t = F(b) - F(a)$$

将 t 改写为 x,得

$$\int_a^b f(x)\mathrm{d}x = F(b) - F(a)$$

由牛顿-莱布尼茨公式可知,求 $f(x)$ 在区间 $[a,b]$ 上的定积分,只需求出 $f(x)$ 在区间 $[a,b]$ 上的任意一个原函数 $F(x)$,并计算它在两端点处的函数值之差 $F(b)-F(a)$ 即可。

例 7-8　计算 $\displaystyle\int_0^1 x^2 \mathrm{d}x$。

解：$\displaystyle\int x^2 \mathrm{d}x = \frac{1}{3}x^3 + C$,因此 $\frac{1}{3}x^3$ 是 x^2 的一个原函数,由牛顿-莱布尼茨公式可得

$$\int_0^1 x^2 \mathrm{d}x = \frac{1}{3}x^3 \Big|_0^1 = \frac{1}{3}$$

例 7-9　计算 $\displaystyle\int_{-2}^{-1} \frac{1}{x}\mathrm{d}x$。

解：$\displaystyle\int \frac{1}{x}\mathrm{d}x = \ln|x| + C$,由牛顿-莱布尼茨公式可得

$$\int_{-2}^{-1} \frac{1}{x}\mathrm{d}x = \ln|x| \Big|_{-2}^{-1} = \ln 1 - \ln 2 = -\ln 2$$

例 7-10　计算 $\displaystyle\int_0^1 (x^2 - 2x + 3)\mathrm{d}x$。

解：由性质 7.2 和牛顿-莱布尼茨公式可得

$$\int_0^1 (x^2 - 2x + 3)\mathrm{d}x = \int_0^1 x^2 \mathrm{d}x - \int_0^1 2x\mathrm{d}x + 3\int_0^1 \mathrm{d}x$$

$$= \frac{1}{3}x^3 \Big|_0^1 - x^2 \Big|_0^1 + 3x \Big|_0^1$$

$$= \frac{1}{3} - 1 + 3$$

$$= \frac{7}{3}$$

练习 7.2

1. 求下列函数的导数：

(1) $\displaystyle\frac{\mathrm{d}}{\mathrm{d}x}\int_1^x \frac{1}{1+t^2}\mathrm{d}t$;　　　　　　(2) $\displaystyle\frac{\mathrm{d}}{\mathrm{d}x}\int_x^5 \sqrt{1+t^3}\mathrm{d}t$;

(3) $\displaystyle\frac{\mathrm{d}}{\mathrm{d}x}\int_1^{x^2} t\mathrm{e}^{-t^2}\mathrm{d}t$;　　　　　　(4) $\displaystyle\frac{\mathrm{d}}{\mathrm{d}x}\int_{x^2}^{x^4} \frac{1}{1+t^2}\mathrm{d}t$。

2. 计算下列定积分：

(1) $\displaystyle\int_0^1 x\mathrm{d}x$;　　　　　　　　　(2) $\displaystyle\int_{-1}^1 \frac{1}{1+x^2}\mathrm{d}x$;

(3) $\displaystyle\int_0^\pi (2\sin x - x)\mathrm{d}x$;　　　　(4) $\displaystyle\int_0^1 x\mathrm{e}^{x^2}\mathrm{d}x$;

(5) $\displaystyle\int_3^6 (x^2+1)\mathrm{d}x$; 　　　　　　　　(6) $\displaystyle\int_0^1 (\mathrm{e}^x-1)^4 \mathrm{e}^x \mathrm{d}x$。

7.3　定积分的积分方法

由牛顿-莱布尼茨公式可知,计算定积分的问题最终归结为求原函数或不定积分的问题,在第 6 章已经介绍过不少求原函数或不定积分的方法,这似乎使人感觉有关定积分的计算问题已经完全解决了,但能计算与计算是否方便是不一样的概念。下面介绍的定积分的换元积分法和分部积分法可常给定积分的计算带来方便。

7.3.1　定积分的换元积分法

定理 7.5(定积分的换元积分法)　设函数 $f(x)$ 在区间 $[a,b]$ 上连续,若函数 $x=\varphi(t)$ 满足以下条件:

(1) $\varphi(\alpha)=a,\varphi(\beta)=b$;

(2) 在区间 $[\alpha,\beta]$ 上单值单调;

(3) 在区间 $[\alpha,\beta]$ 上有连续的导函数 $\varphi'(t)$,则有

$$\int_a^b f(x)\mathrm{d}x = \int_\alpha^\beta f[\varphi(t)]\varphi'(t)\mathrm{d}t$$

该公式为定积分的换元积分公式。

证明:　由于函数可导必连续,因此由所给条件(3)可知,$x=\varphi(t)$ 在区间 $[\alpha,\beta]$ 上连续。所给条件(2)保证了当 t 在区间 $[\alpha,\beta]$ 上变化时,$x=\varphi(t)$ 的值在 $[a,b]$ 上变化,而函数 $f(x)$ 在区间 $[a,b]$ 上连续,根据**复合函数的连续性**定理 3.2 可知,$f[\varphi(t)]$ 在区间 $[\alpha,\beta]$ 上必连续。由所给条件(3)可知,$\varphi'(t)$ 在区间 $[\alpha,\beta]$ 上也连续,所以乘积 $f[\varphi(t)]\varphi'(t)$ 在区间 $[\alpha,\beta]$ 上必连续,因此所要证明的公式两边的定积分都存在,并且都可以应用牛顿-莱布尼茨公式。

设 $F'(x)=f(x)$,则

$$\int_a^b f(x)\mathrm{d}x = F(b)-F(a)$$

另外,由于 $F[\varphi(t)]$ 是由 $F(x)$ 和 $x=\varphi(t)$ 复合而成的,因此根据复合函数的求导法,有

$$\frac{\mathrm{d}F[\varphi(t)]}{\mathrm{d}t} = F'(x)\varphi'(t) = f(x)\varphi'(t)$$
$$= f[\varphi(t)]\varphi'(t)$$

这表明 $F[\varphi(t)]$ 是 $f[\varphi(t)]\varphi'(t)$ 的一个原函数,所以

$$\int_\alpha^\beta f[\varphi(t)]\varphi'(t)\mathrm{d}t = F[\varphi(\beta)] - F[\varphi(\alpha)]$$

再由所给条件(1)可知,

$$F[\varphi(\beta)] = F(b)$$

$$F[\varphi(\alpha)] = F(a)$$

于是

$$\int_a^\beta f[\varphi(t)]\varphi'(t)dt = F(b) - F(a)$$

即证明了

$$\int_a^b f(x)dx = \int_a^\beta f[\varphi(t)]\varphi'(t)dt$$

下面用定积分的换元积分法来求一些定积分。

例 7-11 求 $\int_0^1 \dfrac{1}{\sqrt{(1+x^2)^3}}dx$。

解：被积函数在积分区间上是连续的，令 $x = \tan t$，它满足条件

（1）当 $x=0$ 时，$t=0$，$x=1$ 时，$t=\dfrac{\pi}{4}$；

（2）在 $\left[0,\dfrac{\pi}{4}\right]$ 内单值单调；

（3）$x' = (\tan t)' = \sec^2 x$ 在 $\left[0,\dfrac{\pi}{4}\right]$ 上连续。

根据定理 7.5，得

$$\int_0^1 \frac{1}{\sqrt{(1+x^2)^3}}dx = \int_0^{\frac{\pi}{4}} \frac{1}{\sec^3 t}\sec^2 t\,dt = \int_0^{\frac{\pi}{4}} \cos t\,dt$$

由于

$$\int \cos t\,dt = \sin t + C$$

由牛顿-莱布尼茨公式，即得

$$\int_0^1 \frac{1}{\sqrt{(1+x^2)^3}}dx = \sin t\,\Big|_0^{\frac{\pi}{4}} = \frac{\sqrt{2}}{2}$$

例 7-12 求 $\int_0^a \sqrt{a^2-x^2}\,dx\,(a>0)$。

解：被积函数在积分区间上是连续的，令 $x = a\sin t$，它满足条件

（1）当 $x=0$ 时，$t=0$，$x=a$ 时，$t=\dfrac{\pi}{2}$；

（2）在 $\left[0,\dfrac{\pi}{2}\right]$ 内单值单调；

$x' = (a\sin t)' = a\cos t$ 在 $\left[0,\dfrac{\pi}{2}\right]$ 上连续。

由于其满足定理 7.5 的条件，因此有

$$\int_0^a \sqrt{a^2-x^2}\,dx = \int_0^{\frac{\pi}{2}} a^2\cos^2 t\,dt = \frac{a^2}{2}\int_0^{\frac{\pi}{2}}(1+\cos 2t)dt$$

又由于

$$\int(1+\cos 2t)dt = t + \frac{1}{2}\sin 2t + C$$

因此由牛顿-莱布尼茨公式,即得

$$\int_0^a \sqrt{a^2 - x^2}\,\mathrm{d}x = \frac{a^2}{2}\left(t + \frac{1}{2}\sin 2t\right)\Big|_0^{\frac{\pi}{2}} = \frac{\pi}{4}a^2$$

从例 7-11 和例 7-12 可以看出,用换元积分法计算定积分与不定积分的方法类似,两者差别在于,不定积分最后需要将变量还原,而定积分不需要将变量还原,只需把新的积分限代入相减即可。

下面来看两个证明题。

例 7-13　证明 $\displaystyle\int_0^{\frac{\pi}{2}} \sin^n x\,\mathrm{d}x = \int_0^{\frac{\pi}{2}} \cos^n x\,\mathrm{d}x$。

证明:令 $x = \dfrac{\pi}{2} - t$,则 $\mathrm{d}x = -\mathrm{d}t$,并且当 $x=0$ 时,$t = \dfrac{\pi}{2}$,当 $x = \dfrac{\pi}{2}$ 时,$t=0$,根据定理 7.5,即有

$$\int_0^{\frac{\pi}{2}} \sin^n x\,\mathrm{d}x = \int_{\frac{\pi}{2}}^0 \sin^n\left(\frac{\pi}{2} - t\right)(-\mathrm{d}t) = \int_0^{\frac{\pi}{2}} \cos^n t\,\mathrm{d}t = \int_0^{\frac{\pi}{2}} \cos^n x\,\mathrm{d}x$$

例 7-14　设 $f(x)$ 在区间 $[-a, a]$ 上连续,证明

(1) 若 $f(x)$ 是偶函数,则 $\displaystyle\int_{-a}^a f(x)\,\mathrm{d}x = 2\int_0^a f(x)\,\mathrm{d}x$;

(2) 若 $f(x)$ 是奇函数,则 $\displaystyle\int_{-a}^a f(x)\,\mathrm{d}x = 0$。

证明:因为

$$\int_{-a}^a f(x)\,\mathrm{d}x = \int_{-a}^0 f(x)\,\mathrm{d}x + \int_0^a f(x)\,\mathrm{d}x$$

令 $x = -t$,则 $\mathrm{d}x = -\mathrm{d}t$,并且当 $x = -a$ 时,$t = a$;当 $x = 0$ 时,$t = 0$。根据定理 7.5,得

$$\int_{-a}^0 f(x)\,\mathrm{d}x = \int_a^0 f(-t)(-\mathrm{d}t) = \int_0^a f(-t)\,\mathrm{d}t = \int_0^a f(-x)\,\mathrm{d}x$$

(1) 若 $f(x)$ 是偶函数,即 $f(-x) = f(x)$,则

$$\int_{-a}^0 f(x)\,\mathrm{d}x = \int_0^a f(x)\,\mathrm{d}x$$

从而

$$\int_{-a}^a f(x)\,\mathrm{d}x = \int_{-a}^0 f(x)\,\mathrm{d}x + \int_0^a f(x)\,\mathrm{d}x = 2\int_0^a f(x)\,\mathrm{d}x$$

(2) 若 $f(x)$ 是奇函数,即 $f(-x) = -f(x)$,则

$$\int_{-a}^0 f(x)\,\mathrm{d}x = -\int_0^a f(x)\,\mathrm{d}x$$

从而

$$\int_{-a}^a f(x)\,\mathrm{d}x = \int_{-a}^0 f(x)\,\mathrm{d}x + \int_0^a f(x)\,\mathrm{d}x = 0$$

例 7-14 中的两个结论也可以从定积分的几何意义看出,如图 7-11 所示。

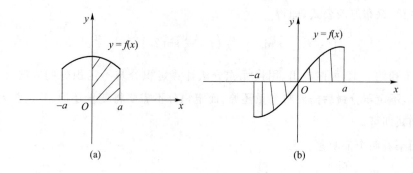

图 7-11

因为偶函数的图形关于 y 轴对称,所以整块面积为阴影部分面积的两倍;由于奇函数的图形关于原点对称,所以左右两块面积相等,但因符号相反,故两块面积相加后为零。

例 7-14 的两个结论非常重要,希望大家记住。利用这两个结论可以简化奇、偶函数在对称于原点的区间上的定积分求解过程。例如,因为所求积分是偶函数在对称区间上的定积分,所以可得

$$\int_{-\frac{\pi}{2}}^{\frac{\pi}{2}} 3\sin^2\theta d\theta = 3 \times 2\int_0^{\frac{\pi}{2}} \sin^2\theta d\theta = 3 \times 2\int_0^{\frac{\pi}{2}} \frac{1-\cos 2\theta}{2} d\theta$$

$$= 3\left(\theta - \frac{1}{2}\sin 2\theta\right)\Big|_0^{\frac{\pi}{2}} = \frac{3\pi}{2}$$

再例如,因为所求积分是奇函数在对称区间上的定积分,所以可得

$$\int_{-\tau}^{\tau} \frac{x^3\cos x}{2x^8 + (\cot x)^2} dx = 0$$

定积分的换元积分公式也可以反过来使用,即令 $t = \varphi^{-1}(x)$。但用时要注意,需要检查它的反函数 $x = \varphi(t)$ 是否满足定理 7.5 的 3 个条件,而不是检查 t 是否等于 $\varphi^{-1}(x)$。

例 7-15 求 $\int_0^4 \frac{x+2}{\sqrt{2x+1}} dx$。

解:被积函数在积分区间上是连续的,令 $t = \sqrt{2x+1}, x = \frac{1}{2}(t^2-1)$,它满足条件:

(1) 当 $x=0$ 时,$t=1$,当 $x=4$ 时,$t=3$;

(2) 在 $[1,3]$ 内单值单调;

(3) $x' = t$ 在 $[1,3]$ 上连续。

故根据定理 7.5,得

$$\int_0^4 \frac{x+2}{\sqrt{2x+1}} dx = \int_1^3 \frac{1}{t}\left[\frac{1}{2}(t^2-1)+2\right] t dt = \frac{1}{2}\int_1^3 (t^2+3) dt$$

由于

$$\int (t^2+3) dt = \frac{1}{3}t^3 + 3t + C$$

因此由牛顿-莱布尼茨公式,得

$$\int_0^4 \frac{x+2}{\sqrt{2x+1}}\mathrm{d}x = \frac{1}{2}\left(\frac{1}{3}t^3+3t\right)\Big|_1^3 = \frac{1}{2}\times(9+9)-\frac{1}{2}\times\left(\frac{1}{3}+3\right)=\frac{22}{3}$$

例 7-16　求 $\displaystyle\int_1^9 \frac{1}{x+\sqrt{x}}\mathrm{d}x$。

解：被积函数在积分区间上是连续的，令 $t=\sqrt{x}$，$x=t^2$，它满足条件：

(1) 当 $x=1$ 时，$t=1$，当 $x=9$ 时，$t=3$；

(2) 在 $[1,3]$ 内单值单调；

(3) $x'=(t^2)'=2t$ 在 $[1,3]$ 上连续。

故根据定理 7.5，得

$$\int_1^9 \frac{1}{x+\sqrt{x}}\mathrm{d}x = \int_1^3 \frac{2t}{t^2+t}\mathrm{d}t = 2\int_1^3 \frac{1}{t+1}\mathrm{d}t$$

由于

$$\int \frac{1}{t+1}\mathrm{d}t = \ln|t+1|+C$$

因此由牛顿-莱布尼茨公式，得

$$\int_1^9 \frac{1}{x+\sqrt{x}} = 2\ln|t+1|\Big|_1^3 = 2\ln 4 - 2\ln 2 = 2\ln 2$$

7.3.2　定积分的分部积分法

定理 7.6（定积分的分部积分法）　设函数 $u=u(x)$，$v=v(x)$ 在区间 $[a,b]$ 上有连续的导数 $u'(x)$ 和 $v'(x)$，则

$$\int_a^b u(x)v'(x)\mathrm{d}x = u(x)v(x)\Big|_a^b - \int_a^b v(x)u'(x)\mathrm{d}x$$

或简写成

$$\int_a^b u\,\mathrm{d}v = uv\,|_a^b - \int_a^b v\,\mathrm{d}u$$

这就是**定积分的分部积分公式**。

证明：函数 $u=u(x)$，$v=v(x)$ 在区间 $[a,b]$ 上有连续的导数 $u'(x)$ 和 $v'(x)$，由函数乘积的求导法则有

$$(uv)' = u'v + uv'$$

求上式左右两边在 $[a,b]$ 上的积分：

$$\int_a^b (uv)'\mathrm{d}x = \int_a^b u'v\,\mathrm{d}x + \int_a^b uv'\,\mathrm{d}x$$

根据牛顿-莱布尼茨公式，上式左边

$$\int_a^b (uv)'\mathrm{d}x = uv\,\Big|_a^b$$

所以有

$$uv\,\Big|_a^b = \int_a^b u'v\,\mathrm{d}x + \int_a^b uv'\,\mathrm{d}x = \int_a^b v\,\mathrm{d}u + \int_a^b u\,\mathrm{d}v$$

移项,得

$$\int_a^b u\,\mathrm{d}v = uv\,\Big|_a^b - \int_a^b v\,\mathrm{d}u$$

例 7-17 求 $\int_1^e \ln x\,\mathrm{d}x$。

解:取 $\ln x = u, \mathrm{d}x = \mathrm{d}v$,则 $\mathrm{d}u = \dfrac{1}{x}\mathrm{d}x, v = x$,根据定积分的分部积分公式,得

$$\int_1^e \ln x\,\mathrm{d}x = x\ln x\,\Big|_1^e - \int_1^e x\,\mathrm{d}\ln x = e - \int_1^e x\,\frac{1}{x}\mathrm{d}x$$

$$= e - x\,\Big|_1^e = e - e + 1 = 1$$

例 7-18 求 $\int_0^1 x e^x\,\mathrm{d}x$。

解:取 $x = u, e^x\,\mathrm{d}x = \mathrm{d}v$,则 $\mathrm{d}u = \mathrm{d}x, v = e^x$,根据定积分的分部积分公式,得

$$\int_0^1 x e^x\,\mathrm{d}x = \int_0^1 x\,\mathrm{d}e^x = x e^x\,\Big|_0^1 - \int_0^1 e^x\,\mathrm{d}x = e - e^x\,\Big|_0^1 = e - e + 1 = 1$$

与不定积分的分部积分法类似,在今后使用定积分的分部积分法时,可以不必按部就班地写出 u 和 v 的表达式,而直接按公式 $\int_a^b u\,\mathrm{d}v = uv\,\Big|_a^b - \int_a^b v\,\mathrm{d}u$ 写出求解过程即可。

例 7-19 求 $\int_0^{\frac{\pi}{2}} x\cos x\,\mathrm{d}x$。

解:
$$\int_0^{\frac{\pi}{2}} x\cos x\,\mathrm{d}x = \int_0^{\frac{\pi}{2}} x\,\mathrm{d}\sin x = x\sin x\,\Big|_0^{\frac{\pi}{2}} - \int_0^{\frac{\pi}{2}} \sin x\,\mathrm{d}x$$

$$= \frac{\pi}{2} + \cos x\,\Big|_0^{\frac{\pi}{2}} = \frac{\pi}{2} - 1$$

例 7-20 求 $\int_1^e x\ln x\,\mathrm{d}x$。

解:
$$\int_1^e x\ln x\,\mathrm{d}x = \int_1^e \ln x\,\mathrm{d}\left(\frac{1}{2}x^2\right) = \frac{1}{2}x^2\ln x\,\Big|_1^e - \frac{1}{2}\int_1^e x^2\,\mathrm{d}(\ln x)$$

$$= \frac{1}{2}e^2 - \frac{1}{2}\int_1^e x\,\mathrm{d}x$$

$$= \frac{1}{2}e^2 - \frac{1}{4}x^2\,\Big|_1^e$$

$$= \frac{1}{2}e^2 - \frac{1}{4}e^2 + \frac{1}{4}$$

$$= \frac{1}{4}(e^2 + 1)$$

定积分的分部积分法也可重复使用。

例 7-21 求 $\int_0^{\frac{\pi}{2}} e^x\sin x\,\mathrm{d}x$。

解:$\int_0^{\frac{\pi}{2}} e^x\sin x\,\mathrm{d}x = -\int_0^{\frac{\pi}{2}} e^x\,\mathrm{d}(\cos x) = -e^x\cos x\,\Big|_0^{\frac{\pi}{2}} + \int_0^{\frac{\pi}{2}} e^x\cos x\,\mathrm{d}x$

$$= 1 + \int_0^{\frac{\pi}{2}} e^x d(\sin x) = 1 + e^x \sin x \Big|_0^{\frac{\pi}{2}} - \int_0^{\frac{\pi}{2}} e^x \sin x dx$$

$$= 1 + e^{\frac{\pi}{2}} - \int_0^{\frac{\pi}{2}} e^x \sin x dx$$

所以

$$2 \int_0^{\frac{\pi}{2}} e^x \sin x dx = 1 + e^{\frac{\pi}{2}}$$

即

$$\int_0^{\frac{\pi}{2}} e^x \sin x dx = \frac{1}{2}(1 + e^{\frac{\pi}{2}})$$

例 7-22　求 $\int_0^1 e^{\sqrt{x}} dx$。

解：先令 $t = \sqrt{x}$，则 $x = t^2$，$dx = 2t dt$，并且当 $x = 0$ 时，$t = 0$；当 $x = 1$ 时，$t = 1$。根据定积分的换元积分公式（见定理 7.5），有

$$\int_0^1 e^{\sqrt{x}} dx = \int_0^1 e^t \cdot 2t dt = 2 \int_0^1 t e^t dt$$

再取 $u = t$，则 $dv = e^t dt$，那么 $du = dt$，$v = e^t$，对上式右边的定积分运用分部积分法求解，有

$$\int_0^1 t e^t dt = t e^t \Big|_0^1 - \int_0^1 e^t dt = e - \int_0^1 e^t dt$$

根据牛顿-莱布尼茨公式，有

$$\int_0^1 e^t dt = e^t \Big|_0^1 = e - 1$$

因此有

$$\int_0^1 t e^t dt = e - (e - 1) = 1$$

$$\int_0^1 e^{\sqrt{x}} dx = 2 \int_0^1 t e^t dt = 2$$

练习 7.3

计算下列定积分：

(1) $\int_0^4 (1 + 2x)^{\frac{3}{2}} dx$；

(2) $\int_1^5 \frac{\sqrt{x-1}}{x} dx$；

(3) $\int_0^1 \sqrt{4 - x^2} dx$；

(4) $\int_0^{\ln 2} \sqrt{e^x - 1} dx$；

(5) $\int_e^{e^2} \frac{1}{x \ln x} dx$；

(6) $\int_0^1 x e^{-x} dx$；

(7) $\int_0^{\frac{\pi}{2}} x \sin x dx$；

(8) $\int_0^{e-1} \ln(1 + x) dx$；

(9) $\int_0^1 e^{\sqrt{x}} dx$；

(10) $\int_0^{2\pi} e^x \cos x dx$。

7.4 定积分的应用

定积分的应用范围很广,本节着重介绍定积分在几何和物理上的应用。本节会导出一些几何量、物理量的计算公式,并且介绍导出这些公式的方法,为此先介绍一种简化的定积分分析方法,称为元素法。

7.4.1 定积分的元素法

为了介绍元素法,需要先回顾 7.1 节讨论过的内容,即求由 $y=f(x)$、两条直线 $x=a$、$x=b$ 和 x 轴围成的曲边梯形面积的问题,见图 7-2。7.1 节中是用"分小求近似,求和取极限"的方法把这个面积表示为定积分 $\int_a^b f(x)\mathrm{d}x$。

(1) 用一组分点 $a=x_0<x_1<x_2<\cdots<x_{n-1}<x_n=b$ 把区间 $[a,b]$ 分为长度为 Δx_i 的 n 个小区间 $[x_{i-1},x_i](i=1,2,\cdots,n)$,相应地把曲边梯形分成 n 个窄曲边梯形,第 i 个窄曲边梯形的面积为 ΔA_i。

(2) 在每个小区间上任取一点 ζ_i,得 ΔA_i 的近似值

$$A_i\approx f(\zeta_i)\Delta x_i(x_{i-1}<\zeta_i<x_i,i=1,2,\cdots,n)$$

(3) 求和,得 A 的近似值

$$A\approx\sum_{i=1}^n f(\zeta_i)\Delta x_i$$

(4) 取极限,得 A 的精确值

$$A=\lim_{\lambda\to0}\sum_{i=1}^n f(\zeta_i)\Delta x_i=\int_a^b f(x)\mathrm{d}x$$

其中 $\lambda=\parallel\Delta x_i\parallel$ 为所有 Δx_i 中的最大值。

在上述各步骤中,主要的一步是求出 ΔA_i 的近似值 $f(\zeta_i)\Delta x_i$,因为求出了它后,再求和、取极限,就可求得 A 的精确值,即可得 $\int_a^b f(x)\mathrm{d}x$。

为了简便起见,省略下标 i,取 $\Delta A_i=\Delta A$,$x_{i-1}=x$,$x_i=x+\mathrm{d}x$,且取 $[x,x+\mathrm{d}x]$ 的左端点 x 为 ζ,以点 x 处的函数值 $f(x)$ 为高、$\mathrm{d}x$ 为底的矩形的面积 $f(x)\mathrm{d}x$ 为 ΔA 的近似值,即

$$\Delta A=f(x)\mathrm{d}x$$

上式右边 $f(x)\mathrm{d}x$ 叫作面积元素,记为

$$\mathrm{d}A=f(x)\mathrm{d}x$$

再以上式为被积表达式,在区间 $[a,b]$ 上作定积分,即得

$$A=\int_a^b f(x)\mathrm{d}x$$

一般地,设所求量 U 是一个与变量 x 的变化区间 $[a,b]$ 有关的量,且对于区间 $[a,b]$ 具有

可加性，考查在区间 $[a,b]$ 中的任意一个小区间 $[x,x+\mathrm{d}x]$ 上相应的部分量 ΔU，如果 ΔU 有形如 $f(x)\mathrm{d}x$ 的近似表达式，那么就把 $f(x)\mathrm{d}x$ 称为量 U 的元素，并记作 $\mathrm{d}U$，即

$$\mathrm{d}U = f(x)\mathrm{d}x$$

然后以它为被积表达式，在 $[a,b]$ 上作积分，就可得到所求量 U 的积分表达式：

$$U = \int_a^b f(x)\mathrm{d}x$$

该方法叫作**元素法**。

许多可以化为求 $y=f(x)$ 在 $[a,b]$ 区间上定积分的问题都可以用元素法来解决。

运用元素法时，先写出所求量 U 的元素 $\mathrm{d}U = f(x)\mathrm{d}x$，然后得到 $U = \int_a^b f(x)\mathrm{d}x$。

7.4.2　定积分在几何中的应用

1. 平面图形的面积

设曲边形由两条曲线 $y=f_1(x)$、$y=f_2(x)$（其中 $f_1(x)$、$f_2(x)$ 在区间 $[a,b]$ 上连续，且 $f_2(x) \geqslant f_1(x)$）及两条直线 $x=a$、$x=b$ 围成，见图 7-12，求其面积 A。

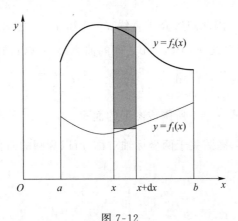

图 7-12

取 x 为积分变量，它的变化区间为 $[a,b]$，设想把 $[a,b]$ 分成若干个小区间，并把其中的代表性小区间记作 $[x,x+\mathrm{d}x]$，与这个小区间相对应的窄曲边形的面积 ΔA 近似等于高为 $f_2(x)-f_1(x)$、底为 $\mathrm{d}x$ 的窄矩形的面积，即

$$\Delta A = [f_2(x)-f_1(x)]\mathrm{d}x$$

从而得面积元素

$$\mathrm{d}A = [f_2(x)-f_1(x)]\mathrm{d}x$$

于是

$$A = \int_a^b [f_2(x)-f_1(x)]\mathrm{d}x$$

例 7-23　计算由两条抛物线 $y^2=x,y=x^2$ 围成的图形的面积。

解：这两条抛物线所围成的图形见图 7-13。为了具体确定所围成的图形的范围，先

求出这两条抛物线的交点。

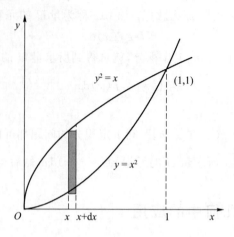

图 7-13

解方程组

$$\begin{cases} y^2 = x \\ y = x^2 \end{cases}$$

得交点为 $(0,0)$ 及 $(1,1)$。因此图形介于直线 $x=0$ 和 $x=1$ 之间。图形可以看成介于两条曲线 $y=\sqrt{x}$、$y=x^2$ 及直线 $x=0$、$x=1$ 之间的曲边形，所以它的面积为

$$A = \int_0^1 (\sqrt{x} - x^2)\,\mathrm{d}x = \left[\frac{2}{3} x^{\frac{3}{2}} - \frac{1}{3} x^3 \right]_0^1 = \frac{2}{3} - \frac{1}{3} = \frac{1}{3}$$

例 7-24 求椭圆 $\dfrac{x^2}{a^2} + \dfrac{y^2}{b^2} = 1$ 所围成图形的面积。

解：如图 7-14 所示，椭圆关于两坐标轴对称，所以椭圆的面积为

$$A = 4A_1$$

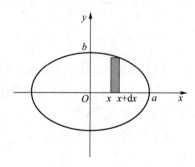

图 7-14

其中 A_1 为椭圆在第一象限部分的面积。第一象限内的椭圆方程为

$$y = \frac{b}{a} \sqrt{a^2 - x^2}$$

A_1 的面积元素为

$$\mathrm{d}A_1 = \frac{b}{a}\sqrt{a^2-x^2}\,\mathrm{d}x$$

于是

$$A = 4\mathrm{d}A_1 = 4\int_0^a \frac{b}{a}\sqrt{a^2-x^2}\,\mathrm{d}x$$

应用定积分换元积分法,令 $x=a\sin t$,则 $\mathrm{d}x=a\cos t\mathrm{d}t$,当 $x=0$ 时,$t=0$;当 $x=a$ 时,$t=\dfrac{\pi}{2}$。所以

$$A = \frac{4b}{a}\int_0^{\frac{\pi}{2}} a\cos t \cdot a\cos t\mathrm{d}t = 4ab\int_0^{\frac{\pi}{2}}\cos^2 t\mathrm{d}t = 4ab\times\frac{1}{2}\times\frac{\pi}{2} = \pi ab$$

当 $a=b$ 时,得 $A=\pi a^2$,该公式即圆的面积公式。

2. 平面曲线的弧长

设曲线弧方程为

$$y=f(x)\quad(a\leqslant x\leqslant b)$$

其中 $f(x)$ 在 $[a,b]$ 上具有一阶连续导数。现在用元素法来计算曲线弧的长度。取横坐标 x 为积分变量,它的变化区间为 $[a,b]$,曲线 $y=f(x)$ 对应于 $[a,b]$ 上任一小区间 $[x,x+\mathrm{d}x]$ 的一段弧的长度 Δs,可以用该曲线在点 $(x,f(x))$ 处的切线上相应的一小段的长度来近似代替,见图 7-15,则弧线段的长度为

$$\sqrt{(\mathrm{d}x)^2+(\mathrm{d}y)^2}=\sqrt{1+y'^2}\,\mathrm{d}x$$

从而得弧长元素

$$\mathrm{d}s=\sqrt{1+y'^2}\,\mathrm{d}x$$

以 $\sqrt{1+y'^2}\,\mathrm{d}x$ 为被积表达式,在闭区间 $[a,b]$ 上作定积分,则可得弧长为

$$s=\int_a^b \sqrt{1+y'^2}\,\mathrm{d}x$$

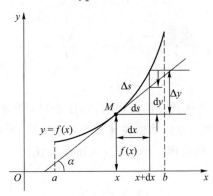

图 7-15

例 7-25　计算曲线 $y=\dfrac{2}{3}x^{\frac{3}{2}}$ 上相应于 x 从 a 到 b 的一段弧的长度。

解:如图 7-16 所示,因为 $y'=x^{\frac{1}{2}}$,所以弧长元素为

$$\mathrm{d}s = \sqrt{1 + (x^{\frac{1}{2}})^2}\,\mathrm{d}x = \sqrt{1+x}\,\mathrm{d}x$$

所求弧长为

$$s = \int_a^b \sqrt{1+x}\,\mathrm{d}x = \frac{2}{3}(1+x)^{\frac{3}{2}}\Big|_a^b = \frac{2}{3}\Big[(1+b)^{\frac{3}{2}} - (1+a)^{\frac{3}{2}}\Big]$$

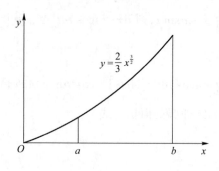

图 7-16

7.4.3 定积分在物理中的应用

1. 变力沿直线所做的功

如果物体在恒力 F 作用下沿直线从 a 移动到 b,见图 7-17,则该恒力 F 对物体所做的功为

$$W = F(b-a)$$

如果物体在运动的过程中所受到的力是变化的,那这就是变力对物体做功的问题。由于当物体在 $[a,b]$ 上移动时,力 $F(x)$ 随之而变,因此不能直接用上述公式 $W = F(b-a)$ 来求该变力所作的功。

图 7-17

为了求变力的功,先把物体移动的路程 $[a,b]$ 分成若干个小区间,并把其中的代表性小区间记作 $[x,x+\mathrm{d}x]$,见图 7-18,物体在该小区间上移动,可近似看成物体是在点 x 所对应的力 $F(x)$ 作用下从 x 移动到 $x+\mathrm{d}x$ 的,从而得到在这一小段路程上力做功的近似值,即功元素

$$\mathrm{d}W = F(x)\,\mathrm{d}x$$

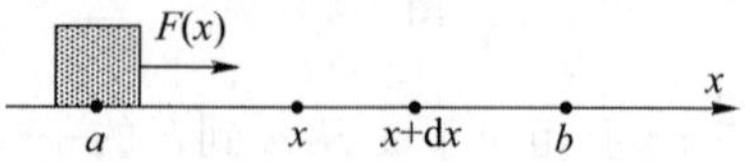

图 7-18

以此为被积表达式,在区间$[a,b]$上作定积分,即得变力沿直线作功的公式

$$W = \int_a^b F(x)\mathrm{d}x$$

例 7-26　把一个带$+q$电量的点电荷放在r轴上坐标原点O处,它产生一个电场,这个电场对周围的电荷有作用力,由物理学可知,如果有一个单位电荷放在这个电场中距离坐标原点O为r的地方,那么电场对它的作用力为

$$F = k\frac{q}{r^2}\quad (k \text{ 是常数})$$

如图 7-19 所示,当这个单位正电荷在电场中从$r=a$处沿r轴移到$r=b(a<b)$处时,计算电场力F对它所做的功。

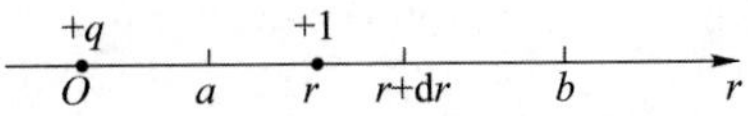

```
  +q        +1
   •————•————•————————•———————•——————→
   O    a    r   r+dr      b          r
```

图 7-19

解:在上述移动过程中,电场对单位电荷的作用力是变化的,取r为积分变量,它的变化区间为$[a,b]$,设$[r,r+\mathrm{d}r]$为$[a,b]$上的任一小区间,当单位正电荷从r移动到$r+\mathrm{d}r$时,电场力对它所做的功(即功元素)为

$$\mathrm{d}W = \frac{kq}{r^2}\mathrm{d}r$$

于是所求的功为

$$W = \int_a^b \frac{kq}{r^2}\mathrm{d}r = kq\left[-\frac{1}{r}\right]_a^b = kq\left(\frac{1}{a} - \frac{1}{b}\right)$$

例 7-27　一个圆柱形的贮水桶高为 5 m,底圆半径为 3 m,桶内盛满了水,试问要把桶内的水全部吸出需做多少功?

解:如图 7-20 所示,取深度x为积分变量,它的变化区间为$[0,5]$,相应于$[0,5]$上任一小区间$[x,x+\mathrm{d}x]$的一薄层水的高度为$\mathrm{d}x$。

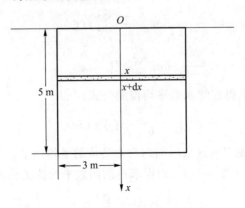

图 7-20

水的密度为$1\,000\ \mathrm{kg/m^3}$,这薄层水的重力为$9.8\,\pi\times3^2\,\mathrm{d}x$,把这薄层水吸出桶外需做的功近似为

$$dW = 88.2\pi x \, dx$$

此即功元素,于是所求的功为

$$W = \int_0^5 dW = \int_0^5 88.2\pi x \, dx$$

$$= 88.2\pi \left[\frac{x^2}{2} \right]_0^5$$

$$= 88.2\pi \times \frac{25}{2} \approx 3\ 462 \text{ kJ}$$

2. 函数的平均值

已知 n 个(有限个)数值

$$y_1, y_2, \cdots, y_n$$

的平均值为

$$y = \frac{y_1 + y_2 + \cdots + y_n}{n}$$

下面研究怎样求连续函数 $y = f(x)$ 在区间 $[a,b]$ 上所取的一切值(无限个)的平均值 y。

先用分点 $a = x_0, x_1, \cdots, x_n = b$ 把 $[a,b]$ 等分为 n 个小区间,每个小区间长为 $\Delta x_i = \frac{b-a}{n}(i=1,2,\cdots,n)$,再在每个小区间上任取一点 ζ_i,该点对应的函数值为 $f(\zeta_i)$,则

$$y \approx \frac{f(\zeta_1) + f(\zeta_2) + \cdots + f(\zeta_n)}{n} = \frac{\sum_{i=1}^{n} f(\zeta_i)}{n}$$

显然,n 越大,上式的近似程度越好。所以

$$y = \lim_{n \to +\infty} \frac{\sum_{i=1}^{n} f(\zeta_i)}{n} = \lim_{n \to +\infty} \frac{\sum_{i=1}^{n} f(\zeta_i)}{n} \cdot \frac{b-a}{b-a}$$

$$= \frac{1}{b-a} \lim_{n \to +\infty} \frac{b-a}{n} \sum_{i=1}^{n} f(\zeta_i)$$

$$= \frac{1}{b-a} \lim_{n \to +\infty} \sum_{i=1}^{n} f(\zeta_i) \Delta x_i$$

根据定积分的定义,便求得连续函数平均值的公式:

$$y = \frac{1}{b-a} \int_a^b f(x) \, dx$$

例 7-28 求从 0 s 到 T s 这段时间内自由落体的平均速度。

解:自由落体的速度为 $v = gt$。根据求连续函数平均值的公式,得

$$v = \frac{1}{T-0} \int_0^T gt \, dt = \frac{g}{T} \left[\frac{t^2}{2} \right]_0^T = \frac{1}{2} gT$$

练习 7.4

1. 求下列各曲线所围成的图形的面积：

(1) $y=\dfrac{1}{2}x^2$ 与 $x^2+y^2=8$（两部分都要计算）；

(2) $y=\dfrac{1}{x}$ 与直线 $y=x,x=2$；

(3) $y=x^2$ 与直线 $y=2x$；

(4) $y=3-2x-x^2$ 与 x 轴。

2. 求抛物线 $y=-x^2+4x-3$ 及其在点 $(0,-3)$ 和 $(3,0)$ 处的切线所围成的图形的面积。

3. 计算曲线 $y=\ln x$ 上相应于 $\sqrt{3}\leqslant x\leqslant\sqrt{8}$ 的一段弧的长度。

4. 计算曲线 $y=\dfrac{1}{2}(e^x+e^{-x})$ 相应于区间 $[0,1]$ 上的弧长。

5. 由实验知道，弹簧在拉伸过程中，需要的力 F（单位：N）与伸长量 s（单位：cm）成正比，即 $F=ks$（k 是比例常数）。如果把弹簧由原长拉伸至 6 cm，则所做的功为多少？

6. 直径为 20 cm，高为 80 cm 的圆柱体内充满压强为 10 N/cm² 的蒸汽，设温度保持不变，问要使蒸汽体积缩小一半，需要做多少功？

7. 一物体以速度 $v=3t^2+2t$（单位：m/s）做直线运动，算出它在 $t=0$ s 到 $t=3$ s 这段时间内的平均速度。

8. 计算函数 $y=2xe^{-x}$ 在 $[0,2]$ 上的平均值。

7.5　广 义 积 分

对于定积分有两个方面的要求，即积分区间 $[a,b]$ 是有限区间，并且被积函数 $f(x)$ 在区间 $[a,b]$ 上是连续的。

在一些实际问题中，常常遇到积分区间为无穷区间，或者被积函数在积分区间上具有无穷间断点的情形，因此有必要将定积分的概念推广，从而形成两类广义积分的概念。

7.5.1　积分区间为无穷区间的广义积分

无穷区间有下列 3 种情形：

$[a,+\infty)$，即右端无线延申；

$(-\infty,b]$，即左端无限延申；

$(-\infty,+\infty)$，即两端都无限延伸。

因此第一类广义积分(即积分区间为无穷区间的积分)应该有 3 个定义。

定义 7.3 设函数 $f(x)$ 在区间 $[a,+\infty)$ 上连续，取 $b>a$，如果极限

$$\lim_{b\to+\infty}\int_a^b f(x)\mathrm{d}x$$

存在，则此极限称为**函数 $f(x)$ 在无穷区间 $[a,+\infty)$ 上的广义积分**，记为 $\int_a^{+\infty} f(x)\mathrm{d}x$，即

$$\int_a^{+\infty} f(x)\mathrm{d}x = \lim_{b\to+\infty}\int_a^b f(x)\mathrm{d}x$$

这时也称广义积分 $\int_a^{+\infty} f(x)\mathrm{d}x$ 收敛。

若上述极限不存在，就称该广义积分发散。类似地，有定义 7.4。

定义 7.4 $\int_{-\infty}^b f(x)\mathrm{d}x = \lim_{a\to-\infty}\int_a^b f(x)\mathrm{d}x$。

定义 7.5 $\int_{-\infty}^{+\infty} f(x)\mathrm{d}x = \int_{-\infty}^0 f(x)\mathrm{d}x + \int_0^{+\infty} f(x)\mathrm{d}x$

$$= \lim_{a\to-\infty}\int_a^0 f(x)\mathrm{d}x + \lim_{b\to+\infty}\int_0^b f(x)\mathrm{d}x。$$

注：定义 7.4 和定义 7.5 的完整叙述如定义 7.3。定义 7.4 中广义积分 $\int_{-\infty}^b f(x)\mathrm{d}x$ 收敛、发散的概念与定义 7.3 中广义积分 $\int_a^{+\infty} f(x)\mathrm{d}x$ 收敛、发散的概念完全类似；在定义 7.4 中，必须广义积分 $\int_{-\infty}^0 f(x)\mathrm{d}x$ 和 $\int_0^{+\infty} f(x)\mathrm{d}x$ 都收敛，才能称广义积分 $\int_{-\infty}^{+\infty} f(x)\mathrm{d}x$ 收敛。

例 7-29 计算广义积分 $\int_{-\infty}^{+\infty} \dfrac{\mathrm{d}x}{1+x^2}$。

解：据定义 7.4，得

$$\int_{-\infty}^{+\infty} \frac{\mathrm{d}x}{1+x^2} = \int_{-\infty}^0 \frac{\mathrm{d}x}{1+x^2} + \int_0^{+\infty} \frac{\mathrm{d}x}{1+x^2}$$

$$= \lim_{a\to-\infty}\int_a^0 \frac{\mathrm{d}x}{1+x^2} + \lim_{b\to+\infty}\int_0^b \frac{\mathrm{d}x}{1+x^2}$$

$$= \lim_{a\to-\infty}\left[\arctan x\right]_a^0 + \lim_{b\to+\infty}\left[\arctan x\right]_0^b$$

$$= -\lim_{a\to-\infty}\arctan a + \lim_{b\to+\infty}\arctan b$$

$$= -\left(-\frac{\pi}{2}\right) + \frac{\pi}{2} = \pi$$

如图 7-21 所示，该广义积分的几何意义为：当 $a\to-\infty$，$b\to+\infty$ 时，虽然图中阴影部分向左右端无限地延伸，但其面积(即位于曲线 $y=\dfrac{1}{1+x^2}$ 下方和 x 轴上方的图形面积)却有极限值 π。

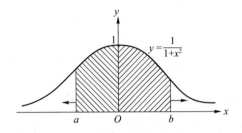

图 7-21

例 7-30　证明广义积分 $\displaystyle\int_1^{+\infty}\dfrac{\mathrm{d}x}{x^p}$ 当 $p>1$ 时收敛,当 $p\leqslant 1$ 时发散。

证明: 当 $p=1$ 时,有

$$\int_1^{+\infty}\frac{\mathrm{d}x}{x^p}=\int_1^{+\infty}\frac{\mathrm{d}x}{x}=\lim_{b\to+\infty}\ln x\,\Big|_1^{+\infty}=+\infty$$

此时广义积分 $\displaystyle\int_1^{+\infty}\dfrac{\mathrm{d}x}{x^p}$ 发散。

当 $p\neq 1$ 时,有

$$\int_1^{+\infty}\frac{\mathrm{d}x}{x^p}=\lim_{b\to+\infty}\int_1^b\frac{\mathrm{d}x}{x}=\lim_{b\to+\infty}\Big[\frac{x^{1-p}}{1-p}\Big]_1^{+\infty}=\begin{cases}+\infty,&p<1\\[2mm]\dfrac{1}{p-1},&p>1\end{cases}$$

即当 $p>1$ 时,该广义积分收敛,其值为 $\dfrac{1}{p-1}$;当 $p\leqslant 1$ 时,该广义积分发散。

7.5.2　被积函数有无穷断点的广义积分

被积函数 $f(x)$ 在积分区间 $[a,b]$ 上有无穷间断点的情形分为下列 3 种:

(1) 左端点 $x=a$ 是 $f(x)$ 的无穷间断点;

(2) 右端点 $x=b$ 是 $f(x)$ 的无穷间断点;

(3) 区间 (a,b) 中的某一点 c 是 $f(x)$ 的无穷间断点。

因此第二类广义积分,即被积函数有无穷间断点的广义积分也应该有 3 个定义。

定义 7.6　设函数 $f(x)$ 在区间 $(a,b]$ 上连续,而 $\lim\limits_{x\to a^+}f(x)=\infty$,取 $\varepsilon>0$。如果极限

$$\lim_{\varepsilon\to 0^+}\int_{a+\varepsilon}^b f(x)\mathrm{d}x$$

存在,则此极限称为**函数 $f(x)$ 在 $(a,b]$ 上的广义积分**,记为 $\displaystyle\int_a^b f(x)\mathrm{d}x$,即

$$\int_a^b f(x)\mathrm{d}x=\lim_{\varepsilon\to 0^+}\int_{a+\varepsilon}^b f(x)\mathrm{d}x$$

这时,也称广义积分 $\displaystyle\int_a^b f(x)\mathrm{d}x$ **收敛**。

若上述极限不存在,则称广义积分**发散**。

类似地,有定义 7.7。

定义 7.7 若 $\lim\limits_{x \to b^-} f(x) = \infty$，则

$$\int_a^b f(x)\mathrm{d}x = \lim_{\varepsilon \to 0^+} \int_a^{b-\varepsilon} f(x)\mathrm{d}x$$

定义 7.8 若 $\lim\limits_{x \to c} f(x) = \infty\,(a < c < b)$，则

$$\int_a^b f(x)\mathrm{d}x = \int_a^c f(x)\mathrm{d}x + \int_c^b f(x)\mathrm{d}x$$

$$= \lim_{\varepsilon \to 0^+} \int_a^{c-\varepsilon} f(x)\mathrm{d}x + \lim_{\varepsilon' \to 0^+} \int_{c+\varepsilon'}^b f(x)\mathrm{d}x$$

注:定义 7.7 和定义 7.8 的完整叙述如定义 7.6。定义 7.7 中广义积分的收敛、发散的概念与定义 7.6 中广义积分收敛、发散的概念完全类同。在定义 7.8 中,必须广义积分 $\int_a^c f(x)\mathrm{d}x$ 和 $\int_c^b f(x)\mathrm{d}x$ 都收敛,才能称广义积分 $\int_a^b f(x)\mathrm{d}x$ 收敛。

例 7-31 计算广义积分 $\displaystyle\int_0^a \frac{\mathrm{d}x}{\sqrt{a^2 - x^2}}$(常数 $a > 0$)。

解: 因为

$$\lim_{x \to a^-} \frac{1}{\sqrt{a^2 - x^2}} = +\infty$$

所以 $x = a$ 是被积函数的无穷间断点,根据定义 7.7 得

$$\int_0^a \frac{\mathrm{d}x}{\sqrt{a^2 - x^2}} = \lim_{\varepsilon \to 0^+} \int_0^{a-\varepsilon} \frac{\mathrm{d}x}{\sqrt{a^2 - x^2}}$$

$$= \lim_{\varepsilon \to 0^+} \left[\arcsin \frac{x}{a} \right]_0^{a-\varepsilon}$$

$$= \lim_{\varepsilon \to 0^+} \left(\arcsin \frac{a-\varepsilon}{a} - 0 \right)$$

$$= \arcsin 1 = \frac{\pi}{2}$$

例 7-32 讨论广义积分 $\displaystyle\int_{-1}^1 \frac{\mathrm{d}x}{x^2}$ 的敛散性。

解: 因为 $\lim\limits_{x \to 0} \dfrac{1}{x^2} = +\infty$,所以 $x = 0$ 是被积函数的无穷间断点,根据定义 7.8,得

$$\int_{-1}^1 \frac{\mathrm{d}x}{x^2} = \int_{-1}^0 \frac{\mathrm{d}x}{x^2} + \int_0^1 \frac{\mathrm{d}x}{x^2}$$

再根据定义 7.7,上式右端第一个广义积分为

$$\int_{-1}^0 \frac{\mathrm{d}x}{x^2} = \lim_{\varepsilon \to 0^+} \int_{-1}^{0-\varepsilon} \frac{\mathrm{d}x}{x^2} = \lim_{\varepsilon \to 0^+} \left[-\frac{1}{x} \right]_{-1}^\varepsilon = \lim_{\varepsilon \to 0^+} \left(\frac{1}{\varepsilon} - 1 \right) = +\infty$$

它是发散的。所以广义积分 $\displaystyle\int_{-1}^1 \frac{\mathrm{d}x}{x^2}$ 发散。

注意:第二类广义积分采用了与定积分相同的符号

$$\int_a^b f(x)\mathrm{d}x$$

那么今后遇到该符号,如何判断它是定积分还是广义积分呢? 这就要根据被积函数在积

分区间上有没有无穷间断点来判定。

下面介绍一个含参变量的广义积分,它在物理、力学和工程技术问题的研究中有广泛的应用。

7.5.3　Γ 函数

可以证明,含参变量 a 的广义积分

$$\int_0^{+\infty} x^{a-1} e^{-x} dx$$

在 $a>0$ 时收敛。则上述积分表示一个以 a 为变量的函数,称为 **Γ 函数**,记为 $\Gamma(a)$,即

$$\Gamma(a) = \int_0^{+\infty} x^{a-1} e^{-x} dx \,(a>0)$$

Γ 函数具有一个重要的递推公式:

$$\Gamma(a+1) = a\Gamma(a)$$

证明: 由分部积分法公式及 Γ 函数的定义,有

$$\Gamma(a+1) = \int_0^{+\infty} x^{(a+1)-1} e^{-x} dx = \int_0^{+\infty} x^a e^{-x} dx$$

$$= -\int_0^{+\infty} x^a de^{-x} = -x^a e^{-x} \Big|_0^{+\infty} + a \int_0^{+\infty} x^{a-1} e^{-x} dx$$

$$= 0 + a \int_0^{+\infty} x^{a-1} e^{-x} dx = a\Gamma(a)$$

当 a 等于正整数 n 时,重复应用递推公式,可得

$$\Gamma(n+1) = n\Gamma(n) = n(n-1)\Gamma(n-1)$$
$$= n(n-1)(n-2)\Gamma(n-2)$$
$$= n \cdot (n-1) \cdot (n-2) \cdots 1 \cdot \Gamma(1)$$
$$= n! \, \Gamma(1)$$

因为

$$\Gamma(1) = \int_0^{+\infty} e^{-x} dx = -e^{-x} \Big|_0^{+\infty} = 1$$

所以得公式

$$\Gamma(n+1) = n!$$

实际应用中,某些 Γ 函数的值可以通过查 Γ 函数表得到。

例 7-33　计算 $\Gamma(8)$。

解: 根据公式,得

$$\Gamma(8) = \Gamma(7+1) = 7! = 5\,040$$

例 7-34　计算 $\Gamma\left(\dfrac{11}{2}\right)$(由 Γ 函数表得 $\Gamma\left(\dfrac{1}{2}\right) = \sqrt{\pi}$)。

解: 根据递推公式,得

$$\Gamma\left(\frac{11}{2}\right)=\Gamma\left(\frac{9}{2}+1\right)=\frac{9}{2}\Gamma\left(\frac{9}{2}\right)=\frac{9}{2}\Gamma\left(\frac{7}{2}+1\right)$$

$$=\frac{9}{2}\times\frac{7}{2}\Gamma\left(\frac{7}{2}\right)=\frac{9}{2}\times\frac{7}{2}\Gamma\left(\frac{5}{2}+1\right)=\cdots$$

$$=\frac{9}{2}\times\frac{7}{2}\times\frac{5}{2}\times\frac{3}{2}\times\frac{1}{2}\Gamma\left(\frac{1}{2}\right)$$

$$=\frac{945}{32}\sqrt{\pi}$$

例 7-35 利用 Γ 函数计算 $\int_0^{+\infty} x^{\frac{1}{2}}\mathrm{e}^{-x^3}\mathrm{d}x$。

解：令 $t=x^3$，则 $x=t^{\frac{1}{3}}$，$\mathrm{d}x=\frac{1}{3}t^{-\frac{2}{3}}\mathrm{d}t$，

$$\int_0^{+\infty} x^{\frac{1}{2}}\mathrm{e}^{-x^3}\mathrm{d}x=\frac{1}{3}\int_0^{+\infty} t^{-\frac{1}{2}}\mathrm{e}^{-t}\mathrm{d}t=\frac{1}{3}\int_0^{+\infty} t^{\frac{1}{2}-1}\mathrm{e}^{-t}\mathrm{d}t=\frac{1}{3}\Gamma\left(\frac{1}{2}\right)=\frac{1}{3}\sqrt{\pi}$$

练习 7.5

1. 判别下列广义积分的收敛性，若收敛，则求出广义积分的值。

(1) $\int_0^{+\infty}\dfrac{\mathrm{d}x}{\sqrt{x}}$；

(2) $\int_{-\infty}^{+\infty}\dfrac{\mathrm{d}x}{x^2+2x+2}$；

(3) $\int_1^2\dfrac{\mathrm{d}x}{x\sqrt{x^2-1}}$；

(4) $\int_0^2\dfrac{\mathrm{d}x}{1-x^2}$。

2. 讨论下列广义积分当 k 为何值时收敛，又当 k 为何值时发散。

(1) $\int_2^{+\infty}\dfrac{\mathrm{d}x}{x\,(\ln x)^k}$；

(2) $\int_a^b\dfrac{\mathrm{d}x}{(x-a)^k}(b<a)$。

3. 计算：

(1) $\Gamma(5)$；

(2) $\Gamma\left(\dfrac{16}{5}\right)$。

4. 利用 Γ 函数，计算积分 $\int_0^{+\infty} x^{\frac{1}{2}}\mathrm{e}^{-2x}\mathrm{d}x$。

习 题 7

1. 填空题

(1) 设 $f(x)$ 是连续函数，若 $5x^3+40=\int_c^x f(t)\mathrm{d}t$，则 $f(x)=$ _____，

$c=$ _____。

(2) 设 $\int_a^1 x^2\mathrm{d}x=1$，则 $a=$ _____。

(3) $\displaystyle\int_0^x tf'(t^2)\,\mathrm{d}t =$ _____。

(4) 设 $f(x)$ 在 $[0,1]$ 上连续，则积分 $\displaystyle\int_0^1 f(at)\,\mathrm{d}t$ 经变换 $u=at$ $(a\neq 0)$ 后为_____。

(5) 设 $f(x)$ 在 $[-l,l]$ 上连续，且为奇函数，$\displaystyle\int_0^l f(x)\,\mathrm{d}x=2$，则 $\displaystyle\int_{-l}^0 f(x)\,\mathrm{d}x=$ _____。

(6) 在 $[a,b]$ 上，函数 $f(x)$ 连续且 $f(x)\leqslant 0$，则由曲线 $y=f(x)$ 与直线 $x=a,x=b$ 及 x 轴围成图形的面积 S 的积分表达式为_____。当 $a=b$ 时，$S=$ _____。

2. 单项选择题

(1) 设 $f(x)$ 在 $[a,b]$ 上连续，$x_0\in(a,b)$ 且是常数，则 $\dfrac{\mathrm{d}}{\mathrm{d}x}\displaystyle\int_a^{x_0} f(t)\,\mathrm{d}t=$ _____。

A. $f(x_0)$ 　　　　　　　　　　B. 0

C. $f(x_0)-f(a)$ 　　　　　　　D. $f'(x_0)$

(2) $\displaystyle\int_{-8}^8 \mathrm{e}^{\sqrt[3]{x}}\,\mathrm{d}x=$ _____。

A. 0 　　　　　　　　　　　　B. $2\displaystyle\int_0^8 \mathrm{e}^{\sqrt[3]{x}}\,\mathrm{d}x$

C. $\displaystyle\int_{-2}^2 \mathrm{e}^x\,\mathrm{d}x$ 　　　　　　　D. $\displaystyle\int_{-2}^2 3x^2\mathrm{e}^x\,\mathrm{d}x$

(3) 若 $\displaystyle\int_1^x \dfrac{f(t)}{t}\,\mathrm{d}t=x\sin x-\sin 1$，则 $f(x)=$ (　　)。

A. $x^2\sin x$ 　　　　　　　　B. $x\cos x$

C. $x\sin x+x^2\cos x$ 　　　　D. $\cos x+x\sin x$

3. 计算下列定积分：

(1) $\displaystyle\int_0^2 \dfrac{\ln(1+x)}{1+x}\,\mathrm{d}x$；

(2) $\displaystyle\int_0^2 \dfrac{x}{1+x^2}\,\mathrm{d}x$；

(3) $\displaystyle\int_0^1 \dfrac{\mathrm{e}^x}{1+\mathrm{e}^x}\,\mathrm{d}x$；

(4) $\displaystyle\int_0^4 \dfrac{x+2}{\sqrt{2x+1}}\,\mathrm{d}x$；

(5) $\displaystyle\int_1^3 |x-2|\,\mathrm{d}x$；

(6) 设 $f(x)=\begin{cases} x, & x\geqslant 0 \\ \mathrm{e}^x, & x<0 \end{cases}$，求 $\displaystyle\int_{-1}^2 f(x)\,\mathrm{d}x$。

4. 求由曲线 $y=x^3,y=1,x=0$ 围成的平面图形的面积（要画图）。

5. 已知某商品每周生产 q 单位时，总成本变化率为 $C'(q)=0.4q-12$（元/单位），固定成本为 500 元，求总成本 $C(q)$。如果这种商品的销售单价是 20 元，求总利润 $L(q)$。每周生产多少单位时才能获得最大利润？

6. 某商品的总成本（万元）的变化率为 $C'(q)=1$（万元/百台），总收入（万元）的变化

率为产量 q(百台)的函数 $R'(q)=5-q$(万元/百台)。求产量 q 为多少时,利润最大? 在上述产量(使利润最大)的基础上再生产 100 台,利润将减少多少?

7. 一容器的侧壁由抛物线 $y=x^2$ 绕 y 轴旋转而成,容器高为 H m。容器内盛水,水面位于 $\dfrac{H}{2}$ m 处。问把水全部抽出,至少需要做多少功?(水的密度为 $1\ 000\ \text{kg/m}^3$。)

第8章 微分方程

本章导读

函数是客观事物的内在联系在数量上的反应,利用函数关系可以对客观事物的规律进行研究。但在自然科学和工程技术中,有关变量之间的函数关系往往不容易直接建立,而根据一些已知条件可以建立未知函数与其导数或微分之间的关系,这就是所谓的微分方程。本章介绍微分方程的概念及一些特殊微分方程的解法。

本章学习的基本要求:

(1) 了解微分方程,微分方程的阶、解、通解和特解的概念;

(2) 熟练掌握可分离变量微分方程和一阶线性微分方程的解法;

(3) 掌握几种可降阶的微分方程的解法;

(4) 掌握二阶常系数齐次线性微分方程的解法。

思维导图

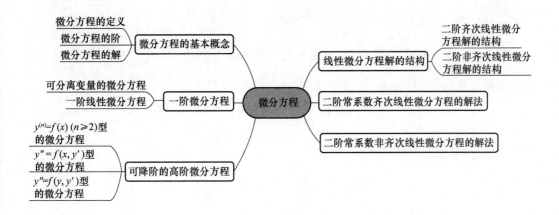

8.1 微分方程的基本概念

8.1.1 微分方程的定义

例 8-1 已知一曲线过点 $(1,3)$，其在点 x 处的斜率是 $2x$，求该曲线方程。

解：设所求曲线的方程为 $y=y(x)$，由导数的几何意义可知，函数 $y=y(x)$ 满足

$$\frac{dy}{dx}=2x \text{ 或 } dy=2xdx \tag{8-1}$$

两边积分得

$$y=\int 2xdx$$

即

$$y=x^2+C$$

因为曲线过点 $(1,3)$，所以 $x=1$ 时 $y=3$，即 $3=1+C,C=2$，曲线方程为 $y=x^2+2$。

例 8-2 有一个电阻为 R，电容为 C 和电感为 L 的 RLC 串联电路，如图 8-1 所示，其中 R、L、C 均为常数，电源 $E(t)$ 是时间的已知函数，求开关 K 闭合后电流 I 所满足的方程。

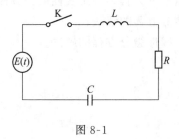

图 8-1

解：由电路知识可知，在电阻、电感和电容的电压分别为 RI、$L\dfrac{dI}{dt}$ 和 $\dfrac{Q}{C}$（Q 为电容器上的电量），所以

$$RI+L\frac{dI}{dt}+\frac{Q}{C}=E(t)$$

因为 $I=\dfrac{dQ}{dt}$，对上式两端求导得

$$\frac{d^2I}{dt^2}+\frac{R}{L}\cdot\frac{dI}{dt}+\frac{I}{LC}=\frac{1}{L}\cdot\frac{dE(t)}{dt} \tag{8-2}$$

这就是 RLC 串联电路中电流 I 满足的方程。

在式 (8-1) 和式 (8-2) 中都包含未知函数的导数，其中式 (8-1) 含有未知函数的一阶导数，式 (8-2) 含有未知函数的二阶导数。

定义 8.1　含有未知函数的导数或微分的方程称为**微分方程**。

例如，

$$y'' + 4y' - 5y = e^x \tag{8-3}$$

$$\frac{dy}{dx} + xy = e^x \tag{8-4}$$

$$(x-y)dy + (y+2x)dx = 0 \tag{8-5}$$

$$\left(\frac{dy}{dx}\right)^2 + 2y\frac{dy}{dx} = \sin x \tag{8-6}$$

$$\frac{\partial^2 u}{\partial x^2} + \frac{\partial^2 u}{\partial y^2} = 0 \tag{8-7}$$

都是微分方程。

如果方程中的未知函数是一元函数，则称为**常微分方程**，如式(8-3)～(8-6)；如果方程中的未知函数是多元函数，则称为**偏微分方程**，如式(8-7)。本章只讲常微分方程，简称微分方程或方程。

8.1.2　微分方程的阶

定义 8.2　微分方程中所含未知函数导数的最高阶数称为**微分方程的阶**。

例如，式(8-4)、式(8-5)、式(8-6)都是一阶微分方程，式(8-3)是二阶微分方程。

一般地，方程

$$F(x, y, y', y'', \cdots, y^{(n)}) = 0$$

称为 n 阶微分方程。

8.1.3　微分方程的解

定义 8.3　如果将一个函数及其导数代入方程后，这个方程成为恒等式，则称此函数为该**微分方程的解**。

求满足微分方程的函数的过程称为**解微分方程**。

例 8-3　验证函数 $y = 2e^{2x}$ 及 $y = C_1 e^{2x} + C_2 e^{-x}$（$C_1$，$C_2$ 为任意常数）都是微分方程 $y'' - y' - 2y = 0$ 的解。

解：将 $y = 2e^{2x}$，$y' = 4e^{2x}$，$y'' = 8e^{2x}$ 代入方程，得

$$y'' - y' - 2y = 8e^{2x} - 4e^{2x} - 2 \times 2e^{2x} \equiv 0$$

所以 $y = 2e^{2x}$ 是微分方程 $y'' - y' - 2y = 0$ 的解。

将 $y = C_1 e^{2x} + C_2 e^{-x}$，$y' = 2C_1 e^{2x} - C_2 e^{-x}$，$y'' = 4C_1 e^{2x} + C_2 e^{-x}$ 代入方程，得

$$y'' - y' - 2y = 4C_1 e^{2x} + C_2 e^{-x} - 2C_1 e^{2x} + C_2 e^{-x} - 2(C_1 e^{2x} + C_2 e^{-x}) \equiv 0$$

所以 $y = C_1 e^{2x} + C_2 e^{-x}$ 是微分方程 $y'' - y' - 2y = 0$ 的解。

由例 8-3 可见，由于 C_1，C_2 是任意常数，因此随着 C_1，C_2 的不同，方程 $y'' - y' - 2y = 0$ 的解将有无穷多个，而 $y = 2e^{2x}$ 只是其中的一个（$C_1 = 2$，$C_2 = 0$）。

1. 微分方程的通解

如果微分方程的解中含有任意常数,而且独立的任意常数的个数等于该微分方程的阶数,则称这样的解为微分方程的**通解**。

在例 8-3 中 $y=C_1\mathrm{e}^{2x}+C_2\mathrm{e}^{-x}$ 是方程 $y''-y'-2y=0$ 的解,它含有两个任意常数,而方程 $y''-y'-2y=0$ 是二阶微分方程,所以是方程的通解。

2. 微分方程的特解

根据已知条件,在通解中确定了所有任意常数而得到的解叫微分方程的**特解**。通常用来确定任意常数的条件叫**初始条件**。

例 8-3 中的解 $y=2\mathrm{e}^{2x}$ 就是方程 $y''-y'-2y=0$ 满足初始条件 $y\big|_{x=0}=2,y'\big|_{x=0}=4$ 的特解。

例 8-4 验证函数 $y=(C_1+C_2x)\mathrm{e}^{2x}$($C_1$,$C_2$ 为任意常数)是方程 $y''-4y'+4y=0$ 的通解,并求出满足初始条件 $y\big|_{x=0}=0,y'\big|_{x=0}=1$ 的特解。

解:将 $y=(C_1+C_2x)\mathrm{e}^{2x}$,$y'=(2C_1+C_2+2C_2x)\mathrm{e}^{2x}$,$y''=4(C_1+C_2+C_2x)\mathrm{e}^{2x}$ 代入方程,得

$y''-4y'+4y=4(C_1+C_2+C_2x)\mathrm{e}^{2x}-4(2C_1+C_2+2C_2x)\mathrm{e}^{2x}+4(C_1+C_2x)\mathrm{e}^{2x}\equiv0$,

即 $y=(C_1+C_2x)\mathrm{e}^{2x}$ 是微分方程 $y''-4y'+4y=0$ 的解,由于它含有任意常数的个数等于方程的阶数,所以它是方程的通解。

将初始条件 $y\big|_{x=0}=0,y'\big|_{x=0}=1$ 代入通解 $y=(C_1+C_2x)\mathrm{e}^{2x}$ 中,得 $(C_1+C_2x)\mathrm{e}^{2x}\big|_{x=0}=0,(2C_1+C_2+2C_2x)\mathrm{e}^{2x}\big|_{x=0}=1$,解得 $C_1=0$,$C_2=1$,所以满足初始条件的特解为 $y=x\mathrm{e}^{2x}$。

练习 8.1

1. 写出下列微分方程的阶数:

(1) $x(y')^2-3xy'=x+y$;

(2) $xy''+5y\mathrm{e}^{2x}=\sin x$;

(3) $(2x+y)\mathrm{d}x+(x+5y)\mathrm{d}y=0$;

(4) $\dfrac{\mathrm{d}^2y}{\mathrm{d}x^2}-4\dfrac{\mathrm{d}y}{\mathrm{d}x}+=x\mathrm{e}^{2x}$;

(5) $\left(\dfrac{\mathrm{d}^2y}{\mathrm{d}x^2}\right)^3+3\dfrac{\mathrm{d}y}{\mathrm{d}x}+2y=xy$。

2. 下列各题中的函数是否是所给微分方程的解?如果是解,指出是通解还是特解。

(1) $xy'+y=\cos x$,函数 $y=\dfrac{\sin x}{x}$;

(2) $(x-2y)y'=2x-y$,函数 $x^2-xy+y^2=0$;

(3) $y''-2y'+y=0$,函数 $y=x^2\mathrm{e}^x$;

(4) $y'' - 2y' + y = x$,函数 $y = (C_1 + C_2 x) e^x + x + 2$；

(5) $\dfrac{d^2 y}{dx^2} + \omega^2 y = 0$,函数 $y = C_1 \cos \omega x + C_2 \sin \omega x$。

3. 验证函数 $y = C_1 e^x + C_2 e^{3x}$ 是微分方程 $y'' - 4y' + 3y = 0$ 的通解,并求出满足初始条件 $y\Big|_{x=0} = 0$, $y'\Big|_{x=0} = 1$ 的特解。

8.2　一阶微分方程

一阶微分方程的一般形式是
$$F(x, y, y') = 0 \ 或 \ y' = f(x, y)$$
下面我们介绍两种常见的一阶微分方程的解法。

8.2.1　可分离变量的微分方程

形如
$$\frac{dy}{dx} = f(x) g(y) \tag{8-8}$$
的微分方程,称为**可分离变量的微分方程**。

解法:

(1) 分离变量,使方程一端仅含有 y 的函数和 dy,另一端仅含有 x 的函数和 dx,即
$$\frac{dy}{g(y)} = f(x) dx$$

(2) 将上式两端积分,即
$$\int \frac{dy}{g(y)} = \int f(x) dx \tag{8-9}$$

这样就得到了方程的通解。

例 8-5　求微分方程 $\dfrac{dy}{dx} = 2xy$ 的通解。

解:分离变量,得
$$\frac{dy}{y} = 2x dx$$

两端积分,得
$$\int \frac{dy}{y} = \int 2x dx$$

即
$$\ln |y| = x^2 + C_1$$

所以
$$|y| = e^{x^2 + c_1} = e^{c_1} e^{x^2}$$

令 $C_2=\mathrm{e}^{c_1}$，得 $y=\pm C_2\mathrm{e}^{x^2}$，取 $y=C\mathrm{e}^{x^2}$（C 为任意常数）为方程的通解。

例 8-6 求微分方程 $xy\mathrm{d}x+(1+y^2)\sqrt{1+x^2}\mathrm{d}y=0$ 的通解。

解：方程可化为

$$(1+y^2)\sqrt{1+x^2}\mathrm{d}y=-xy\mathrm{d}x$$

分离变量，得

$$\frac{(1+y^2)}{y}\mathrm{d}y=-\frac{x}{\sqrt{1+x^2}}\mathrm{d}x$$

两端积分，得

$$\int\frac{(1+y^2)}{y}\mathrm{d}y=-\int\frac{x}{\sqrt{1+x^2}}\mathrm{d}x$$

$$\ln y+\frac{1}{2}y^2=-\sqrt{1+x^2}+C$$

即 $\ln y+\dfrac{1}{2}y^2+\sqrt{1+x^2}=C$ 为方程的通解。

例 8-7 求微分方程 $\dfrac{\mathrm{d}y}{\mathrm{d}x}=1+x+y^2+xy^2$ 的通解。

解：方程可化为

$$\frac{\mathrm{d}y}{\mathrm{d}x}=(1+x)(1+y^2)$$

分离变量，得

$$\frac{\mathrm{d}y}{1+y^2}=(1+x)\mathrm{d}x$$

两端积分，得

$$\int\frac{\mathrm{d}y}{1+y^2}=\int(1+x)\mathrm{d}x$$

即

$$\arctan y=\frac{1}{2}x^2+x+C$$

所以 $y=\tan\left(\dfrac{1}{2}x^2+x+C\right)$ 为方程的通解。

例 8-8 求微分方程 $xy'-y\ln y=0$ 满足初始条件 $y\Big|_{x=1}=\mathrm{e}^2$ 的特解。

解：方程可化为

$$x\frac{\mathrm{d}y}{\mathrm{d}x}=y\ln y$$

分离变量，得

$$\frac{\mathrm{d}y}{y\ln y}=\frac{1}{x}\mathrm{d}x$$

两端积分，得

$$\int\frac{\mathrm{d}y}{y\ln y}=\int\frac{1}{x}\mathrm{d}x$$

$$\ln(\ln y)=\ln x+\ln C$$

即

$$\ln y=Cx$$

所以

$$y=e^{Cx}$$

将初始条件 $y\big|_{x=1}=e^2$ 代入上式,得 $e^C=e^2$,$C=2$,所以满足初始条件的特解为 $y=e^{2x}$。

例 8-9 有一个电阻为 R、电容为 C 和电源电压为 E 的 RC 串联电路,如图 8-2 所示。求开关 K 闭合后,电容器充电过程中,电容器两端电压 U_C 与时间 t 的关系。

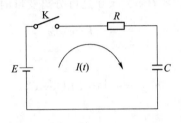

图 8-2

解: 由电学知识,有

$$U_R+U_C=E$$

其中

$$U_R=RI(t)$$

$$I(t)=C\frac{\mathrm{d}U_C}{\mathrm{d}t}$$

所以

$$RC\frac{\mathrm{d}U_C}{\mathrm{d}t}+U_C=E$$

其中,R、C、E 为常数,是可分离变量的常微分方程。分离变量,得

$$\frac{\mathrm{d}U_C}{U_C-E}=-\frac{\mathrm{d}t}{RC}$$

两边积分,得

$$\ln|U_C-E|=-\frac{t}{RC}+c$$

8.2.2 一阶线性微分方程

形如

$$\frac{\mathrm{d}y}{\mathrm{d}x}+P(x)y=Q(x) \tag{8-10}$$

的方程称为**一阶线性微分方程**,其中 $P(x)$ 和 $Q(x)$ 是 x 的已知函数,$Q(x)$ 称为自由项。

如果 $Q(x)=0$,则方程变为

$$\frac{\mathrm{d}y}{\mathrm{d}x}+P(x)y=0 \qquad\qquad (8\text{-}11)$$

称为**一阶齐次线性微分方程**。

如果 $Q(x)\neq 0$，方程称为**一阶非齐次线性微分方程**。例如，$\frac{\mathrm{d}y}{\mathrm{d}x}+\frac{y}{x}=\frac{\sin x}{x}$ 为一阶非齐次线性微分方程。

$\frac{\mathrm{d}y}{\mathrm{d}x}+\frac{y}{x}=0$ 为一阶齐次线性微分方程。

1. 一阶齐次线性微分方程 $y'+P(x)y=0$ 的解法

一阶齐次线性微分方程 $y'+P(x)y=0$ 是可分离变量的微分方程，分离变量，得

$$\frac{\mathrm{d}y}{y}=-P(x)\mathrm{d}x$$

两边积分，得

$$\ln y=-\int P(x)\mathrm{d}x+C_1$$

整理得

$$y=C\mathrm{e}^{-\int P(x)\mathrm{d}x}\,(C=\pm\,\mathrm{e}^{C_1}) \qquad\qquad (8\text{-}12)$$

上式为齐次方程的通解。

例 8-10 求微分方程 $\frac{\mathrm{d}y}{\mathrm{d}x}+\frac{y}{x}=0$ 的通解。

解法一：将 $P(x)=\frac{1}{x}$ 代入式(8-12)，得

$$y=C\mathrm{e}^{-\int\frac{1}{x}\mathrm{d}x}=C\mathrm{e}^{-\ln x}=\frac{C}{x}$$

解法二：直接分离变量，得

$$\frac{\mathrm{d}y}{y}=-\frac{\mathrm{d}x}{x}$$

两边积分，得

$$\ln y=-\ln x+\ln C$$

整理得

$$y=\frac{C}{x}$$

2. 一阶非齐次线性微分方程 $y'+P(x)y=Q(x)$ 的解法

一阶非齐次线性方程 $y'+P(x)y=Q(x)$ 的解可以通过**常数变异法**求得。

一阶非齐次线性微分方程为

$$\frac{\mathrm{d}y}{\mathrm{d}x}+P(x)y=Q(x)$$

对应的齐次线性微分方程为

$$\frac{\mathrm{d}y}{\mathrm{d}x}+P(x)y=0$$

其通解为 $y=C\mathrm{e}^{-\int P(x)\mathrm{d}x}$，将其中的常数 C 换成函数 $C(x)$，即设 $y=C(x)\mathrm{e}^{-\int P(x)\mathrm{d}x}$，把它及

其导数 $y' = C'(x)\mathrm{e}^{-\int P(x)\mathrm{d}x} - C(x)P(x)\mathrm{e}^{-\int P(x)\mathrm{d}x}$ 代入非齐次方程 $\dfrac{\mathrm{d}y}{\mathrm{d}x} + P(x)y = Q(x)$ 中,

得

$$C'(x)\mathrm{e}^{-\int P(x)\mathrm{d}x} - C(x)P(x)\mathrm{e}^{-\int P(x)\mathrm{d}x} + P(x)C(x)\mathrm{e}^{-\int P(x)\mathrm{d}x} = Q(x)$$

整理得

$$C'(x) = Q(x)\mathrm{e}^{\int P(x)\mathrm{d}x}$$

解得

$$C(x) = \int Q(x)\mathrm{e}^{\int P(x)\mathrm{d}x}\mathrm{d}x + C$$

于是,得到非齐次方程的通解公式:

$$y = \mathrm{e}^{-\int P(x)\mathrm{d}x}\left[\int Q(x)\mathrm{e}^{\int P(x)\mathrm{d}x}\mathrm{d}x + C\right] \tag{8-13}$$

将式(8-13)写成两项之和

$$y = C\mathrm{e}^{-\int P(x)\mathrm{d}x} + \mathrm{e}^{-\int P(x)\mathrm{d}x}\int Q(x)\mathrm{e}^{\int P(x)\mathrm{d}x} \tag{8-14}$$

式(8-14)第一项是对应的齐次方程的通解,第二项是非齐次方程的一个特解($C=0$)。所以,一阶非齐次线性方程的通解等于对应的齐次方程的通解与非齐次方程的一个特解之和。

例 8-11 求微分方程 $\dfrac{\mathrm{d}y}{\mathrm{d}x} + \dfrac{y}{x} = \dfrac{\sin x}{x}$ 的通解。

解法一:公式法。

将 $P(x) = \dfrac{1}{x}$,$Q(x) = \dfrac{\sin x}{x}$ 代入式(8-13)得

$$
\begin{aligned}
y &= \mathrm{e}^{-\int P(x)\mathrm{d}x}\left(\int Q(x)\mathrm{e}^{\int P(x)\mathrm{d}x}\mathrm{d}x + C\right) \\
&= \mathrm{e}^{-\int \frac{1}{x}\mathrm{d}x}\left(\int \frac{\sin x}{x}\mathrm{e}^{\int \frac{1}{x}\mathrm{d}x}\mathrm{d}x + C\right) \\
&= \frac{1}{x}\left(\int \frac{\sin x}{x}x\mathrm{d}x + C\right) \\
&= \frac{1}{x}(-\cos x + C) \\
&= -\frac{\cos x}{x} + \frac{C}{x}
\end{aligned}
$$

解法二:常数变异法。

先求 $\dfrac{\mathrm{d}y}{\mathrm{d}x} + \dfrac{y}{x} = 0$ 的通解。

分离变量,得

$$\frac{\mathrm{d}y}{y} = -\frac{\mathrm{d}x}{x}$$

两边积分,得

$$\ln y = -\ln x + \ln C$$

整理得

$$y = \frac{C}{x}$$

设方程 $\frac{\mathrm{d}y}{\mathrm{d}x} + \frac{y}{x} = \frac{\sin x}{x}$ 有形如 $y = \frac{C(x)}{x}$ 的解，则

$$y' = \frac{C'(x)}{x} - \frac{C(x)}{x^2}$$

将 y，y' 代入方程

$$\frac{\mathrm{d}y}{\mathrm{d}x} + \frac{y}{x} = \frac{\sin x}{x}$$

得

$$\frac{C'(x)}{x} - \frac{C(x)}{x^2} + \frac{1}{x} \cdot \frac{C(x)}{x} = \frac{\sin x}{x}$$

整理得

$$C'(x) = \sin x$$

$$C(x) = \int \sin x \mathrm{d}x = -\cos x + C$$

所以，方程 $\frac{\mathrm{d}y}{\mathrm{d}x} + \frac{y}{x} = \frac{\sin x}{x}$ 的通解为

$$y = \frac{1}{x}(-\cos x + C) = -\frac{\cos x}{x} + \frac{C}{x}$$

例 8-12 求微分方程 $y^2 \mathrm{d}x + (3xy - 4y^3)\mathrm{d}y = 0$ 的通解。

解：方程不是关于 y'，y 的线性微分方程，因此不能将 y 看作 x 的函数。

如果将 y 作为自变量，x 作为因变量，方程可化为

$$\frac{\mathrm{d}x}{\mathrm{d}y} + \frac{3}{y}x = 4y$$

该方程为一阶线性微分方程。

将 $P(y) = \frac{3}{y}$，$Q(y) = 4y$ 代入式(8-13)，得

$$\begin{aligned}
x &= \mathrm{e}^{-\int P(y)\mathrm{d}y}\left[\int Q(y)\mathrm{e}^{\int P(y)\mathrm{d}y}\mathrm{d}y + C\right] \\
&= \mathrm{e}^{-\int \frac{3}{y}\mathrm{d}y}\left[\int 4y\mathrm{e}^{\int \frac{3}{y}\mathrm{d}y}\mathrm{d}y + C\right] \\
&= \frac{1}{y^3}\left[\int 4y^4 \mathrm{d}y + C\right] \\
&= \frac{4}{5}y^2 + \frac{C}{y^3}
\end{aligned}$$

方程的通解为

$$xy^3 - \frac{4}{5}y^5 = C$$

例 8-13 求微分方程 $y' + \frac{3}{x}y = \frac{2}{x^3}$ 满足初始条件 $y\big|_{x=1} = 1$ 的特解。

解：将 $P(x)=\dfrac{3}{x}$，$Q(x)=\dfrac{2}{x^3}$ 代入式(8-13)，得

$$y = e^{-\int P(x)\,dx}\left[\int Q(x)e^{\int P(x)\,dx}\,dx + C\right]$$

$$= e^{-\int \frac{3}{x}\,dx}\left[\int \frac{2}{x^3}e^{\int \frac{3}{x}\,dx}\,dx + C\right]$$

$$= \frac{1}{x^3}\left[\int \frac{2}{x^3}x^3\,dx + C\right]$$

$$= \frac{2}{x^2} + \frac{C}{x^3}$$

方程的通解为

$$y = \frac{2}{x^2} + \frac{C}{x^3}$$

将初始条件 $y\big|_{x=1}=1$ 代入通解，得 $C=-1$，所以满足初始条件的特解为

$$y = \frac{2}{x^2} - \frac{1}{x^3}$$

练习 8.2

1. 求下列微分方程的通解：

(1) $\dfrac{dy}{dx}=\dfrac{x}{y+1}$；

(2) $\dfrac{dy}{dx}=\dfrac{x^2}{y+x^3 y}$；

(3) $x\sec y\,dx+(x+1)\,dy=0$；

(4) $y'+1=xy-x+y$；

(5) $(y+1)\,dx+\cot x\,dy=0$；

(6) $x\dfrac{dy}{dx}+1=e^y$；

(7) $\dfrac{dy}{dx}+\dfrac{y}{x}-\cos x=0$；

(8) $\dfrac{dy}{dx}+3y=xe^{-2x}$；

(9) $y'\cos x+y\sin x=1$；

(10) $(x^2+1)\dfrac{dy}{dx}=4x^2-2xy$。

2. 求下列微分方程满足初始条件的特解：

(1) $\dfrac{dy}{dx}-2x=\dfrac{2x}{y}$，$y\big|_{x=1}=0$；

(2) $\dfrac{x}{1+y}dx-\dfrac{y}{1+x}dy=0$，$y\big|_{x=0}=1$；

(3) $xy'+y=\sin x$，$y\big|_{x=\pi}=1$；

(4) $y'+\dfrac{3}{x}y=\dfrac{2}{x^3}$，$y\big|_{x=1}=1$。

3. 分别用常数变异法和公式法求微分方程 $\dfrac{dy}{dx}+2xy=x$ 的通解。

4. 一曲线通过原点，它在点 (x,y) 处切线的斜率等于 $x-y$，求它的方程。

5. 有一个电阻为 R、电感为 L、电源电压为 E 的 RL 串联电路，如图 8-3 所示。在 $t=0$ 时合上开关 K，求电路中电流 I 与时间 t 的关系。

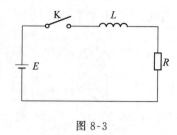

图 8-3

8.3 可降阶的高阶微分方程

二阶及二阶以上的微分方程统称为高阶微分方程,高阶微分方程一般不容易求解,但是有些高阶微分方程可以通过降阶求解。

8.3.1 $y^{(n)} = f(x)(n \geqslant 2)$ 型的微分方程

方程 $y^{(n)} = f(x)$ 的右端只含有 x,这类微分方程只要对方程两端积分就可降阶,每积分一次方程降一阶,通过 n 次积分就可以得到方程的通解。

$$y^{(n-1)} = \int f(x)\mathrm{d}x + C_1$$

$$y^{(n-2)} = \int \left[\int f(x)\mathrm{d}x \right] \mathrm{d}x + C_1 x + C_2$$

……

依此进行下去,就可以得到含有 n 个任意常数的通解。

例 8-14 求微分方程 $y'' = x + \mathrm{e}^x$ 的通解。

解:将方程两端积分,得

$$y' = \int (x + \mathrm{e}^x)\mathrm{d}x = \frac{1}{2}x^2 + \mathrm{e}^x + C_1$$

再次积分,得到方程的通解:

$$y = \int \left(\frac{1}{2}x^2 + \mathrm{e}^x + C_1 \right)\mathrm{d}x = \frac{1}{6}x^3 + \mathrm{e}^x + C_1 x + C_2$$

例 8-15 一质点由静止开始做直线运动,在时刻 t 其加速度为 $\dfrac{1}{1+t}$,求质点的运动规律。

解:设 $x = x(t)$ 表示在时刻 t 质点的位置,由题意可得质点运动的微分方程:

$$\frac{\mathrm{d}^2 x}{\mathrm{d}t^2} = \frac{1}{1+t}$$

及初始条件 $x(0) = 0, \left. \dfrac{\mathrm{d}x}{\mathrm{d}t} \right|_{t=0} = 0$,积分一次,得

$$\frac{\mathrm{d}x}{\mathrm{d}t} = \int \frac{1}{1+t}\mathrm{d}t = \ln(1+t) + C_1$$

将初始条件 $\frac{\mathrm{d}x}{\mathrm{d}t}\Big|_{t=0}=0$ 代入上式,得 $C_1=0$,所以

$$\frac{\mathrm{d}x}{\mathrm{d}t}=\ln(1+t)$$

再次积分,得

$$x = \int \ln(1+t)\mathrm{d}t = (t+1)\ln(t+1) - t + C_2$$

将初始条件 $x(0)=0$ 代入上式,得 $C_2=0$。所求质点的运动规律为
$$x=(t+1)\ln(t+1)-t(t\geqslant 0)$$

8.3.2　$y''=f(x,y')$型的微分方程

二阶微分方程的一般形式为 $F(x,y,y',y'')=0$,而此类方程中不显含 y,不妨称这类方程为"缺 y 型"二阶方程。对于这种方程,我们可设 $y'=p$,则 $y''=\frac{\mathrm{d}p}{\mathrm{d}x}=p'$,所给方程化为

$$p'=f(x,p)$$

这是一阶微分方程,若其通解为

$$p=\varphi(x,C_1)$$

则

$$\frac{\mathrm{d}y}{\mathrm{d}x}=\varphi(x,C_1)$$

对上式两端积分,得到原方程的通解:

$$y = \int \varphi(x,C_1)\mathrm{d}x + C_2$$

例 8-16　解方程 $y''-y'=\mathrm{e}^x$。

解:设 $y'=p$,则 $y''=p'$,将其代入方程,得

$$p'-p=\mathrm{e}^x$$

这是一阶线性微分方程,将其代入通解公式,得

$$p = \mathrm{e}^{-\int -\mathrm{d}x}\left(\int \mathrm{e}^x \cdot \mathrm{e}^{\int -\mathrm{d}x}\mathrm{d}x + C_1\right) = \mathrm{e}^x(x+C_1)$$

即

$$y'=\mathrm{e}^x(x+C_1)$$

两端积分,得到原方程的通解:

$$y=(x-1)\mathrm{e}^x+C_1\mathrm{e}^x+C_2$$

例 8-17　求微分方程 $y''=\frac{2xy'}{x^2+1}$ 满足初始条件 $y\big|_{x=0}=1$, $y'\big|_{x=0}=3$ 的特解。

解:设 $y'=p$,则 $y''=p'$,将其代入方程,得

$$\frac{\mathrm{d}p}{\mathrm{d}x} = \frac{2xp}{x^2+1}$$

分离变量,得

$$\frac{\mathrm{d}p}{p} = \frac{2x}{x^2+1}\mathrm{d}x$$

两端积分,得

$$\ln p = \ln (x^2+1) + \ln C_1$$
$$p = C_1(x^2+1)$$

即

$$y' = C_1(x^2+1)$$

将初始条件 $y'\big|_{x=0} = 3$ 代入上式,得 $C_1 = 3$,因此 $y' = 3x^2+3$,再积分,得

$$y = x^3 + 3x + C_2$$

将初始条件 $y\big|_{x=0} = 1$ 代入上式,得 $C_2 = 1$,满足初始条件的解为

$$y = x^3 + 3x + 1$$

8.3.3 $y'' = f(y, y')$ 型的微分方程

此类方程中不显含 x,可称这类方程为"缺 x 型"二阶方程。对于这种方程,我们可设 $y' = p$,则 $y'' = \frac{\mathrm{d}p}{\mathrm{d}x} = \frac{\mathrm{d}p}{\mathrm{d}y} \cdot \frac{\mathrm{d}y}{\mathrm{d}x} = p\frac{\mathrm{d}p}{\mathrm{d}y}$,将所给方程表示为

$$p\frac{\mathrm{d}p}{\mathrm{d}y} = f(y, p)$$

这是关于 p 与 y 的一阶微分方程,若其通解为

$$p = \varphi(y, C_1)$$

即

$$\frac{\mathrm{d}y}{\mathrm{d}x} = \varphi(y, C_1)$$

则对上式分离变量、积分,得到原方程的通解:

$$\int \frac{\mathrm{d}y}{\varphi(y, C_1)} = x + C_2$$

例 8-18 解方程 $yy'' - y'^2 = 0$。

解:设 $y' = p$,则 $y'' = p\frac{\mathrm{d}p}{\mathrm{d}y}$,将其代入方程得

$$yp\frac{\mathrm{d}p}{\mathrm{d}y} - p^2 = 0$$

$$p\left(y\frac{\mathrm{d}p}{\mathrm{d}y} - p\right) = 0$$

因此,有

$$p=0 \text{ 或 } y\frac{\mathrm{d}p}{\mathrm{d}y}-p=0$$

对于

$$y\frac{\mathrm{d}p}{\mathrm{d}y}-p=0$$

分离变量,得

$$\frac{\mathrm{d}p}{p}=\frac{\mathrm{d}y}{y}$$

两端积分,得

$$\ln p=\ln y+\ln C_1$$

即

$$p=C_1 y$$

所以

$$\frac{\mathrm{d}y}{\mathrm{d}x}=C_1 y$$

分离变量积分,得

$$\ln y=C_1 x+\ln C_2$$
$$y=C_2 \mathrm{e}^{C_1 x}$$

对于

$$p=0$$

即

$$\frac{\mathrm{d}y}{\mathrm{d}x}=0$$

解得

$$y=C$$

在解 $y=C_2 \mathrm{e}^{C_1 x}$ 中当 $C_1=0$ 时 $y=C_2$,包含了 $y=C$ 的情形,所以方程的通解为

$$y=C_2 \mathrm{e}^{C_1 x}$$

练习 8.3

1. 求下列微分方程的通解:

(1) $(1+x^2)y''=2xy'$; (2) $xy''+y'=\ln x$;

(3) $2yy''=(y')^2+1$; (4) $y''+(y')^2=0$。

2. 求方程 $y''=\dfrac{2xy'}{1+x^2}$ 满足初始条件 $y\big|_{x=0}=1,y'\big|_{x=0}=3$ 的特解。

3. 求方程 $2yy''=(y')^2+y^2$ 满足初始条件 $y\big|_{x=0}=1,y'\big|_{x=0}=-1$ 的特解。

8.4　线性微分方程解的结构

以二阶线性微分方程为例,讨论线性微分方程解的结构。

二阶线性微分方程的一般形式为

$$y'' + p(x)y' + q(x)y = f(x) \tag{8-15}$$

其中 $p(x), q(x), f(x)$ 为 x 的连续函数,$f(x)$ 为自由项。

当 $f(x) \equiv 0$ 时,方程(8-15)变为

$$y'' + p(x)y' + q(x)y = 0 \tag{8-16}$$

称其为二阶齐次线性微分方程。

当 $f(x) \neq 0$ 时,方程(8-15)称为二阶非齐次线性微分方程。

8.4.1　二阶齐次线性微分方程解的结构

1. 解的叠加原理

定理 8.1　设 y_1, y_2 是二阶齐次线性微分方程(8-16)的两个解,则 $y = C_1 y_1 + C_2 y_2$ 也是该方程的解(其中 C_1, C_2 为任意常数)。

证明: 由于 y_1, y_2 是方程(8-16)的解,所以

$$y_1'' + p(x)y_1' + q(x)y_1 = 0$$
$$y_2'' + p(x)y_2' + q(x)y_2 = 0$$

将 $y = C_1 y_1 + C_2 y_2$ 代入方程(8-16)左端:

$$(C_1 y_1 + C_2 y_2)'' + p(x)(C_1 y_1 + C_2 y_2)' + q(x)(C_1 y_1 + C_2 y_2)$$
$$= C_1 [y_1'' + p(x)y_1' + q(x)y_1] + C_2 [y_2'' + p(x)y_2' + q(x)y_2] = 0$$

所以 $y = C_1 y_1 + C_2 y_2$ 也是方程(8-16)的解。

对于二阶微分方程,如果它的解中含有二个独立的任意常数,则这个解是它的通解。定理 8.1 中的 C_1, C_2 虽然是任意的,但不一定独立。例如,$y_1 = \sin x$ 与 $y_2 = 2\sin x$ 都是 $y'' + y = 0$ 的解,但 $y = C_1 y_1 + C_2 y_2 = C_1 \sin x + 2C_2 \sin x = (C_1 + 2C_2)\sin x = C\sin x$,显然不是方程的通解。

那么 C_1, C_2 在什么情况下才是独立的呢?我们先介绍一个概念。

2. 两个函数的线性相关与线性无关

定义 8.4　如果两个函数 $y_1(x)$ 与 $y_2(x)$ 的比是一个常数,即

$$\frac{y_1(x)}{y_2(x)} = k \quad (k \text{ 为常数})$$

则称 $y_1(x)$ 与 $y_2(x)$ 是线性相关的,否则称它们是线性无关的。

例如,$y_1 = \sin x$ 与 $y_2 = 2\sin x$ 是线性相关的,因为 $\frac{y_1(x)}{y_2(x)} = \frac{\sin x}{2\sin x} = \frac{1}{2}$ 为常数,而

$y_1 = \sin x$ 与 $y_2 = \cos x$ 是线性无关的，因为 $\dfrac{y_1(x)}{y_2(x)} = \dfrac{\sin x}{\cos x} = \tan x \neq$ 常数。

3. 二阶齐次线性微分方程的解

定理 8.2　设 y_1，y_2 是二阶齐次线性微分方程(8-16)的两个线性无关的解，则 $y = C_1 y_1 + C_2 y_2$ 是该方程的通解(其中 C_1，C_2 为任意常数)。

例如，$y_1 = \sin x$ 与 $y_2 = \cos x$ 是 $y'' + y = 0$ 的二个线性无关的解，方程的通解为 $y = C_1 \sin x + C_2 \cos x$。

8.4.2　二阶非齐次线性微分方程解的结构

定理 8.3　设 y^* 是非齐次线性微分方程(8-15)的一个特解，Y 对应齐次方程(8-16)的通解，则 $y = y^* + Y$ 是方程(8-15)的通解。

证明：根据假设有

$$y^{*''} + p(x)y^{*'} + q(x)y^* = f(x)$$
$$Y'' + p(x)Y' + q(x)Y = 0$$

将 $y = y^* + Y$ 代入方程(8-15)的左端，再根据上面两式有

$$(y^* + Y)'' + p(x)(y^* + Y)' + q(x)(y^* + Y)$$
$$= [y^{*''} + p(x)y^{*'} + q(x)y^*] + [Y'' + p(x)Y' + q(x)Y]$$
$$= f(x) + 0 = f(x)$$

即 $y = y^* + Y$ 满足方程(8-15)，又由于 Y 是齐次方程(8-16)的通解，含有两个独立的任意常数，因此，$y = y^* + Y$ 是方程(8-15)的通解。

例如，$y^* = \dfrac{1}{4}\mathrm{e}^x$ 是方程 $y'' + 2y' + y = \mathrm{e}^x$ 的一个特解，$y = \mathrm{e}^{-x}$，$y = x\mathrm{e}^{-x}$ 是相应的齐次方程 $y'' + 2y' + y = 0$ 的两个线性无关的解，因此，$Y = C_1 \mathrm{e}^{-x} + C_2 x\mathrm{e}^{-x}$ 是方程 $y'' + 2y' + y = 0$ 的通解(其中 C_1，C_2 为任意常数)，原方程 $y'' + 2y' + y = \mathrm{e}^x$ 的通解为

$$y = y^* + Y = C_1 \mathrm{e}^{-x} + C_2 x\mathrm{e}^{-x} + \dfrac{1}{4}\mathrm{e}^x$$

定理 8.4　设函数 y_1，y_2 分别是二阶非齐次线性微分方程

$$y'' + p(x)y' + q(x)y = f_1(x)$$
$$y'' + p(x)y' + q(x)y = f_2(x)$$

的解，则 $y = y_1 + y_2$ 是二阶非齐次线性微分方程

$$y'' + p(x)y' + q(x)y = f_1(x) + f_2(x)$$

的解。

练习 8.4

下列函数组哪些是线性无关的？

(1) x，x^2；

(2) x，$x+1$；

(3) e^x，$\sin x$；

(4) x^3，$-4x^3$；

(5) e^x，xe^x；

(6) x，x^{-1}。

8.5 二阶常系数齐次线性微分方程的解法

方程

$$y''+py'+qy=0 \tag{8-17}$$

称为**二阶常系数齐次线性微分方程**，其中 p,q 为已知常数。

由定理 8.2 可知，只要能找出二阶齐次线性微分方程的两个线性无关的解，就可以写出二阶齐次线性微分方程的通解。

由于二阶常系数齐次线性微分方程中的 p,q 为常数，而且 $y''+py'+qy=0$，因此方程中的 y''，y' 及 y 可能是同一类函数，而指数函数 $y=e^{rx}$ 的各阶导数具有等于函数本身常数倍的特性，因此我们有理由用 $y=e^{rx}$ 来尝试，看是否有适当的常数 r，使 $y=e^{rx}$ 满足方程(8-17)。

将 $y=e^{rx}$ 求导，得 $y'=re^{rx}$，$y''=r^2e^{rx}$，代入方程(8-17)，得

$$y''+py'+qy=r^2e^{rx}+pre^{rx}+qe^{rx}=e^{rx}(r^2+pr+q)=0$$

由于 $e^{rx}\neq0$，因此

$$r^2+pr+q=0 \tag{8-18}$$

只要 r 是二次代数方程(8-18)的根，函数 $y=e^{rx}$ 就是方程(8-17)的解。

方程(8-18)叫作方程(8-17)的**特征方程**，特征方程的根叫作**特征根**。

特征方程的根 r_1，r_2 有 3 种情况：两个不相等的实根；两个相等的实根；一对共轭复根。相应地，微分方程(8-18)的通解也有 3 种情形，下面我们分别讨论。

1. 特征方程的根是两个不相等的实根：$r_1\neq r_2$

因为 e^{r_1x}，e^{r_2x} 是方程(8-18)的两个解，并且 $\dfrac{e^{r_1x}}{e^{r_2x}}=e^{(r_1-r_2)x}\neq$ 常数，所以两个解线性无关，由定理 8.2 可知，方程(8-18)的通解为

$$y=C_1e^{r_1x}+C_2e^{r_2x}（C_1，C_2 \text{ 为任意常数}）$$

2. 特征方程的根是两个相等的实根：$r_1=r_2$

因为 $r_1=r_2$，所以只能得到一个解 $y_1=e^{r_1x}$。为求通解还需求出一个与 y_1 线性无关的解 y_2，为此应要求 $\dfrac{y_2}{y_1}=u(x)\neq$ 常数。设 $y_2=u(x)y_1=u(x)e^{r_1x}$，求导得 $y_2'=e^{r_1x}(u'+r_1u)$，$y_2''=e^{r_1x}(u''+2r_1u'+r_1^2u)$，代入方程(8-17)，得

$$e^{r_1x}(u''+2r_1u'+r_1^2u)+pe^{r_1x}(u'+r_1u)+qe^{r_1x}u=0$$

$e^{r_1x}\neq0$，故整理得

$$u''+(2r_1+p)u'+(r_1^2+pr_1+q)u=0$$

由于 r_1 是特征方程的二重根,因此,$r_1^2+pr_1+q=0$ 且 $2r_1+p=0$,故
$$u''=0$$
$$u=Ax+B$$
因为只需要一个不为常数的解,所以,不妨选取 $u=x$,由此得到方程(8-17)的另一个解:
$$y_2=xe^{r_1x}$$
方程的通解为
$$y=C_1e^{r_1x}+C_2xe^{r_1x}=(C_1+C_2x)e^{r_1x}(C_1,C_2\text{ 为任意常数})$$

3. 特征方程的根是一对共轭复根:$r_1=\alpha+i\beta,r_2=\alpha-i\beta(\beta\neq0)$

这时,$y_1=e^{(\alpha+i\beta)x}$,$y_2=e^{(\alpha-i\beta)x}$,由欧拉公式可得
$$y_1=e^{\alpha x}(\cos\beta x+i\sin\beta x),y_2=e^{\alpha x}(\cos\beta x-i\sin\beta x)$$
由定理 8.1 叠加原理可知
$$\frac{1}{2}(y_1+y_2)=e^{\alpha x}\cos\beta x$$
$$\frac{1}{2i}(y_1-y_2)=e^{\alpha x}\sin\beta x$$

也是方程(8-17)的解,且 $\dfrac{e^{\alpha x}\sin\beta x}{e^{\alpha x}\cos\beta x}=\tan\beta x\neq\text{常数}$,所以,$e^{\alpha x}\cos\beta x$,$e^{\alpha x}\sin\beta x$ 是方程(8-17)的两个线性无关的解,方程的通解为
$$y=e^{\alpha x}(C_1\cos\beta x+C_2\sin\beta x)$$

综上所述,求二阶常系数齐次线性微分方程(8-17)的通解的步骤如下:

(1) 写出特征方程,求出特征根 r_1,r_2;

(2) 根据特征根的不同情况,按表 8-1 写出方程的通解。

表 8-1

特征方程 $r^2+pr+q=0$ 的两个根 r_1,r_2	微分方程 $y''+py'+qy=0$ 的通解
两个不相等的实根 $r_1\neq r_2$	$y=C_1e^{r_1x}+C_2e^{r_2x}$
两个相等的实根 $r_1=r_2$	$y=(C_1+C_2x)e^{r_1x}$
一对共轭复根 $r_1=\alpha+i\beta,r_2=\alpha-i\beta$	$y=e^{\alpha x}(C_1\cos\beta x+C_2\sin\beta x)$

例 8-19　求下列微分方程的通解:

(1) $y''-3y'-10y=0$;

(2) $y''-y'=0$;

(3) $y''-2y'+y=0$;

(4) $y''+2y'^2+5y=0$。

解:(1) 特征方程为 $r^2-3r-10=0$,特征根为 $r_1=5,r_2=-2$,所以方程的通解为
$$y=C_1e^{5x}+C_2e^{-2x}$$

(2) 特征方程为 $r^2-r=0$,特征根为 $r_1=0,r_2=1$,所以方程的通解为
$$y=C_1+C_2e^x$$

(3) 特征方程为 $r^2-2r+1=0$,特征根为 $r_1=r_2=1$,所以方程的通解为

$$y=(C_1+C_2x)\mathrm{e}^x$$

（4）特征方程为 $r^2+2r+5=0$，特征根为 $r_1=-1+2\mathrm{i}$，$r_2=-1-2\mathrm{i}$，所以方程的通解为

$$y=\mathrm{e}^{-x}(C_1\cos 2x+C_2\sin 2x)$$

练习 8.5

1．求下列微分方程的通解：

（1）$y''+y'-2y=0$；　　　　　　　（2）$y''-4y'+4y=0$；

（3）$y''-2y'=0$；　　　　　　　　（4）$y''+y'+2y=0$。

2．求下列微分方程满足初始条件的特解：

（1）$y''-4y'+3y=0$，$y\big|_{x=0}=6$，$y'\big|_{x=0}=10$；

（2）$y''+y'+\dfrac{1}{4}y=0$，$y\big|_{x=0}=6$，$y'\big|_{x=0}=10$；

（3）$y''-2y'+2y=0$，$y\big|_{x=0}=1$，$y'\big|_{x=0}=2$。

8.6　二阶常系数非齐次线性微分方程的解法

方程

$$y''+py'+qy=f(x) \tag{8-19}$$

称为**二阶常系数非齐次线性微分方程**，其中 p、q 为已知常数，$f(x)$ 为 x 的连续函数。

由定理 8.3 我们知道非齐次线性方程的通解等于它的一个特解加上所对应齐次方程（8-17）的通解。齐次方程的通解的求法已经解决，现在只需讨论求非齐次方程的特解问题，而非齐次方程的特解是由自由项 $f(x)$ 决定的，所以对于不同的 $f(x)$，特解也不同，对某些特殊情况可以用待定系数法求得。

1. $f(x)=P_n(x)\mathrm{e}^{\lambda x}$

当 $f(x)=P_n(x)\mathrm{e}^{\lambda x}$（其中 $P_n(x)$ 是 n 次多项式，λ 为常数）时，方程（8-19）为

$$y''+py'+qy=P_n(x)\mathrm{e}^{\lambda x} \tag{8-20}$$

方程的右端是一个 n 次多项式与指数函数 $\mathrm{e}^{\lambda x}$ 的乘积，左端是 y''，py' 及 qy 之和，因为多项式与指数函数乘积的导数还是同一类型，故可推测方程（8-20）有 $y^*=Q(x)\mathrm{e}^{\lambda x}$（其中 $Q(x)$ 为多项式）形式的特解。将

$$y^*=Q_m(x)\mathrm{e}^{\lambda x}$$
$$y^{*\prime}=Q'(x)\mathrm{e}^{\lambda x}+\lambda Q(x)\mathrm{e}^{\lambda x}$$
$$y^{*\prime\prime}=Q''(x)\mathrm{e}^{\lambda x}+2\lambda Q'(x)\mathrm{e}^{\lambda x}+\lambda^2 Q(x)\mathrm{e}^{\lambda x}$$

代入方程（8-20），消去 $\mathrm{e}^{\lambda x}$，得

$$Q''(x)+(2\lambda+p)Q'(x)+(\lambda^2+p\lambda+q)Q(x)=P_n(x) \tag{8-21}$$

式(8-21)两端都是多项式,要使它们恒等必须同次项系数相等,因此比较系数后就可以确定多项式 $Q(x)$,下面根据λ的 3 种不同情况来讨论。

(1) 如果λ不是特征方程 $r^2+pr+q=0$ 的根,即 $\lambda^2+p\lambda+q\neq0$,由于 $Q'(x)$ 的次数比 $Q(x)$ 的低一次,$Q''(x)$ 的次数比 $Q(x)$ 的低二次,因此要使式(8-21)恒等,$Q(x)$ 必须为 n 次多项式,因此

$$y^*=Q_n(x)\mathrm{e}^{\lambda x}$$

(2) 如果λ是特征方程 $r^2+pr+q=0$ 的单根,即 $\lambda^2+p\lambda+q=0$,而 $2\lambda+p\neq0$,要使式(8-21)恒等,$Q'(x)$ 必须为 n 次多项式,$Q(x)$ 为 $n+1$ 次多项式,因此

$$y^*=xQ_n(x)\mathrm{e}^{\lambda x}$$

(3) 如果λ是特征方程 $r^2+pr+q=0$ 的重根,即 $\lambda^2+p\lambda+q=0,2\lambda+p=0$,要使式(8-21)恒等,$Q''(x)$ 必须为 n 次多项式,$Q(x)$ 为 $n+2$ 次多项式,因此

$$y^*=x^2Q_n(x)\mathrm{e}^{\lambda x}$$

例 8-20 求下列微分方程的通解:

(1) $y''+3y'+2y=(3x+1)\mathrm{e}^{2x}$;

(2) $y''-y'=2x-3$;

(3) $y''-2y'+y=\mathrm{e}^x$。

解:(1) 特征方程为 $r^2+3r+2=0$,特征根为 $r_1=-1,r_2=-2$,对应齐次方程的通解为 $Y=C_1\mathrm{e}^{-x}+C_2\mathrm{e}^{-2x}$。

因为 $f(x)=(3x+1)\mathrm{e}^{2x}$,$\lambda=2$ 不是特征方程的根,所以将方程特解设为

$$y^*=(Ax+B)\mathrm{e}^{2x}$$
$$y^{*\prime}=(2Ax+A+2B)\mathrm{e}^{2x}$$
$$y^{*\prime\prime}=(4Ax+4A+4B)\mathrm{e}^{2x}$$

代入原方程,得

$$12Ax+7A+12B=3x+1$$

比较两边同次幂系数,得

$$\begin{cases} 12A=3 \\ 7A+12B=1 \end{cases}$$

解得 $A=\dfrac{1}{4},B=-\dfrac{1}{16}$,求得一个特解为

$$y^*=\frac{1}{4}\left(x-\frac{1}{4}\right)\mathrm{e}^{2x}$$

方程通解为

$$y=C_1\mathrm{e}^{-x}+C_2\mathrm{e}^{-2x}+\frac{1}{4}\left(x-\frac{1}{4}\right)\mathrm{e}^{2x}$$

(2) 特征方程为 $r^2-r=0$,特征根为 $r_1=0,r_2=1$,对应齐次方程的通解为 $Y=C_1+C_2\mathrm{e}^x$。

因为 $f(x)=2x-3$,$\lambda=0$ 是特征方程的单根,所以将方程特解设为

$$y^* = x(Ax+B)$$
$$y^{*\prime} = 2Ax+B$$
$$y^{*\prime\prime} = 2A$$

代入原方程,得

$$-2Ax+2A-B=2x-3$$

比较两边同次幂系数,得

$$\begin{cases} -2A=2 \\ 2A-B=-3 \end{cases}$$

解得 $A=-1,B=1$,求得一个特解为

$$y^* = -x^2+x$$

方程通解为

$$y=C_1+C_2 e^x-x^2+x$$

(3) 特征方程为 $r^2-2r+1=0$,特征根为 $r_1=r_2=1$,对应齐次方程的通解为 $y=(C_1+C_2 x)e^x$。

因为 $f(x)=e^x,\lambda=1$ 是特征方程的重根,所以将方程特解设为

$$y^* = x^2 A e^x$$
$$y^{*\prime} = (Ax^2+2Ax)e^x$$
$$y^{*\prime\prime} = (Ax^2+4Ax+2A)e^x$$

代入原方程,得

$$2A=1$$

解得 $A=\dfrac{1}{2}$,求得一个特解为

$$y^* = \dfrac{1}{2}x^2 e^x$$

方程通解为

$$y=(C_1+C_2 x)e^x+\dfrac{1}{2}x^2 e^x$$

2. $f(x)=e^{\alpha x}[P_l(x)\cos\beta x+P_n(x)\sin\beta x]$

当 $f(x)=e^{\alpha x}[P_l(x)\cos\beta x+P_n(x)\sin\beta x]$(其中 $P_l(x),P_n(x)$ 分别为 x 的 l 次多项式、n 次多项式,α 和 β 都是常数)时,方程(8-19)为

$$y''+py'+qy=e^{\alpha x}[P_l(x)\cos\beta x+P_n(x)\sin\beta x] \tag{8-22}$$

方程的特解可设为

$$y^* = x^k e^{\alpha x}[Q_m(x)\cos\beta x+R_m(x)\sin\beta x]$$

其中 $Q_m(x),R_m(x)$ 都是 x 的 m 次多项式,$m=\max(l,n)$,k 的值如下确定:

(1) 当 $\alpha\pm i\beta$ 不是特征方程的根时,$k=0$,即

$$y^* = e^{\alpha x}[Q_m(x)\cos\beta x+R_m(x)\sin\beta x]$$

(2) 当 $\alpha\pm i\beta$ 是特征方程的根时,$k=1$,即

$$y^* = x e^{\alpha x}[Q_m(x)\cos\beta x+R_m(x)\sin\beta x]$$

例 8-21　求下列微分方程的通解：

(1) $y'' + 4y' + 4y = e^x \cos 2x$；

(2) $y'' + 4y = x \sin 2x$。

解: (1) 特征方程为 $r^2 + 4r + 4 = 0$，特征根为 $r_1 = r_2 = -2$，对应齐次方程的通解为 $Y = (C_1 + C_2 x) e^{-2x}$。

由于 $\alpha \pm i\beta = 1 \pm 2i$ 不是特征方程的根，因此将方程特解设为

$$y^* = e^x (A \cos 2x + B \sin 2x)$$
$$y^{*\prime} = [(A + 2B) \cos 2x + (B - 2A) \sin 2x] e^x$$
$$y^{*\prime\prime} = [(4B - 3A) \cos 2x - (4A + 3B) \sin 2x] e^x$$

代入原方程，化简后得

$$(5A + 12B) \cos 2x + (5B - 12A) \sin 2x = \cos 2x$$

比较两边系数，得

$$\begin{cases} 5A + 12B = 1 \\ 5B - 12A = 0 \end{cases}$$

解得 $A = \dfrac{5}{169}, B = \dfrac{12}{169}$，求得一个特解为

$$y^* = e^x \left(\frac{5}{169} \cos 2x + \frac{12}{169} \sin 2x \right)$$

方程通解为

$$y = (C_1 + C_2 x) e^{-2x} + \left(\frac{5}{169} \cos 2x + \frac{12}{169} \sin 2x \right) e^x$$

(2) 特征方程为 $r^2 + 4 = 0$，特征根为 $r_1 = -2i, r_2 = 2i$，对应齐次方程的通解为 $Y = C_1 \cos 2x + C_2 \sin 2x$。

由于 $\alpha \pm i\beta = \pm 2i$ 是特征方程的根，所以将方程特解设为

$$y^* = x[(Ax + B) \cos 2x + (Cx + D) \sin 2x]$$
$$y^{*\prime} = [2Cx^2 + 2(A + D)x + B] \cos 2x + [-2Ax^2 + 2(C - B)x + D] \sin 2x$$
$$y^{*\prime\prime} = [-4Ax^2 + (8C - 4B)x + (2A + 4D)] \cos 2x +$$
$$[-4Cx^2 - (8A + 4D)x + (2C - 4B)] \sin 2x$$

代入原方程，化简后得

$$[8Cx + (2A + 4D)] \cos 2x + [-8Ax + (2C - 4B)] \sin 2x = x \sin 2x$$

比较两边系数，得

$$\begin{cases} 8C = 0 \\ 2A + 4D = 0 \\ -8A = 1 \\ 2C - 4B = 0 \end{cases}$$

解得 $A = -\dfrac{1}{8}, B = 0, C = 0, D = \dfrac{1}{16}$，求得一个特解为

$$y^* = \frac{1}{16} x (\sin 2x - 2x \cos 2x)$$

方程通解为

$$y = C_1 \cos 2x + C_2 \sin 2x + \frac{1}{16}x(\sin 2x - 2x \cos 2x)$$

二阶常系数非齐次线性微分方程特解的设法见表 8-2。

表 8-2

$f(x)$	特征根	特解 y^* 的形式
$f(x) = P_n(x)e^{\lambda x}$	λ 不是特征根	$y^* = Q_n(x)e^{\lambda x}$
	λ 是特征方程的单根	$y^* = xQ_n(x)e^{\lambda x}$
	λ 是特征方程的重根	$y^* = x^2 Q_n(x)e^{\lambda x}$
$f(x) = e^{\alpha x}[P_l(x)\cos \beta x + P_n(x)\sin \beta x]$	$\alpha \pm i\beta$ 不是特征方程	$y^* = e^{\alpha x}[Q_m(x)\cos \beta x + R_m(x)\sin \beta x]$
	$\alpha \pm i\beta$ 是特征方程	$y^* = xe^{\alpha x}[Q_m(x)\cos \beta x + R_m(x)\sin \beta x]$

练习 8.6

1. 求下列微分方程的通解：

(1) $y'' - 10y' + 9y = e^{2x}$；   (2) $y'' - 2y' - 3y = (x+1)e^x$；

(3) $y'' - 4y' = 5$；   (4) $y'' - 2y' - 8y = e^{-2x}$；

(5) $y'' - 5y' + 6y = \sin x$；   (6) $y'' - 5y' + 6y = e^x \sin x$；

(7) $y'' - 3y' + 2y = e^x \cos x$；   (8) $y'' - 2y' + 2y = \sin x$。

2. 求下列微分方程满足所给初始条件的特解：

(1) $y'' - y = 4xe^x, y\big|_{x=0} = 0, \quad y'\big|_{x=0} = 1$；

(2) $y'' - 2y' + 2y = \cos x, y\big|_{x=0} = 0, y'\big|_{x=0} = 1$；

(3) $y'' - 3y' + 2y = 5e^x, y\big|_{x=0} = 1, y'\big|_{x=0} = 2$。

3. 一质量为 m 的质点从静止($t=0$ s,$v=0$ m/s)开始沉入液体,下沉时液体阻力与下沉速度成正比(比例系数为 k),求此质点的运动规律。

习 题 8

1. 填空题

(1) 微分方程 $y' + y = 0$ 的通解为_____。

(2) 微分方程 $\frac{dy}{dx} = \frac{y}{x}$ 的通解为_____。

(3) 微分方程 $y' = y^2 \sec^2 x$ 的通解为_____。

（4）微分方程 $y'=1+x+y^2+xy^2$ 的通解为_____。

（5）微分方程 $\dfrac{dy}{dx}-y=e^x$ 的通解为_____。

（6）已知微分方程 $y'+P(x)y=x\sin x$ 有一特解 $y=-x\cos x$，则此方程的通解为_____。

（7）微分方程 $y'=2x(1+y)$ 满足 $y\big|_{x=0}=0$ 的特解为_____。

（8）微分方程 $y'''=\sin x$ 的通解为_____。

（9）微分方程 $\dfrac{d^2y}{dx^2}-3\dfrac{dy}{dx}+2y=0$ 的通解为_____。

（10）微分方程 $\dfrac{d^2y}{dx^2}+y=0$ 的通解为_____。

2. 选择题

（1）下列函数中（　　）是方程 $y''-4y=0$ 的解。

A. $y=e^{2x}$ 　　　　　　　　B. $y=e^{4x}$

C. $y=\sin 2x$ 　　　　　　　D. $y=\sin 4x$

（2）微分方程 $\dfrac{dy}{dx}-x^2\sec y=0$ 的通解为（　　）。

A. $y=\arccos\left(\dfrac{1}{3}x^3+C\right)$ 　　　B. $y=\arccos\dfrac{1}{3}x^3+C$

C. $y=\arcsin\left(\dfrac{1}{3}x^3+C\right)$ 　　　D. $y=\arcsin\dfrac{1}{3}x^3+C$

（3）C 是任意常数，则微分方程 $y'=3y^{\frac{2}{3}}$ 的一个特解是（　　）。

A. $y=(x+2)^3$ 　　　　　　B. $y=x^3+1$

C. $y=(x+C)^3$ 　　　　　　D. $y=C(x+1)^3$

（4）$y'=y\left(\cos x+\dfrac{1}{x}\right)$ 的通解为（　　）。

A. $y=C(e^{\sin x}+x)$ 　　　　B. $y=Cxe^{\sin x}$

C. $y=e^{\sin x}+x+C$ 　　　　D. $y=xe^{\sin x}+C$

（5）微分方程 $y'''=\cos x$ 的通解为（　　）。（下列 C_1、C_2、C_3 为任意常数。）

A. $y=\sin x+\dfrac{1}{2}C_1x^2+C_2x+C_3$

B. $y=-\sin x+\dfrac{1}{2}C_1x^2+C_2x+C_3$

C. $y=\cos x+\dfrac{1}{2}C_1x^2+C_2x+C_3$

D. $y=-\cos x+\dfrac{1}{2}C_1x^2+C_2x+C_3$

（6）（　　）为微分方程 $xy''+y'=0$ 的解。

A. $y=x\ln x+1$ 　　　　　　B. $y=2\ln x+x$

C. $y=x(\ln x+1)$ 　　　　　D. $y=2\ln x+1$

(7) 微分方程 $y''-4y=2x$ 的通解为（　　）。（下列 C_1、C_2 为任意常数。）

A. $y=C_1 e^{-2x}+C_2 e^{2x}-\dfrac{1}{2}x$ B. $y=C_1 e^{-2x}+C_2 e^{2x}+\dfrac{1}{2}x$

C. $y=C_1 e^{-4x}+C_2+\dfrac{1}{2}x$ D. $y=C_1+C_2 e^{4x}-\dfrac{1}{2}x$

(8) 微分方程 $\dfrac{d^2 y}{dx^2}+a^2 y=0$ 的通解是（　　）。（下列 C,C_1,C_2 均为任意常数。）

A. $y=C\cos ax$ B. $y=C_1\cos ax+C_2\sin ax$

C. $y=C\sin ax$ D. $y=C\cos ax+C\sin ax$

(9) 函数 $y=\sin 2x$ 是方程（　　）的解。

A. $y''+y=0$ B. $y''+2y=0$

C. $y''+4y=0$ D. $y''-4y=0$

(10) 微分方程 $y''+y'-2y=0$ 的通解是（　　）。（下列 C_1、C_2 为任意常数。）

A. $y=C_1 e^x+C_2 e^{-2x}$ B. $y=C_1 e^{-x}+C_2 e^{2x}$

C. $y=C_1 e^x+C_2$ D. $y=(C_1 x+C_2)e^{-2x}$

(11) 方程 $y''-y'-2y=x$ 的一个特解应设为 $y^*=$（　　）。

A. $ax+b$ B. $x(ax+b)$

C. $x^2(ax+b)$ D. $x(ax)$

参 考 文 献

[1] 全国高校网络教育考试委员会办公室.高等数学(2013 年修订版)[M].北京:清华大学出版社,2013.

[2] 同济大学数学系.高等数学(本科少学时类型)上册[M].4 版.北京:高等教育出版社,2015.

[3] 樊映川,等 .高等数学讲义上册.2 版.北京:高等教育出版社,2012.

[4] 上海交通大学应用数学系.高等数学习题集[M].上海:海交通大学出版社,1987.

附录　练习和习题的答案

第 1 章

练习 1.1

1.（1）不是；（2）是；（3）不是；（4）是；（5）是。

2.（1）$(-\infty,+\infty)$；　（2）$(-\infty,1)\bigcup(1,2)\bigcup(2,+\infty)$；　（3）$[-2,2]$；

（4）$(0,e)\bigcup(e,+\infty)$；（5）$(-1,+\infty)$；6）$[-1,3]$。

3. $f(-1)=-1,f(0)=1,f(1)=1,f(3)=3$,图略。

4. $y=\begin{cases} x+1, & -1\leqslant x<0 \\ 1-x, & 0\leqslant x<1 \\ 0, & \text{其他} \end{cases}$；　$y=\begin{cases} 2x, & 0\leqslant x<1 \\ 2, & 1\leqslant x<3 \\ 8-2x, & 3\leqslant x<4 \\ 0, & \text{其他} \end{cases}$

练习 1.2

1.（1）偶函数；（2）奇函数；（3）非奇非偶函数；（4）奇函数；（5）奇函数；（6）偶函数。

2. 略。

3. 略。

4. 5

练习 1.3

1.（1）$y=\dfrac{x-1}{2}$；　　　　（2）$y=\log_3(x+1)$；

（3）$y=e^{x+2}-1$；　　　　（4）$y=\dfrac{1-x}{1+x}$。

2. $y=\begin{cases} x, & x<0 \\ \sqrt{x}, & x\geqslant 0 \end{cases}$,图略。

练习 1.4

（1）$y=\sin u,u=x^2+1$；

（2）$y=e^u,u=\cos x$；

（3）$y=\lg u,u=1+2x$；

(4) $y=2^u,u=v^2,v=2x+1$;

(5) $y=u^{\frac{2}{3}},u=x^2+1$;

(6) $y=\sin u,u=v^{-\frac{1}{2}},v=x^2+1$;

(7) $y=\sin u,u=\ln v,v=\tan w,w=x^2-1$。

习题 1

1. (1) $(-4,-1]\bigcup[3,4)$;(2) $[1,100]$;(3) $(-1,1)$;(4) x;(5) $1-x$;(6) $-\dfrac{1}{x}$;

(7) $y=\log_2(x-2)$;(8) $y=\begin{cases}\sqrt{x},0\leqslant x\leqslant 1\\ x^2,\quad x>1\end{cases}$;(9) $y=x^2+1,x\leqslant 0$;(10) 4。

2. (1) D。 (2) D。 (3) D。 (4) A。 (5) C。 (6) C。 (7) C。 (8) B。 (9) D。
(10) C。 (11) A。 (12) D。

3. (1) $[4,5]$。

(2) $y=\begin{cases}x,\quad\quad x<1\\ \sqrt{x},\quad\ \ 1\leqslant x\leqslant 16,定义域为(-\infty,+\infty)。\\ \log_2 x,\quad x>16\end{cases}$

(3) $y=\dfrac{e^x-e^{-x}}{2}$。

第 2 章

练习 2.1

1. (1) 2;(2) 0;(3) 1;(4) 没有极限;(5) 没有极限。

2. 略。

3. (1) $\dfrac{1}{2}$;(2) $-\dfrac{1}{2}$;(3) 1;(4) $\dfrac{4}{3}$。

练习 2.2

1. 图形略,极限不存在。

2. 略。

3. 略。

练习 2.3

(1) 0;(2) 0;(3) ∞;(4) 0。

证明过程略。

练习 2.4

(1) 1; (2) $\dfrac{3}{5}$; (3) 0; (4) ∞; (5) $\dfrac{7}{4}$; (6) $3x^2$;

(7) $\dfrac{1}{4}$; (8) $\dfrac{1}{2}$; (9) 2; (10) 2; (11) $\dfrac{3}{2}$; (12) $-\dfrac{1}{2}$。

$(13) -\dfrac{\sqrt{2}}{4}$; $(14) -2$; $(15) \dfrac{a}{2}$; $(16) 10$。

练习 2.5

1. (1) 2;(2) $\dfrac{1}{5}$;(3) $\dfrac{5}{3}$;(4) -1;(5) 1;(6) e^{-1};(7) $\cos a$;(8) 1;(9) 4。

2. (1) e;(2) e^{-1};(3) e^2;(4) e^{-1};(5) e^{-3};(6) 1。

练习 2.6

1.(1) 等价无穷小;(2) 同阶无穷小。

3.(1) 2;(2) $\dfrac{1}{2}$。

习题 2

1.(1) $\dfrac{5}{2}$。

(2) $x \to \infty$。

(3) $\dfrac{1}{2}$。

(4) $-\infty$。

(5) ∞。

(6) 0。

(7) $\dfrac{1}{2}$。

2. (1) C。 (2) B。 (3) C。 (4) A。 (5) B。 (6) A。 (7) C。 (8) C。 (9) C。 (10) D。

3. (1) $\dfrac{1}{2}$;(2) 1;(3) $\dfrac{1}{2}$;(4) $\dfrac{4}{3}$;(5) 1;(6) 0;(7) $\dfrac{3^{30}}{2^{30}}$; (8) $\dfrac{\sqrt{2}}{2}$;(9) 0;(10) $-\dfrac{1}{2}$;

(11) $\dfrac{2}{3}$;(12) 3; (13) $-\dfrac{1}{2}$;(14) 1。

第 3 章

练习 3.1

(1)

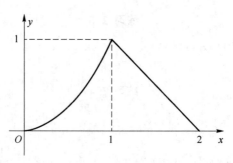

$f(x)$在$[0,2]$上连续;

(2)

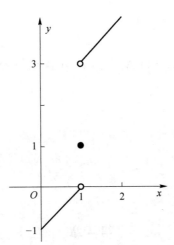

$f(x)$ 在区间 $(0,1)$ 和 $(1,2)$ 内连续,点 $x=1$ 是跳跃间断点。

4. $a=b=2$。

3. (1) 点 $x=0$ 为可去间断点,补充定义 $f(0)=\dfrac{1}{2}$。

(2) 点 $x=1$ 为可去间断点,补充定义 $f(1)=-2$,点 $x=2$ 为第二类无穷间断点。

(3) 点 $x=0$ 为可去间断点,补充定义 $f(0)=3$。

(4) 点 $x=2$ 为第一类跳跃间断点。

(5) 点 $x=0$ 为第一类跳跃间断点。

(6) 点 $x=0$ 为第二类振荡间断点。

练习 3.2

1. 连续区间:$(-\infty,-3),(-3,2),(2,+\infty)$。$\lim\limits_{x \to 0} f(x)=\dfrac{1}{2}$,$\lim\limits_{x \to -3} f(x)=-\dfrac{8}{5}$,$\lim\limits_{x \to 2} f(x)=\infty$。

2. (1) 1;(2) $-\dfrac{e^2+1}{2e^2}$;(3) $\dfrac{4}{\pi}$;(4) 1;(5) $\dfrac{1}{e}$;(6) 2;(7) 0;(8) 3;(9) $\arctan \dfrac{1}{2}$。

练习 3.3

略。

习题 3

1. (1) $x=\sqrt{2}$。

(2) $x=k\pi(k=0,\pm 1,\pm 2,\cdots)$。

(3) 1。

(4) -2。

(5) $\dfrac{11}{2}$。

(6) 1。

(7) 5。

(8) 2。

(9) 1。

2. (1) C。(2) D。(3) A。(4) A。(5) B。(6) B。(7) B。(8) C。(9) B。(10) C。

3. (1) 9。(2) $\dfrac{1}{4}$。

(3) $a=b=4$。

(4) 在点 $x=0$ 处连续。

(5) $f(0)=\dfrac{3}{2}$。

(6) 在点 $x=0$ 处不连续。

第 4 章

练习 4.1

1. $f'(x)=-\sin x$，$f'\left(\dfrac{\pi}{6}\right)=-\dfrac{1}{2}$，$f'\left(\dfrac{\pi}{3}\right)=-\dfrac{\sqrt{3}}{2}$。

2. (1) 3；(2) $-\dfrac{1}{x^2}$；(3) $-4x$。

3. $f'(x)=2^x\ln 2$，$f'(2)=4\ln 2$。

4. (1) 0；(2) $6x^5$；(3) $\dfrac{1}{x\ln 10}$。

5. $2y+x-3=0$；$y-2x+1=0$。

练习 4.2

(1) $f'(x)=3x^2+2x$；

(2) $f'(x)=\dfrac{1}{x}+e^x$；

(3) $f'(x)=-\sin x+2^x\ln 2$；

(4) $f'(x)=6x^2-6x+4$；

(5) $f'(x)=12x^3-16^x\ln 16+2e^x$；

(6) $f'(x)=3e^x(\cos x-\sin x)$；

(7) $f'(x)=-15-24x+54x^2$；

(8) $f'(x)=\dfrac{1-\ln x}{x^2}$；

(9) $f'(x)=\dfrac{x\cos x-\sin x}{x^2}$；

(10) $f'(x)=\dfrac{x^2+6x-5}{(x+3)^2}$。

练习 4.3

1. (1) $\dfrac{2x}{1+x^4}$；

(2) $\dfrac{1}{2\sqrt{x}}\arctan x+\dfrac{\sqrt{x}}{1+x^2}$；

(3) $\dfrac{2\arcsin x}{\sqrt{1-x^2}}$；

(4) $\arcsin(\ln x)+\dfrac{1}{\sqrt{1-\ln^2 x}}$；

(5) $\dfrac{2x}{x^4-2x^2+2}$；

(6) $\dfrac{e^{\arctan\sqrt{x}}}{2\sqrt{x}(1+x)}$。

2. (1) $f'(x)=2e^{2x}$；

(2) $f'(x)=e^{-2x^2+3x-1}(-4x+3)$；

(3) $f'(x)=40\,(1+2x)^{19}$；

(4) $f'(x)=\dfrac{2x}{1+x^2}$；

(5) $f'(x)=-\dfrac{1}{\sqrt{1+x^2}}$；

(6) $f'(x)=\dfrac{2x+1}{(x^2+x+1)\ln a}$；

(7) $f'(x)=1$；

(8) $f'(x)=\dfrac{\cos x-\sin x}{2\sqrt{\sin x+\cos x}}$；

(9) $f'(x)=-6\sin\,(2-3x)\cos\,(2-3x)$；

(10) $f'(x)=\dfrac{1}{3(x+1)\sqrt[3]{\ln^2(x+1)}}$。

练习 4.4

1. (1) $f''(x)=18x+14$。

(2) $f''(x)=30\,(x+10)^4$。

(3) $f''(x)=4-\dfrac{1}{x^2}$。

(4) $f''(x)=2^x\,(\ln 2)^2-\sin x$。

(5) $f''(x)=2[\ln\,(1+x^2)+1]+\dfrac{4x^2}{1+x^2}$。

(6) $f''(x)=(2-x^2)\cos x-4x\sin x$。

(7) $f''(x)=\mathrm{e}^{-x}+\mathrm{e}^x$。

(8) $f''(x)=(4x^3+6x)\mathrm{e}^{x^2}$。

(9) $f''(x)=-\dfrac{2}{x^2\ln 5}$。

(10) $f''(x)=8[\sin^2(1+2x)-\cos^2(1+2x)]$。

2. 207 360。

3. (1) $\cos\,(x+n\cdot\dfrac{\pi}{2})$；

(2) $(-1)^n\,\dfrac{2\cdot n!}{(1+x)^{n+1}}$；

(3) $(-1)^n\,\dfrac{(n-2)!}{x^{n-1}}\,(n\geqslant 2)$；

(4) $\mathrm{e}^x(x+n)$。

练习 4.5

1. (1) $\dfrac{y}{y-x}$；

(2) $\dfrac{ay-x^2}{y^2-ax}$；

(3) $\dfrac{\mathrm{e}^{x+y}-y}{x-\mathrm{e}^{x+y}}$；

(4) $-\dfrac{\mathrm{e}^y}{1+x\mathrm{e}^y}$。

2. 切线方程为 $x+y-\dfrac{\sqrt{2}}{2}a=0$。

3. (1) $\left(\dfrac{x}{1+x}\right)^x\left(\ln\dfrac{x}{1+x}+\dfrac{1}{1+x}\right)$；

(2) $\dfrac{\sqrt{x+2}(3-x)^4}{(x+1)^5}\left[\dfrac{1}{2(x+2)}-\dfrac{4}{3-x}-\dfrac{5}{x+1}\right]$。

4. (1) $\dfrac{3b}{2a}t$；

(2) $\dfrac{\cos\theta-\theta\sin\theta}{1-\sin\theta-\theta\cos\theta}$。

练习 4.6

1. 0.01。

2. (1) $\ln|1+x|+C$；

(2) $2\sqrt{x}+C$；

(3) $\dfrac{1}{8}$；

(4) $\dfrac{1}{3}\sin 3x+C$。

3. (1) $(1+x)\mathrm{e}^x\mathrm{d}x$；

(2) $(24x^3+27x^2+32x+24)\mathrm{d}x$；

(3) $[1+(x+5)\ln 4]4^x\mathrm{d}x$；

(4) $2\mathrm{e}^x\cos x\mathrm{d}x$。

4. 3.142 cm²。

5. 0.01。

习题 4

1. (1) 2。

(2) $y=x$。

(3) 1。

(4) $\dfrac{1-x}{2\sqrt{x}(1+x)^2}\mathrm{d}x$。

(5) $2\mathrm{e}^{2x}$。

2. (1) C。 (2) C。 (3) A。 (4) D。

3. 0 和 $\dfrac{2}{3}$。

4. 点$(\sqrt{3},3\sqrt{3})$或点$(-\sqrt{3},-3\sqrt{3})$。

5. 点$(1,2)$。

6. (1) $f'(x)=3x^2+\dfrac{7}{2}x^{\frac{5}{2}}$，$\mathrm{d}f(x)=(3x^2+\dfrac{7}{2}x^{\frac{5}{2}})\mathrm{d}x$，$f''(x)=6x+\dfrac{35}{4}x^{\frac{3}{2}}$。

(2) $f'(x)=4(\mathrm{e}^x+\mathrm{e}^{-x})^{-2}$，$\mathrm{d}f(x)=4(\mathrm{e}^x+\mathrm{e}^{-x})^{-2}\mathrm{d}x$，$f''(x)=-\dfrac{8(\mathrm{e}^x-\mathrm{e}^{-x})}{(\mathrm{e}^x+\mathrm{e}^{-x})^3}$。

(3) $f'(x)=(\cos x+x\cos x-x\sin x)\mathrm{e}^x$，$\mathrm{d}f(x)=(\cos x+x\cos x-x\sin x)\mathrm{e}^x\mathrm{d}x$，$f''(x)=2(\cos x-x\sin x-\sin x)\mathrm{e}^x$。

(4) $f'(x)=(1-2x\ln 2)4^{-x}$，$\mathrm{d}f(x)=(1-2x\ln 2)4^{-x}\mathrm{d}x$，
$f''(x)=(x\ln^2 4-2\ln 4)4^{-x}$。

(5) $f'(x)=(4x+3)\mathrm{e}^{2x^2+3x+5}$，$\mathrm{d}f(x)=(4x+3)\mathrm{e}^{2x^2+3x+5}\mathrm{d}x$，
$f''(x)=[4+(4x+3)^2]\mathrm{e}^{2x^2+3x+5}$。

(6) $f'(x)=\dfrac{1}{2(1-x^2)}$，$\mathrm{d}f(x)=\dfrac{1}{2(1-x^2)}\mathrm{d}x$，$f''(x)=\dfrac{x}{(1-x^2)^2}$。

(7) $f'(x)=(1+x)\mathrm{e}^x$，$\mathrm{d}f(x)=(1+x)\mathrm{e}^x\mathrm{d}x$，$f''(x)=(2+x)\mathrm{e}^x$。

(8) $f'(x)=\dfrac{\mathrm{e}^{\ln(x+1)}}{x+1}$，$\mathrm{d}f(x)=\dfrac{\mathrm{e}^{\ln(x+1)}}{x+1}\mathrm{d}x$，$f''(x)=0$。

7. $\dfrac{1}{\sqrt{x}}$, $\dfrac{5}{(x+1)^2}$, $\dfrac{5}{(x+1)^2}-\dfrac{1}{\sqrt{x}}$。

8. (1) $\dfrac{\mathrm{d}y}{\mathrm{d}x}=-\tan\theta$;   (2) $\dfrac{\mathrm{d}y}{\mathrm{d}x}=\dfrac{1}{t}$。

第 5 章

练习 5.1

1. (1) $\zeta=1$;   (2) $\zeta=\dfrac{\pi}{2}$。

2. 略。

3. 略。

练习 5.2

(1) 2;   (2) $\dfrac{1}{2}$;   (3) 1;   (4) 0;   (5) $\dfrac{1}{2}$;   (6) ∞;   (7) 2;   (8) 0;   (9) 0;

(10) $\dfrac{1}{2}$。

练习 5.3

1. (1) $(-\infty,0)\bigcup(2,+\infty)$; (2) $(-2,+\infty)$;

(3) $(-\infty,0)\bigcup\left(\dfrac{1}{2},+\infty\right)$; (4) $(-1,+\infty)$。

2. (1) 函数的单调增加区间为 $(-\infty,-1)\bigcup(1,+\infty)$,单调减少区间为 $(-1,1)$;

(2) 函数的单调增加区间为 $(0,+\infty)$,单调减少区间为 $(-\infty,0)$;

(3) 函数的单调增加区间为 $\left(\dfrac{5}{2},+\infty\right)$,单调减少区间为 $\left(-\infty,\dfrac{5}{2}\right)$;

(4) 函数的单调减少区间为 $(-\infty,0)\bigcup(0,+\infty)$;

(5) 函数的单调增加区间为 $\left(\dfrac{1}{2},+\infty\right)$,单调减少区间为 $\left(0,\dfrac{1}{2}\right)$;

(6) 函数的单调增加区间为 $(-\infty,0)$,单调减少区间为 $(0,+\infty)$。

3. 略。

练习 5.4

1. (1) 函数的极小值为 $f(1)=-\dfrac{1}{4}$,无极大值;

(2) 函数的极小值为 $f(3)=-26$,函数的极大值为 $f(-1)=6$;

(3) 函数的极小值为 $f(2)=12$;无极大值;

(4) 函数的极小值为 $f(-1)=-\dfrac{1}{2}$,函数的极大值为 $f(1)=\dfrac{1}{2}$;

(5) 函数的极小值为 $f(0)=0$;无极大值;

(6) 函数的极小值为 $f(0)=0$,函数的极大值为 $f(2)=\dfrac{4}{\mathrm{e}^2}$。

2. (1) 最大值为 $f(2)=\ln 5$,最小值为 $f(0)=0$;

(2) 最大值为 $f\left(\dfrac{3}{4}\right)=\dfrac{5}{4}$,最小值为 $f(-5)=\sqrt{6}-5$;

(3) 最大值为 $f(1)=f\left(-\dfrac{1}{2}\right)=\dfrac{1}{2}$,最小值为 $f(0)=0$;

(4) 最大值为 $f(-5)=e^8$,最小值为 $f(3)=1$。

3. 在 $x=-3$ 时有最小值 27。

4. 长为 10 m,宽为 5 m。

5. $R=r$。

6. $r=\sqrt[3]{\dfrac{V}{2\pi}}$,$h=2\sqrt[3]{\dfrac{V}{2\pi}}$。

练习 5.5

1. (1) 函数的凹区间为 $(2,+\infty)$,凸区间为 $(-\infty,2)$,拐点为 $(2,0)$;

(2) 函数的凹区间为 $\left(-\infty,\dfrac{1}{3}\right)$,凸区间为 $\left(\dfrac{1}{3},+\infty\right)$,拐点为 $\left(\dfrac{1}{3},\dfrac{2}{27}\right)$;

(3) 函数的凹区间为 $(-1,1)$,凸区间为 $(-\infty,-1)\bigcup(1,+\infty)$,拐点为 $(\pm 1,\ln 2)$;

(4) 函数的凹区间为 $(2,+\infty)$,凸区间为 $(-\infty,2)$,拐点为 $(2,2e^{-2})$;

(5) 函数的凹区间为 $(-\sqrt{3},0)\bigcup(\sqrt{3},+\infty)$,凸区间为 $(-\infty,-\sqrt{3})\bigcup(0,\sqrt{3})$,拐点为 $(0,0)$,$\left(\sqrt{3},\dfrac{\sqrt{3}}{2}\right)$,$\left(-\sqrt{3},-\dfrac{\sqrt{3}}{2}\right)$;

(6) 函数的凹区间为 $(-2,0)$,凸区间为 $(-\infty,-2)\bigcup(0,+\infty)$,拐点为 $\left(-2,-3\sqrt[3]{2}-\dfrac{3}{4}\sqrt[3]{16}\right)$,$(0,0)$。

2. $a=-\dfrac{3}{2}$,$b=\dfrac{9}{2}$。

习题 5

1. (1) 6。

(2) $(-\infty,0)$。

(3) 0。

(4) $(2,-3)$。

2. (1) D。

(2) C。

(3) A。

(4) C。

3. (1) -2;(2) 6;(3) 1;(4) 3;(5) e^{-2};(6) e^2。

4. 在 $(-\infty,0)$,$(1,+\infty)$ 内单调递增,在 $(0,1)$ 内单调递减,极大值为 $y(0)=0$,极小值为 $y(1)=-1$。

5. 极小值为 $y\left(-\dfrac{1}{2}\ln 2\right)=2\sqrt{2}$。

6. 函数在 $(-\infty,-1),(3,+\infty)$ 内单调增加,在 $(-1,3)$ 内单调减少,当 $x=-1$ 时取得极大值 $y=5$,当 $x=3$ 时取得极小值 $y=-27$。

7. 函数在 $(-1,0)$ 内单调减少,在 $(1,+\infty)$ 内单调增加,当 $x=0$ 时取得极小值 $y=0$。

8. 函数在 $(-\infty,0)$ 内单调减少,在 $(0,+\infty)$ 内单调增加,当 $x=0$ 时取得极小值 $y=1$。

9. 经过两小时两船距离最近。

10. 当正方形边长为 6 m 时用料最省。

11. (1) 150 000 元;(2) 675 元/千克;(3) 700 元。

第 6 章

练习 6.1

1. (1) x^3,x^3+C; (2) e^x,e^x+C;

(3) $-\cos x$,$-\cos x+C$; (4) x^4,x^4+C。

2. (1) $\dfrac{1}{3}x^3-x$; (2) $\ln|x|$; (3) e^{2x}。

3. (1) $f(x)$; (2) $f(x)+C$;

(3) $f(x)\mathrm{d}x$; (4) $f(x)+C$。

练习 6.2

(1) $x^3+\dfrac{1}{2}x^2+x+C$; (2) $\dfrac{2}{3}x^{\frac{3}{2}}-2x^{\frac{1}{2}}+C$;

(3) $x-\arctan x+C$; (4) $3\tan x+4\arcsin x+C$;

(5) $2\ln|x|-\dfrac{3^x}{\ln 3}-4\cos x+C$; (6) $\dfrac{2^x e^x}{1+\ln 2}$;

(7) $\dfrac{1}{2}x-\dfrac{1}{2}\sin x+C$; (8) $-\dfrac{1}{x}-2\ln|x|+x+C$;

(9) $-2\cos x-\dfrac{1}{2}\sin x+C$; (10) $2x-\dfrac{5\cdot 2^x}{3^x(\ln 2-\ln 3)}+C$。

练习 6.3

1. (1) $\dfrac{1}{7}(x-2)^7+C$; (2) $\dfrac{1}{7}\ln|7x+3|+C$;

(3) $\ln(1+e^x)$; (4) $\dfrac{1}{4}\ln^4 x+C$;

(5) $\cos\dfrac{1}{x}+C$; (6) $2\sin\sqrt{x}+C$。

2. (1) $2(\sqrt{x}-\ln|1+\sqrt{x}|)+C$; (2) $2\sqrt{x}-3\sqrt[3]{x}+6\sqrt[6]{x}-6\ln|\sqrt[6]{x}+1|+C$;

(3) $\sqrt{x^2-1}-\arccos\dfrac{1}{x}+C$; (4) $-\dfrac{3}{4}\sqrt[3]{(3-2x)^2}+C$。

练习 6.4

(1) $x\ln x - x + C$；

(2) $\dfrac{1}{2}x^2\ln x - \dfrac{1}{4}x^2 + C$；

(3) $-x^2\cos x + 2x\sin x + 2\cos x + C$；

(4) $x\ln(x^2+1) - 2(x-\arctan x) + C$；

(5) $3(x^{\frac{3}{2}} - 2x^{\frac{1}{3}} + 2)e^{\sqrt[3]{x}} + C$；

(6) $\dfrac{1}{3}xe^{3x} - \dfrac{1}{9}e^{3x} + C$；

(7) $-\dfrac{1}{x}\ln x - \dfrac{1}{x} + C$；

(8) $-(x^2+2x+3)e^{-x} + C$；

(9) $-x\cos(x+1) + \sin(x+1) + C$；

(10) $\dfrac{1}{2}e^{-x}(\sin x - \cos x) + C$。

练习 6.5

1. (1) $\dfrac{x^3}{3} - \dfrac{3x^2}{2} + 9x - 27\ln|x+3| + C$；

(2) $6\ln|x-3| - 5\ln|x-2| + C$；

(3) $-\dfrac{4}{x-2} - \dfrac{11}{2(x-2)^2} + C$；

(4) $\dfrac{1}{5}\left[\ln\dfrac{(1+2x)^2}{1+x^2} + \arctan x\right] + C$。

2. (1) $-\cot\dfrac{x}{2} + C$；

(2) $\dfrac{2}{\sqrt{3}}\arctan\dfrac{2\tan\dfrac{x}{2}+1}{\sqrt{3}} + C$；

(3) $\dfrac{1}{4}\tan^2\dfrac{x}{2} + \tan\dfrac{x}{2} + \dfrac{1}{2}\ln\left|\tan\dfrac{x}{2}\right| + C$；

(4) $\dfrac{1}{\sqrt{5}}\arctan\dfrac{3\tan\dfrac{x}{2}+1}{\sqrt{5}} + C$。

3. (1) $-2\sqrt{\dfrac{1+x}{x}} - \ln\left|\dfrac{\sqrt{1+x}-\sqrt{x}}{\sqrt{1+x}+\sqrt{x}}\right| + C$；

(2) $\ln\left|\dfrac{\sqrt{1-x}-\sqrt{1+x}}{\sqrt{1-x}+\sqrt{1+x}}\right| + 2\arctan\sqrt{\dfrac{1-x}{1+x}} + C$；

(3) $\dfrac{3}{2}\sqrt[3]{(1+x)^2} - 3\sqrt[3]{x+1} + 3\ln\left|1+\sqrt[3]{x+1}\right| + C$；

(4) $6(\sqrt[6]{x} - \arctan\sqrt[6]{x}) + C$。

习题 6

1. (1) $\dfrac{-1}{x^2}$。

(2) $\dfrac{-2x}{(1+x^2)^2}$。

(3) $xf'(x) - f(x) + C$。

(4) $xf'(x)$。

(5) $\dfrac{x}{1+x^2} - \arctan x + C$。

(6) $e^x\arctan x + C$。

2. (1) D。 (2) C。

3. (1) $\sin x + \cos x + C$； (2) $\tan x + \dfrac{1}{\cos x} + C$；

(3) $2\sqrt{1+\ln x} + C$； (4) $\dfrac{1}{2}\ln(1+x^2) + C$；

(5) $-\dfrac{\sqrt{1-x^2}}{x} + C$； (6) $2\sqrt{x} - 2\cos\sqrt{x} + C$。

4. $f(x) = \dfrac{3^x}{\ln 3} + x + 2 - \dfrac{1}{\ln 3}$。

5. $f(x) = 2\sqrt{x} + 3x$。

6. $p(t) = 25t^2 + 200t$。

第 7 章

练习 7.1

1. 略。

2. (1) $\leqslant$； (2) $\geqslant$； (3) $\geqslant$； (4) $\geqslant$。

3. (1) $2 \leqslant \displaystyle\int_1^2 (x^3+1)\,\mathrm{d}x \leqslant 9$； (2) $2\mathrm{e}^{-\frac{1}{4}} \leqslant \displaystyle\int_0^2 \mathrm{e}^{x^2-x}\,\mathrm{d}x \leqslant 2\mathrm{e}^2$；

(3) $0 \leqslant \displaystyle\int_1^2 (2x^3-x^4)\,\mathrm{d}x \leqslant \dfrac{27}{16}$； (4) $\mathrm{e}^2 - \mathrm{e} \leqslant \displaystyle\int_{\mathrm{e}}^{\mathrm{e}^2} \ln x\,\mathrm{d}x \leqslant 2(\mathrm{e}^2-\mathrm{e})$。

练习 7.2

1. (1) $\dfrac{1}{1+x^2}$； (2) $-\sqrt{1+x^3}$；

(3) $2x^3 \mathrm{e}^{-x^4}$； (4) $-\dfrac{2x}{1+x^4} + \dfrac{4x^3}{1+x^8}$。

2. (1) $\dfrac{1}{2}$； (2) $\dfrac{\pi}{2}$；

(3) $4 - \dfrac{1}{2}\pi^2$； (4) $\dfrac{1}{2}(\mathrm{e}-1)$；

(5) 66； (6) $\dfrac{1}{5}(\mathrm{e}-1)^5$。

练习 7.3

(1) $\dfrac{242}{5}$； (2) $4 - 2\arctan 2$；

(3) $\dfrac{\sqrt{3}}{2} + \dfrac{\pi}{3}$； (4) $2 - \dfrac{\pi}{2}$；

(5) $\ln 2$； (6) $1 - \dfrac{2}{\mathrm{e}}$；

(7) 1； (8) 1；

(9) 2；   (10) $\dfrac{e^{2\pi}-1}{2}$。

练习 7.4

1. (1) $2\pi+\dfrac{4}{3}$，$6\pi-\dfrac{4}{3}$；(2) $\dfrac{3}{2}-\ln 2$；(3) $\dfrac{4}{3}$；(4) $\dfrac{32}{3}$。

2. $\dfrac{9}{4}$。

3. $1+\dfrac{1}{2}\ln\dfrac{3}{2}$。

4. $\dfrac{e^2-1}{2e}$。

5. $0.18k$ J。

6. $800\pi\ln 2$ J。

7. 12 m/s。

8. $1-\dfrac{3}{e^2}$。

练习 7.5

1. (1) 发散；(2) 收敛，广义积分为 π；(3) 收敛，广义积分为 $\dfrac{\pi}{3}$；(4) 发散。

2. (1) 当 $k>1$ 时收敛于 $\dfrac{1}{(k-1)(\ln 2)^{k-1}}$，当 $k\leqslant 1$ 时发散；

(2) 当 $k<1$ 时收敛于 $\dfrac{1}{1-k}(b-a)^{1-k}$，当 $k\geqslant 1$ 时发散。

3. (1) 24；(2) $\dfrac{66}{125}\Gamma\left(\dfrac{1}{5}\right)$。

4. $\dfrac{1}{8}\sqrt{2\pi}$。

习题 7

1. (1) $15x^2$，-2。

(2) $\sqrt[3]{-2}$。

(3) $\dfrac{1}{2}\left[f(x^2)-f(0)\right]$。

(4) $\displaystyle\int_0^a \dfrac{1}{a}f(u)\,\mathrm{d}u$。

(5) -2。

(6) $-\displaystyle\int_a^b f(x)\,\mathrm{d}x$，$0$。

2. (1) B。   (2) D。   (3) C。

3. (1) $\dfrac{1}{2}(\ln 3)^2$；(2) $\dfrac{1}{2}\ln 5$；(3) $\ln(1+e)-\ln 2$；(4) $\dfrac{22}{3}$；(5) 1 (6) $3-e^{-1}$。

4. $\dfrac{3}{4}$。

5. $C(q)=0.2q^2-12q+500$。$L(q)=-0.2q^2+32q-500$。每周生产 80 单位时才能获得最大利润。

6. 产量为 400 台时利润最大。利润将减少 5 000 元。

7. $\dfrac{H^3\pi g}{12}$ kJ$\approx$2.564H^3 kJ。

第 8 章

练习 8.1

1. (1) 一阶；(2) 二阶(3) 一阶；(4) 二阶；(5) 二阶。

2. (1) 特解；(2) 特解；(3) 不是解；(4) 通解；(5) 通解。

3. $y=-\dfrac{1}{2}\mathrm{e}^x+\dfrac{1}{2}\mathrm{e}^{3x}$。

练习 8.2

1. (1) $(y+1)^2=x^2+C$；

(2) $3y^2=\ln(1+x^3)^2+C$；

(3) $\sin y=\ln(x+1)-x+C$；

(4) $\ln(y-1)^2=(1+x)^2+C$；

(5) $y=C\cos x-1$；

(6) $(1+Cx)\mathrm{e}^y=1$；

(7) $y=\dfrac{\cos x}{x}+\sin x+\dfrac{C}{x}$；

(8) $y=(x-1)\mathrm{e}^{-2x}+C\mathrm{e}^{-3x}$；

(9) $y=\sin x+C\cos x$；

(10) $y=\dfrac{1}{1+x^2}\left(\dfrac{4}{3}x^3+C\right)$。

2. (1) $y-\ln(y+1)=x^2-1$；

(2) $3y^2+2y^3-3x^2-2x^3=5$；

(3) $y=\dfrac{1}{x}(\pi-1-\cos x)$；

(4) $y=\dfrac{2}{x^2}-\dfrac{1}{x^3}$。

3. $y=\dfrac{1}{2}+C\mathrm{e}^{-x^2}$。

4. $y=\mathrm{e}^{-x}+x-1$。

5. $I=\dfrac{E}{R}(1-\mathrm{e}^{-\frac{R}{L}t})$。

练习 8.3

1. (1) $y=C_1\left(\dfrac{1}{3}x^3+x\right)+C_2$；

(2) $y=x\ln x-2x+C_1\ln x+C_2$；

(3) $4(C_1y-1)=C_1^2(x+C_2)^2$；

(4) $y=\ln(C_1x+C_2)$。

2. $y=x^3+3x+1$。

3. $y=\mathrm{e}^{-x}$。

练习 8.4

(1)、(2)、(3)、(5)、(6)。

练习 8.5

1. (1) $y = C_1 e^x + C_2 e^{-2x}$; (2) $y = (C_1 + C_2 x) e^{2x}$;

(3) $y = C_1 + C_2 e^{2x}$; (4) $y = e^{-\frac{1}{2}x}\left(C_1 \cos\frac{\sqrt{7}}{2}x + C_2 \sin\frac{\sqrt{7}}{2}x\right)$。

2. (1) $y = 4e^x + 2e^{3x}$; (2) $y = e^{-\frac{1}{2}x}(6 + 13x)$;

(3) $y = e^x(\cos x + \sin x)$。

练习 8.6

1. (1) $y = C_1 e^x + C_2 e^{9x} - \frac{1}{7}e^{2x}$; (2) $y = C_1 e^{-x} + C_2 e^{3x} - \frac{1}{4}(x+1)e^x$;

(3) $y = C_1 + C_2 e^{4x} - \frac{5}{4}x$; (4) $y = C_1 e^{-2x} + C_2 e^{4x} - \frac{1}{6}xe^{-2x}$;

(5) $y = C_1 e^{2x} + C_2 e^{3x} + \frac{1}{10}(\cos x + \sin x)$;

(6) $y = C_1 e^{2x} + C_2 e^{3x} + e^x\left(\frac{3}{10}\cos x + \frac{1}{10}\sin x\right)$;

(7) $y = C_1 e^x + C_2 e^{2x} - \frac{1}{2}e^x(\cos x + \sin x)$;

(8) $y = (C_1 \sin x + C_2 \cos x)e^x + \frac{1}{5}\sin x + \frac{2}{5}\cos x$。

2. (1) $y = -e^{-x} + e^x + (x-1)xe^x$;

(2) $y = \left(\frac{8}{5}\sin x - \frac{1}{5}\cos x\right)e^x - \frac{2}{5}\sin x + \frac{1}{5}\cos x$;

(3) $y = -5e^x + 6e^{2x} - 5xe^x$。

3. $y(t) = \frac{mg}{k}t + \frac{m^2 g}{k^2}(e^{-\frac{k}{m}t} - 1)$;

习题 8

1. (1) $y = Ce^{-x}$。

(2) $y = Cx$。

(3) $y = -\dfrac{1}{\tan x + C}$。

(4) $y = \tan\left(\frac{1}{2}x^2 + x + C\right)$。

(5) $y = e^x(x + C)$。

(6) $y = Cx - x\cos x$。

(7) $y = e^{x^2} - 1$。

(8) $y = \cos x + C_1 x^2 + C_2 x + C_3$。

(9) $y = C_1 e^x + C_2 e^{2x}$。

(10) $y = C_1 \cos x + C_2 \sin x$。

2. (1) A。 (2) C。 (3) A。 (4) B。 (5) B。 (6) D。 (7) A。 (8) B。 (9) C。 (10) A。 (11) A。